专利分析实务手册

杨铁军◎主编

知识产权出版社
全国百佳图书出版单位

图书在版编目（CIP）数据

专利分析实务手册 / 杨铁军主编. —北京：知识产权出版社，2012. 8（2013. 04 重印）（2014. 01 重印）（2014. 02 重印）（2014. 06 重印）（2015. 08 重印）（2017. 07 重印）（2019. 06 重印）

ISBN 978-7-5130-1402-1

Ⅰ. ①专… Ⅱ. ①杨… Ⅲ. ①专利－分析－手册 Ⅳ. ①G306－62

中国版本图书馆 CIP 数据核字（2012）第 154161 号

内容提要

本手册以专利分析操作流程为主线，以专利分析方法的应用为重点，梳理了一套完整的专利分析实务操作流程，主要涉及课题启动、技术分解、专利分析检索、数据处理、分析工具、图表制作、分析方法、报告撰写等环节，对专利分析全流程中各环节的操作方法、质量要求、使用工具、操作技巧、注意事项等内容进行具体说明，并结合案例进行了详细解析。

读者对象：专利研究者及企业专利工作人员。

责任编辑：卢海鹰　胡文彬　　**责任校对**：韩秀天

装帧设计：卢海鹰　胡文彬　　**责任印制**：卢运霞

专利分析实务手册

ZHUANLI FENXI SHIWU SHOUCE

杨铁军　主编

出版发行：知识产权出版社有限责任公司	**网　　址**：http：//www. ipph. cn
社　　址：北京市海淀区气象路 50 号院	**邮　　编**：100081
责编电话：010－82000860 转 8016	**责编邮箱**：wangruipu@ cnipr. com
发行电话：010－82000860 转 8101/8102	**发行传真**：010－82000893/82005070/82000270
印　　刷：三河市国英印务有限公司	**经　　销**：各大网上书店、新华书店及相关专业书店
开　　本：787mm×1092mm　1/16	**印　　张**：15. 25
版　　次：2012 年 10 月第 1 版	**印　　次**：2019 年 6 月第 8 次印刷
字　　数：345 千字	**定　　价**：46. 00 元

ISBN 978-7-5130-1402-1

编 委 会

课题研究团队

一、课题承担部门

国家知识产权局专利局审查业务管理部

二、课题负责人

葛　树　冯小兵

三、课题研究人员

郭震宇　韩爱朋　孙传利　李超凡　崔　磊　李银锁　李　祎　蒋路帆

褚战星　陈　辰　陈冠钦　潘光虎　邓爱科　宋海彬　高丽敏　马天旗

董　刚　汪　勇　施曙东　胡　涛　赵玉霞　邱俊杰　张旭波　孙　锐

四、撰稿分工

李超凡：负责研究框架设计，主要执笔第1～3章，参与执笔第4～9章；负责全书统稿

崔　磊：参与研究框架设计，参与执笔第1、2、4、8、9章

李银锁：参与研究框架设计，参与执笔第1、2、4、5、8、9章

李　祎：主要执笔第3章，参与执笔第2、7章；参与第2、3、7章统稿

马天旗：主要执笔第3章，参与执笔第8章

蒋路帆：主要执笔第4章；参与执笔第6章，负责第4章统稿

陈冠钦：主要执笔第4章，参与执笔第5章

陈　辰：主要执笔第4章，参与执笔第5章

潘光虎：主要执笔第6章，参与执笔第5章；参与第5、6章统稿

高丽敏：主要执笔第 7 章，参与执笔第 9 章

邓爱科：主要执笔第 8 章；参与第 8 章统稿

褚战星：主要执笔第 8 章，参与执笔第 9 章；参与第 8、9 章统稿

施曙东：参与执笔第 1、2 章

董　刚：参与执笔第 2 章；参与第 8 章统稿

汪　勇：参与执笔第 3 章；参与第 5、6 章统稿

宋海彬：参与执笔第 5、6 章；参与第 5 章统稿

赵玉霞：参与执笔第 5、7 章

胡　涛：参与执笔第 7 章；参与第 7 章统稿

邱俊杰：参与执笔第 9 章

序

全球八千多万条的专利文献信息对于发展中国的知识产权服务业、提升专利分析能力是一个巨大的信息宝库。专利文献中蕴含的技术、法律和市场信息是推动高新技术产业、战略性新兴产业和传统产业健康发展的保障。当前，我国利用专利信息开展专利分析的能力正处于培育和成长阶段，专利分析的理论和方法都需要不断地提高和完善。国内很多企事业单位及专利信息服务机构在开展专利分析工作中，迫切需要在理清思路、明确目标、规范流程等方面的科学指导，以便在行业的发展中提高创新水平、增强市场竞争力，并有效避免专利纠纷和经营风险。

“工欲善其事，必先利其器”。《专利分析实务手册》一书正是为满足上述社会需求而编写的。本书是国家知识产权局在对近几年开展的专利分析普及推广工作的理论研究和方法总结的基础上形成的。书中涉及专利信息分析的各关键环节，并对各种常用的专利分析方法做了深入浅出的论述。特别值得一提的是，本书针对各种分析方法加入了一些实际案例，以有助于读者对所述方法的理解与掌握。此外，本书还介绍了专利分析工具的操作技巧和注意事项等内容。相信本书能帮助大家解开专利分析工作中的困惑，提升专利分析工作的理论和实践水平。

衷心希望《专利分析实务手册》的出版能够对我国各行业和企业、专利管理部门、知识产权服务机构等开展专利信息分析工作发挥有益作用，并祝愿专利信息分析工作为我国的经济繁荣和科技昌盛发挥更大作用！

杨铁军

前　言

开展专利分析工作，是有效利用专利信息、降低运营风险、防范专利权纠纷的重要手段，是有效开发和保护自主知识产权、提升竞争优势的重要途径。随着专利分析研究活动的广泛开展，各种专利分析方法不断出现，专利分析的成果日趋多样，同时研究人员在专利分析实务操作过程中的疑问和困惑日益增加。因此，有必要对专利的实务操作全流程开展深入的研究，形成一套具有可操作性的专利分析流程和方法体系，指导和规范专利分析研究活动，进一步提升专利分析成果的使用价值。

国家知识产权局自2010年启动了专利分析普及推广项目。截至2011年底，该项目已组织开展了16项不同行业和领域的专利分析研究课题，并出版了《产业专利分析报告》（第1～6册）。在进行专利分析课题研究的过程中，课题研究人员积累了大量实践经验，进行了方法上的诸多创新，对专利分析的理论认识也不断深入。这些经验、认识和创新已经被广泛应用于专利分析课题研究过程中，并取得了良好效果。本手册的付印正是基于对这些经验、认识和创新的全面和系统化的总结和凝练。本书所有案例均来自《产业专利分析报告》（第1～6册），便于读者参阅研究报告的完整内容。

本手册以操作流程为主线，以方法应用为重点。手册内容翔实、案例生动。共九章，包括136个案例、115幅图表，内容多达20余万字。

本手册梳理了一套完整的专利分析实务操作流程。手册描述了专利分析课题研究的全流程，主要涉及课题启动、技术分解、专利分析检索、数据处理、分析工具、图表制作、分析方法、报告撰写等 8 个环节。对专利分析全流程中各环节的操作方法、质量要求、使用工具、操作技巧、注意事项等内容进行具体说明，并结合案例进行了详细解析。

本手册整理了一套多层次、多视角的专利分析方法。依据课题研究需求，手册将专利分析方法归纳为技术分析、市场主体分析、区域分析、行业特色分析四个层面。对于每个层面，总结和探索了一系列不同视角的分析方法，并从分析对象、分析目的、分析内容、实现方法、展现形式、综合分析等角度，结合案例进行了详尽介绍。需要特别指出的是，本书中所列举的所有分析方法，均在专利分析普及推广项目课题研究中得到了应用。

本手册由国家知识产权局杨铁军副局长负责总体策划，由国家知识产权局专利局审查业务管理部葛树部长、冯小兵副部长负责审校，由李超凡负责全书统稿工作。国家知识产权局专利局审查业务管理部综合处和研究室的郭震宇、韩爱鹏、孟海燕、孙传利等处室领导负责组织本手册编写和出版工作。感谢全体研究人员和撰稿人为书稿的形成所付出的辛勤努力，在此表示最诚挚的谢意。

本手册的研究和撰写，得到了专利分析普及推广项目 16 个研究课题的 100 余名研究人员的支持和帮助，他们为本书贡献了大量的案例、经验和智慧，在此表示衷心的感谢。特别感谢郑文潇、贺芳、张艳青、陈沛、郭云枝、孙悦健、马毓昭、王兴、马志勇、蒋显辉、郭耀、王从雷、李萍为本书撰稿提供的帮助和支持。本手册是在学习和汲取了《专利分析和预警操作实务》《专利分析地图方法与应用》《数据挖掘技术与应用》

等专利分析著作以及与专利分析有关的学术论文的基础上，通过大量的实践和创新而形成的，对致力于专利分析工作的专家和学者深表谢意。

希望《专利分析实务手册》的出版能为提升专利分析意识、推广专利分析方法起到积极作用，对国家知识产权局各部门及企事业单位、科研院所、知识产权服务机构开展专利分析工作有所帮助。由于时间仓促、水平有限，本书中的观点和内容难免存在偏颇和不足之处，希望读者批评指正，提出宝贵的意见和建议，以便于在修订时加以完善和改进。

国家知识产权局专利局

审查业务管理部

2012 年 8 月 1 日

手册修订建议收集：

李超凡　lichaofan@sipo.gov.cn　010-62083762

褚战星　chuzhanxing@sipo.gov.cn　010-62084456

汪　勇　wangyong_2@sipo.gov.cn　010-62085406

目 录

第1章

专利分析的基本流程

本章概要

本章探讨了专利分析的基本概念，重点介绍了专利分析项目的过程管理和专利分析课题的研究流程，并针对项目管理和研究过程中的关键环节和主要工作内容作了简要介绍。

研究人员心声

- ✓ 立题之前应充分了解行业需求，避免立题不当造成后续研究困难。（生物医用天然多糖课题组、燃煤锅炉燃烧设备课题组、通信用光器件课题组）
- ✓ 根据行业需求，确定研究方向和研究重点，并预判研究的深度和广度，据此选择最优的研究方法。（有机发光二极管课题组）
- ✓ 课题组要重视每一名成员的作用，各成员要有明确的工作分工，各项工作均有专人负责。（有机发光二极管课题组、光通信网络课题组、通信用光器件课题组）
- ✓ 课题组要注重团队建设，成员之间要熟悉彼此的工作和进展，并将内部沟通和辩论作为课题组前进的动力。（有机发光二极管课题组、光通信网络课题组、通信用光器件课题组）
- ✓ 课题组根据组员特点进行任务分工，统筹管理，避免重复劳动。（煤矿机械课题组）
- ✓ 课题组在研究工作中，要积极寻找和接纳课题研究的推动力量，接纳任何有利于课题研究的因素。（有机发光二极管课题组）
- ✓ 课题组内部预先要做好阶段性划分，并建立进度控制机制，合理分配时间资源；要做好阶段安排，适当控制每阶段的工作量，以确保课题进度；每一步骤要在充分思考、讨论、确定方案后再实施，如有变动要及时反馈，以作出前后一致的调整。（立体影像课题组、光通信网络课题组、通信用光器件课题组、煤矿机械课题组）
- ✓ 各课题组之间应当多交流，尤其是在数据库的选择、检索时批处理文件的使用、分析软件的使用技巧和问题等基础操作层面多进行沟通，以集中解决共性的问题，节省各课题组的时间和精力。（通信用光器件课题组）

第1章
第2章
第3章
第4章
第5章
第6章
第7章
第8章
第9章
附录

1.1　专利分析基本概念

专利作为技术信息最有效的载体，囊括了全球 90%以上的最新技术情报，且其内容翔实准确。因此，通过对某一行业内或某一技术分支内专利文献的分析，能够客观地反映专利总体态势、技术发展路线和主要竞争主体的研发动向和保护策略，从而为国家、地区、行业和企业制定技术创新战略、研发策略和竞争策略提供不可或缺的支撑。

专利信息属于科学技术信息，泛指一切专利活动所产生的相关信息的总和。专利信息根据官方性质和出版状态可分为文献型专利信息和非文献型专利信息。专利信息根据内容性质和加工层次可分为一次信息、二次信息和三次信息。专利信息的内容涵盖了技术信息、法律信息和经济信息。专利信息具有更新及时、领域广泛、描述详细、内容可靠、分类系统、格式统一、规范、便于查阅等特点，优于一般意义上的科技情报。专利分析能将个别的、看起来互不相关的孤立信息转化成系统的、完整的情报。通过专利情报分析可使专利信息的内容发生质的变化，使它们从只描述某一具体细节的战术情报上升为能对竞争对手进行预测和评价的战略情报。❶

专利分析是对专利信息进行科学的加工、整理与分析，经过深度挖掘与缜密剖析，转化为具有较高技术与商业价值的可利用信息。信息经过分析处理，转化为互相关联的、准确的、可使用的知识才是情报。❷也就是说，专利信息是原料，而专利情报是产品，专利分析可以理解为由专利信息获得专利情报的理论和方法。从对象和目的来看，专利分析就是指以某一技术领域的专利文献信息为分析样本，结合网络、报纸、期刊、学位论文等各类非专利文献信息，对该技术领域的专利技术的整体概况、发展态势、分布状况、竞争力量等内容进行多维度分析，以获取技术情报、法律情报、商业情报。

1.2　专利分析课题研究的基本流程

1.2.1　总体流程

专利分析课题研究一般包括课题准备、数据采集处理、专利分析以及报告形成和推广四个阶段。每个阶段均包括具体工作任务分工和课题质量管理流程。具体工作任务在课题进行过程中通过明确工作目标体现；课题质量管理通过每个阶段结束时的内部或外部评议和评审体现，评议和评审结果也可作为阶段工作成果的总结。各阶段的具体工作环节如表 1–2–1 所示。

❶❷ 肖沪卫. 专利地图方法与应用[M]. 上海：上海交通大学出版社，2011.

表 1-2-1　专利分析课题研究的基本流程

阶　段	主要工作环节	阶段成果评价
课题准备阶段	◆ 课题立项 ◆ 组建课题组 ◆ 制定工作计划 ◆ 开展技术和行业调研，形成调研报告 ◆ 形成技术分解初稿	开题评议
数据采集处理阶段	◆ 确定技术分解表 ◆ 选择数据库 ◆ 确定检索策略和检索要素 ◆ 检索和去噪 ◆ 数据采集和加工 ◆ 数据标引	数据结果评估
专利分析阶段	◆ 选择分析方法 ◆ 选择分析工具 ◆ 形成专利分析图表 ◆ 解读专利分析图表	中期评审
报告形成和验收阶段	◆ 确定报告框架 ◆ 完成专利分析报告初稿 ◆ 修改和完善专利分析报告 ◆ 报告定稿 ◆ 成果验收	结题评审

1.2.2　课题准备阶段

课题准备阶段的主要工作环节包括完成课题立项、组建课题组、制定工作计划、开展技术和行业调研、形成调研报告以及形成技术分解初稿，并组织开题评议。其中开题评议是对课题准备阶段工作成果的阶段性评价。

课题立项工作环节中主要完成课题立项书，以此确立课题工作的总体思路和总体目标。课题立项书的重点在于反映课题的前期准备工作，要尽量全面反映所掌握的行业需求，技术、市场、政策等各类信息，合作资源和课题研究思路。课题立项书应当突出行业专家、主管部门等对课题的立项意见。

组建课题组环节包括确定课题研究人员和确定技术参与方。组建课题组是课题研究管理和成果获得的关键，课题组人员选择是否恰当是决定课题研究质量的关键因素。组建课题组应该遵循制定的基本原则及基本步骤，注意课题组的人员构成、成员的职责、课题目标定位以及对成员能力的要求。确定合作专家不仅仅是确定课题研究咨询专家，更重要的作用在于引进外部智力支持，包括技术人员、行业管理人员、专利分析或情报研究人员。技术参与方既可以包括行业主管部门、行业协会和企业，也可以包括科研院所和高等院校。

制定工作计划是在课题立项和课题组成立后首先要进行的工作环节。课题计划书是课题正式开始的书面文件，可以将时间管理、任务管理和经费管理的安排突出。制定的工作计划在执行中可以适当调整，但整体要求应该相对明确，应当确定主要任务完成的时间节点及管理措施。

开展技术和行业调研，形成调研报告是课题准备阶段的重要工作环节。该工作的成效将直接影响课题准备阶段的技术分解成果。开展技术和行业调研包括相关文献的收集，从中了解技术背景、发展沿革。收集的文献既要包括专利技术文献，也要包括非专利文献，还可以包括现场座谈和现场调查获得的资料。在文献资料信息整理的基础上可进一步开展与行业咨询专家和技术咨询专家座谈，这对于形成符合行业和技术特点的技术分解表起到至关重要的作用。

技术分解初稿是在开展技术和行业调研的基础上形成的。技术分解初稿是课题准备阶段最重要的成果，也是开题评议的重要基础。

开题评议在课题准备阶段结束时进行，是对课题准备阶段工作的梳理和评估，并确定下一阶段工作重点。开题评议的内容是课题准备阶段形成的成果，包括行业调研报告和技术分解初稿。评议组可以包括课题管理方、技术专家和行业专家。

1.2.3　数据采集处理阶段

数据采集处理阶段的主要工作环节包括确定技术分解表、选择数据库、确定检索策略和检索要素、检索和去噪、数据采集和加工、数据标引以及数据结果评估。

确定技术分解表是在开题评议意见基础上，对于技术分解初稿进行修正后最终确定的技术分解结果。技术分解的修正可以在更深入的产业调查、技术调查和专利分布调查的基础上完成。经过多次修正形成的最终技术分解表，是数据采集和分析的基础，应该相对固定。在课题研究过程中，可以根据研究的实际进展，对技术分解表进行适应性调整。

选择数据库应当由熟悉检索技术和数据库特点的课题组成员来完成。选择时应当充分考虑分析的时间和地域要求、需要的数据项、分析维度以及数据库特点等多个因素，应当包括多个互为补充的数据库。

检索策略的确定是检索阶段的重要环节，应当充分研究行业背景和技术领域，并结合检索资源的特点制定。根据不同领域的不同特点确定需要检索的检索要素。

确定数据库、检索策略和检索要素后进行检索。检索包括初步检索和补充检索。通过适当的检索策略和与之配合的检索式获得初步检索结果，并在此基础上进行补充。此后，对检索得到的结果进行去噪。在此过程中需要多次进行检索结果的评估，包括查全率和查准率的评估。当检索结果达到预期时结束检索和去噪工作，确定检索结果。

确定检索结果后，采集最终的检索结果，形成专利分析的原始数据，并在原始数据基础上进行数据加工。数据加工是指对原始数据的转换和清洗。数据转换是数据加工的必要环节。这是由于检索数据库有多个，而每个数据库导出的数据格式是不同的，要进行统一标引和统计，就要进行数据表示格式的转换。数据表示格式的转换可以使用专业的专利数据分析软件来实现。数据转换后还要进行数据清洗，包括数据规范和对重复专利的去重。数据规范是指对不同数据库来源的数据结果在著录项目、数据库标引和表示方式上进行统一。

数据标引是数据采集处理阶段工作量最大的环节。数据标引是根据不同分析目标，使用专利分析软件或人工方式在加工后的专利数据中加上规范性标记。规范性标记包括著录项目标引和技术内容标引，著录项目标引是在数据库著录项目基础上确定的，技术内容标引是在技术分解表的基础上根据课题特点确定的。专利数据中的规范性标记可以作为特定数据项目进行适应课题需要的特定分析。

数据采集处理阶段的评价是开展数据结果评估。需要指出的是，数据结果评估不应仅在该阶段结束时进行，而应在检索、标引过程中多次交替进行。

1.2.4 专利分析阶段

专利分析阶段的主要工作环节包括选择分析方法、选择分析工具、形成专利分析图表、解读专利分析图表和组织中期评审。

专利分析首先应当确定分析方法，这是专利分析目标实现的关键。分析方法的选取不是千篇一律的，应当根据分析目标的要求有所侧重，但基本分析方法要有所涉及。

确定好分析方法后，根据分析方法的需要选择分析工具。专利分析工具的作用在于，将检索得到的数据项进行处理以输出可利用的图表或可用于制作图表的数据。分析工具的选择应当考虑数据提取和分析目标实现的要求。目前，常用的专利分析工具包括中国专利技术开发公司的专利信息分析系统、微软表格处理工具 Excel、知识产权出版社专利分析系统、DII 在线分析系统、TDA 分析系统等。

选择好分析工具后，运用分析工具对分析数据进行数据统计，形成专利分析图表。图表是传递信息的一种重要形式，精心构思和设计的图表能有效地帮助分析者更直观、更快速地传递信息。要考虑图表综合的使用，通过多个图表的结合，才能全面反映一个主题的整体及各个方面的信息。

解读专利分析图表是专利分析阶段最重要的工作。图表只是表现形式，对图表的解读才是形成专利分析结论的关键所在。图表解读的深度直接决定专利分析的广度和深度。“解读”实际上包括阅读和解释两个环节。图表的解读并不仅仅是重复图表中直接展示的信息，而是需要以这些可直接获知的信息为基础，深入发掘这些信息的深层含义，并对这些信息所展示的现象作出进一步的解释。需要将图表中信息与图表所反映主题所处的外部环境相结合，即借助一些外部因素来进行解释，进行符合逻辑推理基本规则的深入分析，从而得出正确结论。

专利分析阶段可以根据需要进行中期评审，对课题组的研究工作进行阶段性总结，并进一步明确研究目标和方法。中期评审后也可根据需要进行课题的优化和资源配置。中期评审的结论应对课题研究的总体情况和研究过程中出现的问题提出明确意见，对下一阶段的研究方向提出建议。

1.2.5 报告形成和验收阶段

专利分析报告形成和成果验收阶段是课题工作的最后阶段，是课题组研究工作和研究成果的价值的重要体现。这个阶段的主要工作环节包括确定报告框架、完成专利分析报告初稿、修改和完善专利分析报告、报告定稿、成果验收和结题评审。

专利分析报告是专利分析工作最重要的成果，是专利分析工作水平直接的体现。因此，应当足够重视专利分析报告的撰写。报告框架是报告的基本骨架，要有助于理清分析思路和研究任务的分配。由于不同课题选择的研究内容和研究方法都存在差别，因此在设计报告框架时不必遵循统一的模式。

在框架基础上形成报告初稿，初稿应涵盖课题研究的各方面。在初稿完成后，应组织初稿研讨会，对专利分析报告的主要内容、重要结论等内容进行讨论，协助课题组完善报告框架、规范报告内容、强化重要结论、提高报告的质量和水平，参与报告研讨的应当不局限于参与课题的专家，还可包括更大范围的专家学者以及行业管理职能部门或相关行业协会。报告初稿研讨可以分多次进行，形式既可采取座谈讨论方式，也可以以书面意见的方式进行。

通过报告初稿的研讨，课题组应充分听取和借鉴相关专家学者的意见，整理修改建议，形成修改方案，据此对报告进行修改和完善。报告的修改和完善既要针对报告格式和体例进行形式上的修改，也要根据需要进行研究内容、研究方法等实体上的修改。如需进行实体上的重大修改，必要时可以延长研究周期进行补充研究。

专利分析报告经过充分修改后，可以形成报告定稿。成果验收是对包括报告定稿在内的所有成果物的验收。

结题评审是对课题研究总体情况和研究成果的综合性评定，是课题研究全过程的全面总结。课题组向评审专家组汇报课题研究内容，评审专家根据课题报告和课题汇报提出评审意见，形成结题评审鉴定书。

1.3　课题管理

研究课题管理的思路是：过程管理；阶段交付；质量管理；进度管理。

过程管理是 ISO 9000:2000 质量管理体系标准强调的管理方法，其是：“为使组织有效运行，必须识别和管理许多相互关联和相互作用的过程。通常一个过程的输出将直接成为下一个过程的输入，系统地识别和管理组织所应用的过程。特别是这些过程间的相互作用。”质量的产生、形成和实现，都是通过过程链来完成的。过程管理覆盖了组织的所有活动，涉及组织的所有部门，并聚焦于关键/主要过程，包括过程策划（计划）、过程实施、过程检测（检查）和过程改进（处置）。

阶段交付是指课题组需要按照研究进度的安排，分批分次地交付课题各阶段研究的中间成果物。阶段交付是实现进度管理的主要途径，通过交付物的评审可以评估课题研究进度是否正常、质量是否合规。阶段交付的本质是按照过程管理的要求将项目分解为若干不同的子项目进行管理，以降低项目风险。同时，关注交付物也充分体现了目标管理的要求。

质量管理是指在项目管理中的每个节点设置质量指标，进行质量控制。通过对每个过程进行控制管理，从而达到全面质量管理。

进度管理就是设置课题进度时间节点，其与阶段交付结合进行，严格按照课题进度节点完成研究内容，提交阶段成果，从而保证课题在整个研究时间内以及各时间节点内完成相应的课题研究。

上述四个管理方法应相互结合使用，使得课题研究在进度、质量和成果方面得以保证。

课题管理思路主要通过各类不同的管理制度实现，参见表 1-3-1。以下分别对会议制度、培训制度、评审制度、交流制度、调研制度、合作制度以及成果管理进行说明。

表 1-3-1　专利分析课题管理制度

制　度	项　目	说　　明
会议制度	周例会制度	以周为单位进行
	分组讨论会制度	按照领域划分为若干小组，定期召开相近领域间的讨论会
	月小结例会制度	以月为阶段，进行当月工作总结和下月工作计划
	会议签到制度	根据级别，以负责人、组长、联系人、成员分类签到，保证出席率和会议效果
培训制度	业务培训	包括检索培训、标引培训、图表培训等
	技能培训	包括分析工具、图表工具等的使用
	制度培训	包括进度管理、财务制度等
	规范培训	包括格式规范、出版规范等
评审制度	进度评审	对课题的总体进度，各阶段各环节的进度进行评审和控制
	内容评审	对课题各阶段性成果的实体内容进行评审和控制
	交叉评审	课题组之间，相互交叉评审
	专家评审	聘请专家进行横向评审
	书面评审	主要以书面形式收集评审意见
	现场评审	采取评审会现场收集评审意见
交流制度	主题研讨会	以某一主题召开研讨会，各课题组充分交流和相互学习
	问答集	日常收集各种问题和解答，汇成问答集
	在线即时交流	开通全部成员的在线交流群，便于即时交流，出现问题就解决问题
	邮件组交流	重要通知、时间和进度等节点控制由邮件组来解决
调研制度	以课题组为单位调研	在项目不同阶段，赴相关行业和企业进行各类调研
	联合调研	相关课题组联合赴产业聚集区调研或与行业主管部门联合调研
合作制度	合作单位	以提供产业和技术咨询，为各阶段成果反馈意见和建议、参与实体研究等方式参与到课题研究中，包括行业主管部门、行业协会、企业、科研院所等
	合作专家	包括技术咨询专家、行业咨询专家、专利分析专家等
成果管理	工作计划管理	保存课题研究过程中所有的工作计划，便于查看进度
	文档管理	对课题研究过程中的所有成果物、文档进行管理

第2章

研究课题启动

本章概要

好的开始是成功的一半，因此做好专利分析课题的启动工作是专利分析成功的重要保障。

本章介绍了专利分析课题启动的五个主要环节：课题组建、课题申报、研究计划编制、行业技术调查和行业市场调查，并详细介绍各环节的主要工作内容和常见的工作方法。为专利分析课题的顺利启动提供了重要的参考。

研究人员心声

- ✓ 人员选取和分工非常重要，要有熟悉技术并能把握方向的核心人物，要在检索、数据清理、表格和PPT处理及汇报演讲等方面培养出相应的骨干；要发挥各成员的特长，因才适用，并彼此配合。（光通信网络课题组、燃煤锅炉燃烧设备课题组）
- ✓ 团队的组建，要有具有专利分析经验的成员，从而少走弯路，将更多精力投入实际研究工作中；核心研究人员的数量保持在3位左右，在遇到问题时能够保证决策的实时性和可执行性。（立体影像课题组、智能手机课题组、切削加工刀具课题组）
- ✓ 集体办公能有效地提高效率，及时沟通解决问题；组内讨论交流非常重要，往往事半功倍。（立体影像课题组、智能手机课题组、切削加工刀具课题组）
- ✓ 保持与合作单位、指导专家的持续交流；与行业、企业及专家多沟通，有助于把握行业发展脉络和行业特点，便于分析重点技术、难点技术和前沿技术，将专利与市场结合起来。（立体影像课题组、切削加工刀具课题组、光通信网络课题组、通信用光器件课题组、煤矿机械课题组）
- ✓ 课题研究过程中要充分利用专家咨询，积极参加相关培训，开阔视野，少走弯路。（立体影像课题组、切削加工刀具课题组）
- ✓ 通过阶段性成果的及时共享，体现出对合作单位和指导专家的信任感和重视程度，提升其对课题研究的关注度。（立体影像课题组、切削加工刀具课题组）
- ✓ 课题调研工作要贯穿课题研究工作的始终，落到实处；调研前要做好充分准备，明确调研目的，准备要沟通的问题，从而真正抓住重点，取得成效。（切削加工刀具课题组、生物医用天然多糖课题组、通信用光器件课题组、燃煤锅炉燃烧设备课题组、智能手机课题组）
- ✓ 前期的充分调研，对把握行业现状、了解行业需求以及课题的选题具有重要意义，有益于尽早明确研究方向和研究重点。（切削加工刀具课题组、生物医用天然多糖课题组、通信用光器件课题组、燃煤锅炉燃烧设备课题组、智能手机课题组、煤矿机械课题组）

2.1　组建课题组

专利分析普及推广项目的顺利实施需要制度、人员、资金等方面的保障，其中课题组人员选择是否恰当是决定课题研究质量的关键因素。

组建课题组应遵循“人员专业、队伍精干、技术全面”的基本原则。首先，专利分析是一项专业性较强的工作，参加课题研究的人员应当具备相关的专业背景并掌握基本的分析研究技能。其次，为了便于管理和提高效率，课题组主要研究人员的数量不宜过多，应当根据研究内容和待分析专利数据量组建数量合理、精干高效的研究团队。最后，根据课题的分析目标和研究内容，课题组应根据需要适当选择技术咨询专家、行业咨询专家和专利分析咨询专家参与到课题的研究工作中，确保课题研究各环节的顺利推进。

以下从课题组的人员构成，课题组成员的职责、定位及能力要求，课题研究咨询专家的构成及作用，课题合作单位的选择及作用等方面对组建课题组进行说明。

2.1.1　课题组的人员构成与职责

课题组一般由 1 名课题负责人、1 名课题组长和若干名研究人员组成。首先明确课题负责人和课题组组长，由课题组组长根据课题的研究内容及能力要求提出研究人员的建议人选，然后由课题负责人确定最终的研究人员。

（1）课题负责人

职责：负责课题的全面统筹和管理，包括研究方向、进度、质量和费用；组织联络行业主管部门、行业协会、合作单位。

需要具备的能力：具有较强的课题管理、设计、组织、协调和研究能力。

（2）课题组组长

职责：确定研究内容；选拔课题组成员；组织课题的立项申报；制定工作计划；组织调研；明确课题组成员的分工；组织定期的业务讨论，明确和统一具体的研究思路和做法；解决突发和疑难问题；审核各任务节点的完成情况和成果质量；组织参加相关的培训、研讨及评审；负责课题研究报告的统稿工作；配合和协助课题负责人联络行业主管部门、行业协会、合作单位。

定位：课题组组长在团队中主要起到协调员和推动者的作用。明确团队的目标和方向，选择需要决策的问题，并明确它们的先后顺序，帮助确定团队中的角色分工、责任和工作界限，总结团队的感受和成就，综合团队的建议；寻找和发现团队讨论中可能形成的方案，使团队内的任务和目标成型，推动团队达成一致意见，并形成决策。

需要具备的能力：课题组组长应当具备较强的研究能力、良好的组织能力、管理能力和沟通协调能力。

（3）研究人员

职责：参加课题调研和项目分解；根据项目分解情况，负责确定具体的检索策略，对检索结果进行评估和验证，并根据评估和验证结果进一步修订检索策略，获得专利数据；对检索到的专利数据进行处理，完成数据清理、数据转换和数据标引；根据分析项目提取分析数据，形成图表；撰写课题研究报告；按照工作计划填写各阶段的文档，如专利技术分解表、检索过程记录、检索结果评估等；按时参加相关培训、课题研讨及评审；完成课题负责人及课题组组长交办的其他工作。

定位：课题研究人员在团队中应起研究主体的作用，即把计划和决定转换成实际的工作，并且在操作和执行过程中根据发现的新问题提出和整理建议，使研究工作与已经取得一致意见的计划和已有的系统相配合。

需要具备的能力：课题研究人员应当具备严谨细致、认真负责的工作态度以及良好的团队协作和沟通能力，对研究的领域有一定的了解，并具备良好的文献检索能力、数据处理与分析能力、图表制作能力和文字表达能力。

特别注意的是，为了提高研究质量且加强专利分析人才培养，课题研究人员中至少应有 2～3 人具有专利分析课题研究经验。

2.1.2 课题研究咨询专家的构成及其作用

根据课题的分析目标和研究内容，课题研究咨询专家可以包括技术咨询专家、行业咨询专家和专利分析咨询专家，表 2–1–1 分别对各类专家的构成和作用进行简要说明。

表 2–1–1 专家构成说明表

专家类型	构　　成	作　　用
技术咨询专家	相关领域的知名技术专家（主要来自高校和研究机构）、业内领军企业或知名企业的技术负责人	① 对课题研究中的技术提供支持，例如，判断技术分解是否基本符合行业习惯，确定业界重点关注的技术分支，判断重要专利的选取是否恰当等；② 提供现场调研的机会；③ 提供技术前沿信息；④ 提供业界重要的技术拥有者和市场占有者信息；⑤ 提供技术转让、企业并购等方面的信息和资料；⑥ 参加中期评审和结题评审
行业咨询专家	行业协会的主要负责人、其他长期跟踪并全面掌握行业态势的专业人员或管理人员	① 对行业整体态势的研究结论进行审核和把关；② 提供行业市场资料和政策信息；③ 推荐技术专家，协助联系调研单位；④ 参加中期评审和结题评审
专利分析咨询专家	在专利分析及情报利用方面经验丰富的人员	对技术分解、数据分析、图表解读、分析软件的使用、研究报告撰写等环节提供帮助和支持

2.1.3 课题合作单位的选择及其作用

（一）课题合作单位的选择

根据行业特点，课题合作单位可以包括以下几类：

① 国家相关部委行业管理部门，如国家发展改革委员会、工业和信息化部等部委对

口的业务处室；

② 行业协会或学会；

③ 国内行业领军或知名企业；

④ 国内技术研发处于领先水平或者有特色的高校和科研机构；

⑤ 产业聚集区的地方知识产权管理部门。

（二）课题合作单位的作用

① 安排现场调研和座谈交流，了解行业需求，明确研究重点；

② 安排技术人员直接参与课题研究，例如，筛选和确定重要专利；

③ 提供行业技术信息、市场信息、政策信息以及知识产权信息；

④ 提供产业聚集区内企业的技术水平、知识产权管理水平等信息；

⑤ 协助安排专利分析方法及课题成果宣讲。

2.2 课题立项材料

课题立项材料包括课题立项书和课题计划书。这两项材料是课题实质性工作前的书面文件，对于课题立项和课题工作计划起到规范性作用。

2.2.1 课题立项书

课题立项书是在课题准备工作基本完成后填写的书面文件。课题立项书的重点在于反映立项课题的前期准备工作，要尽量全面地反映所掌握的信息、资源和开展该课题研究的意义。

课题立项书应当列出以下项目：课题名称、课题研究人员（包括课题组负责人、课题组组长和课题组成员）、课题所属技术领域、所属行业及行业状况（包括技术发展、产业发展状况和相关的行业政策）、行业需求、研究特色、现有研究成果、行业重要机构、研究合作单位、关键技术、技术分解和主要研究内容等。

课题立项书中列出的各项目需符合的要求参见表 2–2–1。

表 2–2–1 课题立项书各项目及要求

项　目	要　求
*课题研究人员	课题研究人员包括课题组全部人员。课题组人员的职务职称以及所学专业应当列出，以供课题审批过程参考。对于课题组人员应当列出其专利分析工作经验，不要求全部人员均有专利分析工作经验，但骨干研究人员应当有专利分析工作经验。课题立项书应当全面反映课题人员所承担和参与的专利分析研究成果。注明承担专利分析项目的时间、级别、名称、担任职务和发表论文的名称、时间、发表刊物名称或出版社名称
课题所属技术领域	课题应当选择国家产业政策中具有一定领先地位或研究需要的领域，对于技术领域的划分可以参考专利分类或行业技术分类

续表

项　　目	要　　　求
*所属行业及行业状况	课题应当指出技术涉及的具体行业。行业状况是确定课题研究方向和课题研究重点，以及制定技术分解表的基础。课题组需要了解国内外整个产业的发展历史、现状和趋势，以及对产业发展起推动作用的各项政策，支撑产业进步的技术现状和技术发展趋势，我国在产业上存在的优势和不足等。课题组应当从产业需求出发，指出产业中存在哪些制约发展的共性问题，课题的成果能够为这些问题的解决和产业的发展提供哪些信息支撑，从而确定该课题的研究意义和价值
行业需求	课题应当列出初步了解到的行业对于专利信息以及专利信息运用的需求
研究特色	课题应当列出根据行业的市场、技术、专利现状和行业需求，以及课题拟针对开展的特色专利分析内容
*现有研究成果	现有研究成果是当前立项课题的研究基础，包括课题组或成员已有的相关成果或主要参考文献。有较丰富的前期研究成果，既可以缩短研究周期，又可以保证研究质量。重要的权威性的必要参考文献必须列出。重要的论证、表格、前期研究成果也要列出。最好列出与本研究相关的现有专利分析研究成果，如研究课题或论文
行业重要机构	课题应当列出该技术领域所涉及的行业协会、供课题管理部门审批时参考。重要机构包括本领域国内外的企业、大学或研究机构
研究合作单位	课题应当列出课题研究合作单位，供课题管理部门参考或备询。合作单位可为大学、研究机构或企业
关键技术	课题应当列出涉及的关键技术供课题管理部门审批时参考，该关键技术可以是典型技术或技术发展中的已经解决或面临的技术难点
技术分解	课题应当列出技术分解情况供课题管理部门参考，在课题的不同阶段，技术分解可详略不同
主要研究内容	课题应当列出研究的主要内容，包括拟解决的关键问题及课题的创新之处

注：其中带“*”并加粗的项目是课题立项书的重点。

2.2.2　课题计划书

课题计划书的重点在于课题研究的前期计划，可以突出时间计划和工作计划。在课题计划书中也可以包括经费管理和文档管理方面的计划。在具体执行过程中可以适当调整课题计划，但整体要求应当相对明确。

课题计划书是课题正式开始的预备工作文件，应当按照标准计划书的格式进行撰写，应当包括时间计划和工作计划。

（一）时间计划

课题计划书首先应当明确课题研究的时间，包括起始时间和结题时间，以及主要阶段的始末时间。一般要包括前期准备阶段、数据采集阶段、专利分析阶段和完成报告阶段，根据课题不同可以有不同阶段。前期准备阶段的工作计划可以包括组建课题组、背景资料研究、调研、确定研究方法、确定分析目标、专利技术分解和选择数据库。数据采集阶段的工作计划可以包括制定检索策略、专利检索、专家讨论和数据加工。专利分析阶段的工作计划可以包括专利分析的全局分析和具体维度分析。该阶段是对专利数据的全面分析，也是课题研究的重要时间节点，计划的详略不作具体规定，但应予以必要的规划。完成报告阶段是课题成果的体现阶段，主要包括撰写分析报告、初稿研究、报告修改以及报告出版。其中，按照项目实施的流程，分别对各阶段工作的时间进度进行规划，以周为单位安排具体进度。

（二）工作计划

课题计划书应当明确课题研究过程的工作计划，主要包括阶段性成果的预期和课题组成员任务的划分。

阶段性成果分为前期准备阶段、数据采集阶段、专利分析阶段和报告撰写阶段等 4 个阶段的成果。前期准备阶段的成果可包括市场报告、政策报告、调研问卷、调研报告、技术分解表以及技术分解术语定义表。数据采集阶段的成果可包括检索要素表、检索过程总结报告、检索结果评估样本以及最终确定的技术分解表。专利分析阶段的成果可包括分析指标选取记录表、分析图表及相关数据表、专家讨论意见、课题执行情况报告书以及中期评审报告。报告撰写阶段的成果可包括专利分析报告概要、专利分析报告、结题报告以及结题评审意见。

划分课题组成员任务时，要求课题负责人和组长对工作量和工作方法进行合理规划，并在课题进行过程中对划分的任务有明确的管理措施，以保证课题阶段性成果的顺利完成。课题组成员的任务划分可以包括以下几种方式。

（1）按照项目分解划分任务

根据项目分解情况，课题组成员分别或合作承担各技术分支的专利检索、分析及相应部分的撰写工作。这种方式的优点是：课题组成员全面参与课题各个阶段的研究，能够集思广益，从不同方面发现问题、形成新思路，有利于提升课题研究的质量；能够分别对各技术分支进行较深入的分析；便于考核工作绩效。但需要在研究的各个阶段及时统一各研究人员的操作规范，例如，规范数据处理、图表制作和报告撰写。这种任务分工方式尤其适用于各技术分支的边界相对明确、各技术分支分别具有比较鲜明的特点的课题。

（2）按照项目实施流程划分任务

根据项目实施流程，将研究工作分解为文献检索、数据清理、数据项规范、数据标引、统计数据提取、图表制作和报告撰写等部分，根据课题组成员的能力特点进行分工。其有利于对课题研究整体性的把握，便于统一数据处理、图表制作和报告撰写的规范，能够充分发挥课题组成员的特长。但课题组成员对整个课题研究的参与度较差，工作量的均衡性不易掌握。这种任务分工方式比较适合各技术分支相互关联性强的课题。

（3）以项目分解为主兼顾项目实施流程划分任务

结合前两种分工方式的优点，可以考虑以项目分解确定的技术分支为主，同时在一些环节上安排专人负责，例如，可以由一个人负责图表的制作，以便统一图表规范。

2.3 行业调查

行业调查主要包括行业技术调查和行业现状调查。行业技术调查的主要目的是从行业发展角度出发，通过资料收集、实地调研、专家咨询等形式，了解行业技术的发展历程，掌握行业的发展现状，预测行业的发展趋势。根据调查内容确定出行业内亟须进行专利信息分析的技术及其重点技术分支，从而确定专利分析的整体研究方向，为后期的报告撰写奠定良好的基础。行业现状调查的内容应当包括行业的发展历史和现状、产业链的构成情况、国内外市场概况、国内外主要企业概况、各国对该行业或者产业的相关政策等。

行业调查贯穿课题的整个过程，通常分为课题立项阶段、课题开展阶段和报告撰写阶段。不同阶段的目标不尽相同。课题立项阶段的目标主要是了解技术背景和行业发展情况，从而选择合适的对象范围进行研究。课题开展阶段的目标主要是针对研究过程中所遇到的技术问题、研究方法和研究内容进行调查，从而保证研究课题的正确方向。报告撰写阶段的目标主要是对课题研究的结论进行验证，从而保证结论的客观性。

2.3.1 调查方式

行业技术调查和行业现状调查的资料搜集主要依靠互联网、出版物信息、对行业协会以及企业的调研，针对不同的内容行业现状调查的资料搜集具有不同的方法。互联网以及出版物资料主要包括综述类书籍及文章、行业年鉴以及企业年报、行业分析报告及网络新闻报道。获取途径主要有：购买和借阅相关书籍和内容丰富的网络资源，例如：超星图书馆、行业协会网站、主要申请人网站、百度、谷歌等；另外就是通过联系行业协会和企业以及在调研的过程中获得行业协会和企业的相关研究报告和统计数据。一般而言，课题组可以采用以下几种形式进行行业技术调查。

（一）资料查阅

阅读相关资料是了解行业技术的首选形式，通过阅读相关资料可深入了解技术的发展历程、现状和趋势，了解行业技术各方面发展情况。资料主要包括：专利文献、非专利文献、行业标准、行业分析报告以及网络新闻报道等。资料获取途径主要有：购买和借阅相关行业书籍，浏览网络资源（包括国家知识产权局图书馆、超星图书馆、国家知识产权局内部专利查询网站、外网非专利文献网站、行业协会网站、主要申请人网站、主要申请人的产品宣传册、相关行业分析公司网站等）。资料查阅具有简单易行、资料量大等优点，但是也存在资料质量良莠不齐，且需花费大量时间去阅读、分析、整理的缺点。

（二）实地调研

实地调研是行业技术调查较为重要的手段之一。通过实地调研可以与行业内的技术专家和技术人员进行深层次的沟通，可以对在资料阅读时了解的信息进行核实对比从而深入了解整个产业的技术构成和技术现状。针对行业的不同，调研对象的选取也不尽相同，可以根据行业的整体发展情况具体选择。例如技术研究主体方面，可以选择科研院所或是相关企业。此外调研对象还需要根据课题研究阶段的不同选择不同的调研对象，如开题阶段选取行业协会或是科研机构等，而报告撰写阶段选择企业。但需要注意的是调研的对象应当在行业内具有较高的知名度，得到行业内的充分认可。优先选取地域上相对集中的调研对象，以提高调研效率。实地调研具有认知直观、信息准确的优点，但存在成本较高、调研对象选取困难的缺点。

（三）问卷调查

问卷调查作为实地调研的重要补充手段，可以增加调查的广度，优点是可以以较少的时间和成本获取更多的行业信息。问卷调查具有针对性强、成本较低的优点，但存在前期问卷制作耗时，后期结果整理困难的缺点。选择调查对象需要考虑两个因素：① 选择典型的研发主体，为保证调查的准确性需要选择合适的调查对象，专利的申请情况和行业内的地位是重要的参考指标；② 保证问卷回收率，提高问卷回收率是保证调查有效性的重要因素，一般采取发放前、后均进行沟通联系的方式，从而可以保证在规定的时间内得到需要的调查内容。此外调查问卷要根据调查目的、对象的不同制作，一般包括对专利分析的认识情况、技术研发过程中的困难、在市场竞争中面临的专利壁垒、希望了解的专利信息以及可以提供的行业情况、产业政策、行业标准、行业年报等。整理调查问卷阶段是将问卷的内容汇总，提取共性问题和差异问题，分析结果的正确性。如有疑问或需要，可针对收集到的问卷答复情况进行进一步的沟通联系。

（四）专家座谈

专家座谈也是行业技术调查的一种重要手段，通过与业内资深专家的面对面交流，可以深入了解行业的整体情况，验证掌握行业情况的正确性。专家座谈的关键是专家的选取，应结合行业本身的特点和发展情况邀请较为权威的专家。专家选取范围主要包括：企业的工程师、科研院所的研究人员、行业协会成员、标准委员会成员、相关主管部门的人员及专利分析人员等。专家座谈具有信息权威、指导性强等优点，但存在组织专家座谈会难度较大、成本较高的缺点。

（五）电话调研

电话调研是以上各种形式的补充，但也起着非常重要的作用。电话调研的时间和对象可以根据研究需要灵活制定，随时进行，可以及时更新技术内容并确保研究方向的正确性。电话调研具有可操作性强、信息反馈及时等优点，但存在信息量获取较少、信息分享困难等缺点。

在进行行业现状调查时，可以考虑通过以下方法来获取信息：

① 行业的发展历史和现状的资料收集主要通过相关出版物、一些互联网上的综述类文章和相关的硕博士论文来获得。这类的资料较多，需要通过综合整理来获得一个完整的行业的发展历程情况。

② 产业链的发展情况主要可以通过与行业协会的沟通来获得，此外在互联网上的一些相关文章中也会有所涉及。

③ 国内外市场概况信息来源有：来自互联网的相关数据统计信息、部分上市公司的年报、行业年鉴等。行业年鉴中的数据比较全，尤其是针对国内市场的数据统计，但其不足之处在于数据具有一定的滞后性，但是可以综合近几年的年鉴数据来获得发展趋势的变化。

④ 对于国内外企业概况，通常国内企业的网站仅能获得该公司的基本情况介绍，缺少进一步的数据，但可通过行业年鉴获得其部分数据；而国外的公司网站上一般具有比较全面的公司年报，只要通过仔细阅读就能够获得大量的相关数据。

⑤ 各国对该行业或者产业的相关政策包括主要国家和地区的产业政策情况。值得注意的是，垄断企业的发展战略的影响力有时甚至与国家政策相当。国外政策主要来源于网络上各种相关文章，需要课题组成员通过海量的检索和阅读来寻找。国内的政策还包括各地方政府的政策以及行业政策，这些政策也需要通过互联网资源来获得。另外，还可以咨询行业内的相关专家，因为很多政策的制定行业专家都参与其中。

2.3.2 行业技术调查报告

行业技术调查的成果就是形成行业技术综述。行业技术综述可以为专利分析报告提供相应基础材料。具体而言，对于前言部分，行业技术综述可以提供行业的发展历程、现状和趋势以及报告的必要性；对于全球和中国专利分析，行业技术综述中关于产业政策、产业的现状等都是对专利的发展趋势、区域分布、申请人分布、技术构成和技术活跃度等方面所得结论进行验证的重要依据；对于重要申请人的分析，主要是针对主要申请人的专利情况进行分析，而行业技术综述中主要研究主体的分析就是确定主要申请人的重要依据，此外也是验证相关结论的重要依据；对于重要技术分支的分析，行业技术综述关于研发主体关注的技术热点与难点就是确定重要技术分支的重要依据，此外对重要技术分支的发展路线、未来发展方向的判断也需要参考该行业的发展历程、现状和趋势。

行业技术综述一般应当包括以下几个方面的内容：

① 行业技术的解释，行业的发展历程、现状和趋势。介绍行业的划定、行业在国民经济中的地位、开展研究的必要性，从而体现分析报告的必要性。分析行业发展历程、现状和趋势，为报告需要的研究内容奠定基础。

② 产业链的构成，产业分类标准。根据产业链的上下游关系，选择合适的研究范围，确保分析报告的可行性。总结行业内不同研发主体对技术的分类方式，在综合考虑专利分类方法的基础上，对技术进行合理的分解。

③ 研发主体及其关注的技术热点与难点。分析该行业内的研发主体，以便于选取专家团队及调研对象。分析研发主体关注的技术热点和难点，制定出行业内需要的研究内容，确保分析报告受关注的程度。

④ 产业政策。介绍整个行业发展过程中，不同时期、不同地域针对该行业提出的各种产业政策，为后期专利分析结果的制定提供理论依据。

⑤ 研究群体分布及市场情况。介绍行业内主要的研发主体，包括国内和国外主要的专利申请人，确保分析报告内容的正确性。介绍行业整体的市场分布情况，为后期的行业调查和成果推广提供依据。

2.3.3 行业现状调查报告

行业现状调查能够使课题组掌握待分析行业的发展历史、市场规模和发展现状、产业链关系、市场主体、产业政策以及整个行业所面临的主要问题和发展方向，从而能够在后续的专利分析中结合行业技术分析为广大企业提供更为切实可行的专利分析报告，使分析报告的内容更贴近行业和市场，帮助读者更深入地了解整个行业现状，便于为行业创新主体服务。

行业现状调查结果的整理是形成研究综述，各行业可根据自身的情况来选择报告中所要呈现的内容。通常行业现状调查报告主要包括以下几个方面：

① 行业的发展历史和现状。主要介绍行业的一些基本定义和起源、行业在国民经济中的地位、发展历程以及发展现状。

② 产业链的构成。主要包括产业链的构成以及上下游企业情况。

③ 国内外市场概况。主要包括国内市场和国际市场的规模、布局以及整个产业的贸易格局。可根据行业自身的特点来选择所要调查的市场区域，从而使企业更清楚本行业的市场特点。

④ 国内外主要企业概况。总结各企业的特点以及各企业的市场占有率。根据前期检索结果和资料搜集的结果确定需要分析的国内外主要企业，可根据行业自身的特点有侧重地介绍本行业的主要企业的情况。

⑤ 各国对该行业或者产业的相关政策。在整个行业发展过程中，不同时期、不同地区针对该行业提出的各种行业政策，对专利分析结果具有很强的指导意义。这些政策的出台都会对专利申请量的变化产生很大的影响，在一定程度上，专利申请量的变化也能反映出行业政策的调整情况。因此通过对这些政策的分析，也可为后续专利申请趋势分析中出现拐点或者异常情况时提供相应的佐证。

撰写行业调查报告时应当注意规范和集中工作中形成的文档。

第3章

行业专利技术分解

本章概要

专利技术分解表是专利分析的纲领性文件，不仅界定了专利分析的范围，还决定了专利分析的研究框架，有助于梳理专利分析的关键技术分支。同时，专利技术分解表还是专利文献检索的基础，是数据清理和标引的指南，也是报告撰写的重要保障。

本章阐明了专利技术分解的目的和意义，指出了专利技术分解与常见的技术分类以及专利技术分类之间的区别。本章详细讲解了专利技术分解表的制定流程，提出了制定专利技术分解表的三大原则，并对专利技术分解表制定过程中常见的问题提出了合适的解决方案。最后，选取了具有代表性的专利技术分解案例，做到“授之以渔”同时还能“授之以鱼”。

研究人员心声

- ✓ 课题要有合适的边界，控制合理的数据量并在前期完成边界的调整。（生物医用天然多糖课题组、燃煤锅炉燃烧设备课题组、通信用光器件课题组）
- ✓ 确定课题边界时，要尽量选择范围有限的更具体的子行业，不要妄图对大而泛的行业概念作整体分析。（乳制品课题组）
- ✓ 课题研究初期，需要先作行业调研和专家座谈，充分考虑行业内专家和技术人员的意见，并进行适当的预检索等工作，以确保形成一个得到行业广泛认可、能够反映技术热点和行业需求、适于检索、具有分析可行性的技术分解表，避免后期不断调整边界。（乳制品课题组、煤矿机械课题组、切削加工刀具课题组、智能手机课题组）
- ✓ 在进行专利技术分解时应充分把握“尊重行业习惯，方便专利数据检索，专利数据量适中”的总体原则。（切削加工刀具课题组）
- ✓ 在分解表的制定上要慎之又慎，应当避免一、二级技术分支的反复修改，同时又能做到灵活调整个别三级或四级技术分支。（切削加工刀具课题组）
- ✓ 行业的技术分解，需要与产业链结合；形成的技术分支，最好能各具特色，发展趋势各有差异，这样分析才能具有对比性，体现行业各分支不同的特点。（乳制品课题组）
- ✓ 形成技术分解表时应考虑检索的便利性。此外，所有研究人员都应当参与检索，使各成员更加熟悉技术分解表，为标引工作做好铺垫。（立体影像课题组）

行业专利技术分解是结合专利分析的特点对所分析的技术领域作进一步的细化和分类。行业专利技术分解是围绕研究的技术主题进行的，既要方便研究分析人员进行专利数据检索，还要得到行业从业人员的认可。因此，它既不等同于专利分类，也和行业技术分类有一定的区别。其结构形式和国际专利分类IPC中所采用的大类、小类、大组和小组等划分方式类似，采用一级、二级、三级和四级技术分支的划分结构，根据专利分析的实际需求和行业的具体特点，将所分析的技术主题细分出不同层级的技术分支。其内容，在一级、二级技术分支应当涵盖该技术领域的主要技术，在三级、四级技术分支上应当突出关键技术。一般情况下，可按技术特征、工艺流程、产品或使用用途等进行技术分解。

行业专利技术分解在专利分析过程中非常重要。一个准确的技术分解对了解行业状况、检索专利信息以及检索结果处理等都具有非常重要的意义，不仅可以帮助专利分析人员在专利检索和分析之前了解产业发展和行业技术发展状况，还能帮助专利分析人员准确地了解行业各技术分支的情况，使专利分析人员对于整体技术主题从宏观到微观都心中有数。因此专利技术分解得准确与否，直接影响到专利数据检索的全面性、准确性以及专利分析的质量。一般来讲，行业专利技术分解主要有以下几个目的：

① 了解行业整体情况。行业专利技术分解是根据行业或产业特点对技术主题作进一步细化，其不同于专利分类标准。行业专利技术分解与产业结合更为紧密，通过行业专利技术分解可以了解到该行业内的主要技术构成、产业结构情况等。

② 便于专利检索。行业专利技术分解是将整个待分析的技术主题作进一步细化的过程。对宏观的技术主题划分出较为细化的技术主题，还可对较为细化的技术主题进一步细化，得到更为细致的技术分支。而针对更为细化的技术分支进行检索，能更有效且全面地检索到相关专利。

③ 便于数据处理。类似于国际专利分类IPC的分级结构，将待分析的技术主题进一步细化后，细化的技术分支一般包含相应的检索结果。因此，在对检索结果进行数据处理时，可以针对某一特定的技术分支进行批量标引，从而提高标引的效率。

④ 便于选取研究重点。一般而言，企业的经营范围只是涉及某一行业中具体的一个或几个技术分支。因此，他们也会关注这些具体技术分支的发展趋势、研究主体等信息。所以，在进行专利分析时，需要根据实际需求，对整个技术主题进行分解，细分出各层级的技术分支，从而揭示其发展趋势、研究主体等信息，为企业研发或进入新的技术领域提供决策参考信息。

3.1 行业专利技术分解的常见类型

为了与行业技术标准和分类一致，行业专利技术分解一般应根据行业内技术分类的惯例进行，同时参考教科书或综述文献等方面内容。此外，考虑到专利分析的专利特性，还应参考专利的相关分类体系（例如，IPC、EC、F-Term等分类体系）来进行行业专利技术分解。最后，针对各专利分析课题的独特性，也可根据各课题组的研究需要进行相应的调整。

3.1.1 专利分类标准

在进行技术分解时，常用的分解方式是按照各种专利分类体系对待分析的技术主题进行分类。一般分类标准选择包括国际专利分类（IPC）、美国专利分类（UC）、欧洲专利分类（EC）以及日本专利分类（FI/F-Term）等。采用专利分类号进行分类，其特点是在已有分类体系的情况下，稍作修改即可，无需重新设置新的技术分解，但前提是已有专利分类体系与行业内技术分类标准差别不大或基本一致。此外，采用专利分类号进行技术分解后，由于某一技术分支对应一专利分类号，所以便于对技术主题进行检索，并且有助于对检索结果进行数据处理。但是，这种分类也存在一些缺点，当某一技术主题的专利分类与行业产业分类相差较大时，会造成分析结果和产业脱节，从而失去对行业、企业的指导意义。

3.1.2 行业分类标准

行业是国民经济中同性质的生产或其他经济社会的经营单位或者个体的组织结构体系的详细划分，其从产生到不断发展的过程中形成了自身独有的标准和规范。因此在进行技术分解时参考行业分类标准可以加深了解技术的本质和演变，并且根据行业分类标准确定的技术分解更能契合行业发展态势及现状，这样的分析结果更易于被企业所认可和接受。但是需要在前期进行大量的行业背景技术的调研，在进行行业专利技术分解过程中需要咨询行业的技术专家和产业专家，不断调整技术分解结果。此外，在根据行业标准分类进行技术分解后，在检索和数据处理方面的工作量也可能大于基于专利分类形成的技术分解的工作量。

任何一个行业都有一些约定俗成的行业技术分类习惯。这些分类都具有自己的特色，要么体系严谨，要么应用方便，都是经过大量的经验积累沉淀下来的并能被本行业从业人员广泛接受的分类。因此，课题组在进行技术分解时应当尊重行业习惯，充分了解行业分类背后形成的原因，并知晓其优缺点。

3.1.3 学科分类标准

在行业专利技术分解中，对于一些较为基础的技术主题，也可以参考教科书中已给出的分类原则来进行技术分解。教科书作为一门课程的核心教学材料，其对某学科现有知识和成果进行了综合归纳和系统阐述，其在材料的筛选、概念的解释和不同技术分支或学派的介绍方面具有全面、系统和准确的特征。因此在进行技术分解时，可以参考教科书中介绍的相关技术分类，特别是在某一技术主题的专利分类和行业分类尚不明确的情况下，学科分类也具有一定的借鉴和参考意义。

3.1.4 综合分类标准

一般情况下，行业专利技术分解应当首先考虑行业分类标准，其次考虑专利分类标准和学科分类标准。在实际进行技术分解中，课题组可以根据待分析技术主题的特点来灵活确定技术分解方式。例如，当某一技术主题涉及某些特定技术领域和技术标准的专利分析时，通常专利分类标准要优于行业分类标准和学科分类标准。当行业分类标准不明确的情况下，采用专利分类标准更有利于保证技术分解的准确性。此时，可先采用专利分类标准对技术主题进行分解，然后根据行业专家的意见或根据行业标准进行不断调整，以使其综合专利分类标准和行业分类标准的优点，形成一个准确并便于检索和数据处理的行业专利技术分解。

3.2 行业专利技术分解的操作流程和方法

行业专利技术分解并非对行业分类或对 IPC 分类的简单借用，而是多种因素作用的最终产物。制定专利技术分解表的原则可以概括为“尊重行业习惯，方便专利文献检索，专利文献量适中”。在面临多种选择时，专利分析人员可以利用上述原则进行适当的取舍，从而制作出符合专利分析研究需要的技术分解表。

行业专利技术分解的思路主要包括由上及下、由下至上以及上下结合三种模式。从总体上来讲，行业专利技术分解主要受到技术成熟度、技术与产品的交叉关系、产业链各环节的关键关节点等因素的影响。一般地，一级和二级分类主要受产业、行业分类习惯影响；三级以下的技术分支与关键技术非常相关。

3.2.1 了解技术概况和发展动向

在对某一技术主题进行专利技术分解时，首先需要了解该技术主题的概况，即该技术主题在整个行业内的具体位置（产业中的上下游）以及该技术主题所包括的主要内容和所要解决的技术问题等。一般情况下技术主题的概况可以通过图示的方式来表现。

【案例 3–1】

如图 3–2–1 所示的等离子体的技术概况图。从该图中可以看到等离子体刻蚀机属于半导体设备中的蚀刻设备中的干法蚀刻设备，并且该图直观地反映出了等离子体刻蚀机的技术内容。例如其从结构上分可以包括射频装置、等离子体刻蚀腔等 5 大部分。并且该图还给出了等离子体刻蚀机的发展历程和解决的技术问题等，从而一目了然地展现了等离子体刻蚀机的技术概况和发展动向。

3.2.2 逐级分解技术主题

在进行行业专利技术分解时，可以参考技术主题的概况和发展路线。从最上位的技术分支依次进行分解，将最上位的技术分支分解为较下位的技术分支，然后再对较下位的技术分支作进一步分解，将其分解为更为详细、具体的下位技术分支，直到分解到需要进行分析的重要技术分支。

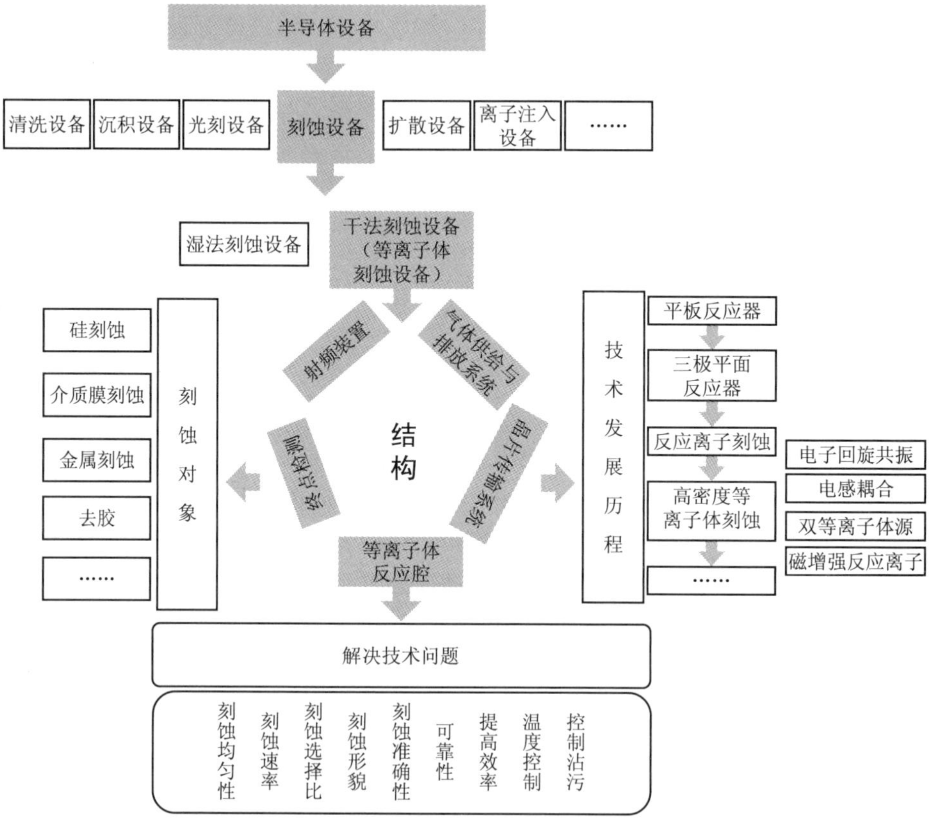

图 3-2-1　等离子体蚀刻技术概况图[1]

【案例 3-2】

如表 3-2-1 所示，首先对较上位的切削加工刀具的结构按照其应用进行技术分解，得到 7 个二级技术分支：铣刀、孔加工刀具、车刀、螺纹刀具、齿轮刀具、复合刀具和其他刀具。接着对铣刀按照其结构作进一步的分解，将其又细分为 3 个三级技术分支：可转位铣刀、整体铣刀和焊接铣刀。最后对需要分析的可转位铣刀根据其组成作进一步的分解，又将其细分为 5 个四级技术分支：可转位刀片、可转位刀片夹固、可转位铣刀刀体、可转位铣刀刀柄、其他可转位铣刀。这样依次对各级技术分支进行分解，就得到了切削加工刀具结构这一技术主题的专利技术分解表。

表 3-2-1　切削加工刀具专利技术分解示例表

一级分类	二级分类	三级分类	四级分类
结构（1）	铣刀（11）	可转位铣刀（111）	可转位刀片（1111）
			可转位刀片夹固（1112）
			可转位铣刀刀体（1113）

[1] 选自 2010 年专利分析普及推广项目《等离子体刻蚀机专利态势分析报告》图 1-1。

续表

一级分类	二级分类	三级分类	四级分类
结构（1）	铣刀（11）	可转位铣刀（111）	可转位铣刀刀柄（1114）
			其他可转位铣刀（1115）
		整体铣刀（112）	
		焊接铣刀（113）	
	孔加工刀具（12）		
	车刀（13）		
	螺纹刀具（14）		
	齿轮刀具（15）		
	复合刀具（16）		
	其他刀具（17）		

3.2.3 行业专利技术分解的评价

在初步完成行业专利技术分解后，可以采用以下几个原则来对技术分解表进行评价。

① 专利文献量适中。为了便于专利分析，在根据技术分解表进行检索后，各技术分支的文献覆盖量应当适宜，需要分析的量一般应在数百篇到千篇之间，各技术领域根据其实际情况略有不同。一般情况下，专利量在数百篇到千篇之间，在数据清理、标引过程中可以提高效率和准确率，并且在后续过程中更容易绘制专利分析图表并进行相应分析。

② 方便专利文献检索。形成技术分解表后，各技术分支应当是适于检索的，并且适于后续的标引工作。各技术分支定义准确，并且相互之间边界清楚，适于检索和标引。

③ 尊重行业习惯。技术分解表中的各技术分支之间的上下级关系以及同级之间的关系应当符合行业习惯，并且突出重点，符合行业创新主体关注重点的需求。

3.2.4 行业专利技术分解的调整

在行业专利技术分解评价的基础上，可以对初步的技术分解表进行调整，使之符合行业技术分类习惯和便于检索及数据处理的需要。通常采用以下几种调整办法。

① 根据行业调查反馈和创新主体所关注的热点的调整。由于在进行行业专利技术分解时不一定能够对行业、企业进行充分的调研，因此在完成技术分解表初稿后，应当根据该初稿进行行业调查，积极咨询行业产业专家和企业技术专家，收集专家的反馈意见，并根据专家的反馈意见调整技术分支或重新定义技术分支，以使行业专利技术分解表更符合行业分类的实际情况。更为重要的是，对行业和企业的调查反馈更能使技术分解表突显出创新主体所关注的热点技术分支，从而使专利分析的重点更为突出，引导作用更为有效。

② 根据检索文献总量及其分布的调整。在完成技术分解表后，一般情况下将根据该技术分解表进行专利文献的检索。但在某些情况下，针对某一技术分支进行检索时，可能存在该技术分支涵盖的专利数量偏多或偏少的情况。例如，几十万篇或几篇，从而影响了对该技术分支进行专利分析的精度和准度。因此，当课题组根据技术分解表完成检索后，还应根据各技术分支的检索数量和分布进行适当的调整（拆分或组合）。例如，某一技术分支涵盖的专利数量过大，可以考虑将该技术分支继续进行细分，划分出下一级技术分支或调整同一级的技术分支，重新定义该技术分支的范畴，通过调整使该技术分支涵盖的专利数量适中。

③ 根据数据清理的难易度和标引过程反馈情况的调整。在数据清理过程中，课题组可能会发现难以对之前确定的技术分解表中的一些技术分支进行清理。这种情况下，课题组还应对这些技术分支进行拆分或组合，以保证数据清理结果的准确性。

④ 根据研究过程中的初步结论的调整。在根据技术分解表完成数据检索、数据处理后，可以对其结果进行初步的图表制作，并得到一个初步的分析结论。这时可能图表中会直观反映出一些不符合行业发展实际趋势或行业发展实际情况的问题。例如某一技术分支的发展趋势与现实情况明显不符，行业现实情况下是专利申请量逐年上升，而图表却显示其申请量逐年下降或中间有个低谷等，这种情况很有可能是因为之前进行的技术分解不当所导致的。对于此类问题，课题组应当分析根据技术分解表所检索的检索结果，并根据行业的实际情况对技术分解进行相应的调整，直到图表和分析结论与行业实际情况一致。

3.3 行业专利技术分解的成果规范

3.3.1 技术分解表

在充分了解技术主题的概况和发展动向的基础上，对技术主题进行逐级分解后会形成一份技术分解表。该表从不同层级显示了该技术主题的主要内容和结构。在技术分解表的制定过程中应特别注意格式、层级、逻辑和内容方面的规范性。

【案例 3–3】

等离子体刻蚀机课题组根据图 3–2–1 的技术概况，并咨询产业专家以及根据检索的需要，不断调整后最终得到了该技术主题的专利技术分解表，参见图 3–3–1。该技术分解表将等离子体刻蚀机进行了三级分解，得到了三级的技术分支。其中第一级技术分支是该技术主题的组成部分或下位概念，其组合构成了该技术主题的全部或一部分，而第二级技术分支是相应第一级技术分支的细化，属于第一级技术分支的下位概念或组成部分，而第三级技术分支是第二级技术分支的进一步细化，属于第二级技术分支的下位概念或组成部分。同一层级之间的技术分支属于并列的关系，并且技术范畴上不能有覆盖或重合的部分。

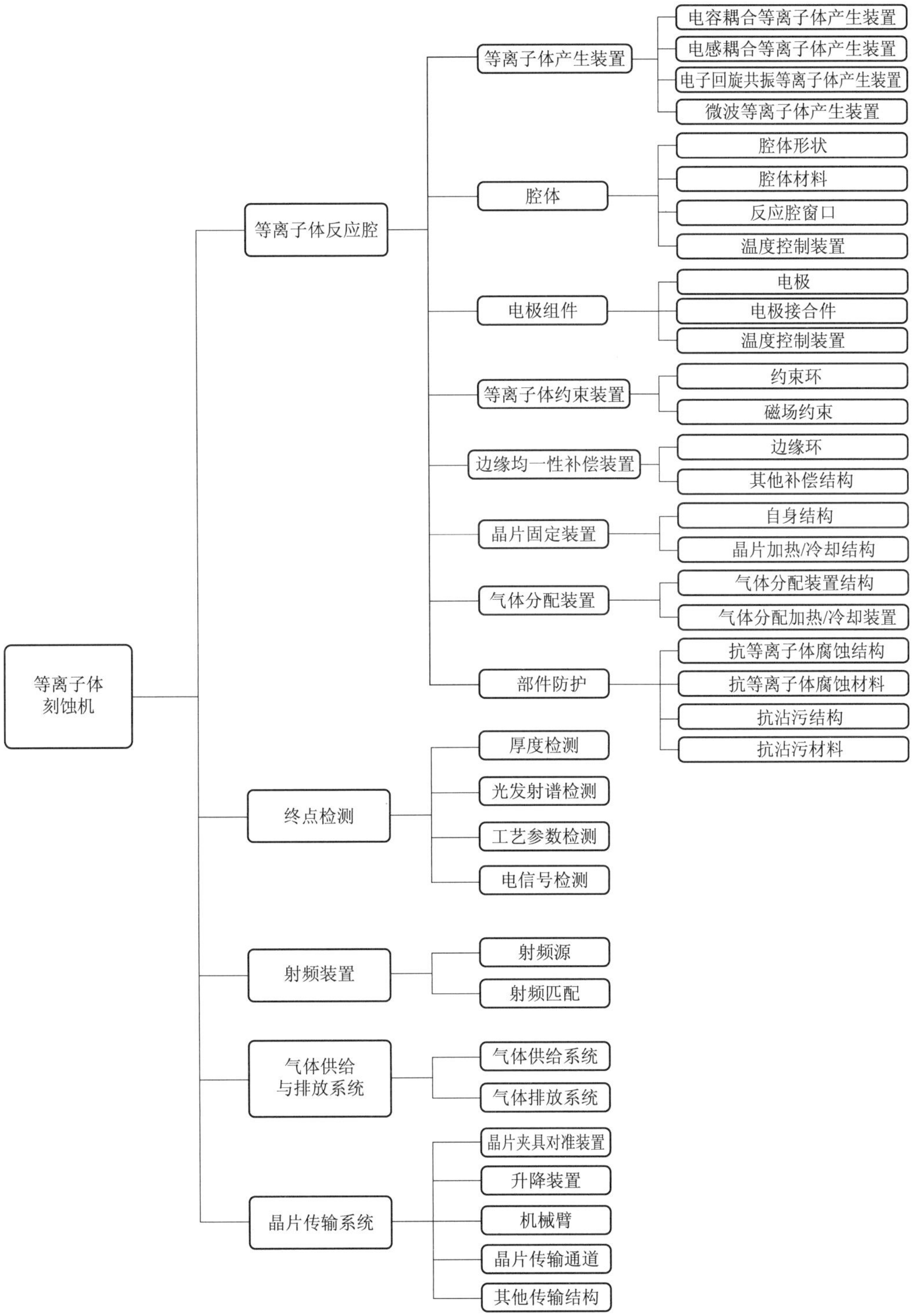

图 3–3–1　等离子体刻蚀机技术分类图❶

❶ 选自 2010 年专利分析普及推广项目《等离子体刻蚀机专利态势分析报告》附录 2。

3.3.2 技术术语定义表

同一技术术语在不同的行业背景下具有不同的含义，或者不同的分析人员对同一技术术语理解不同，或者业界对某一技术分支还没有统一的定义，因此如果不对技术分解表内的各技术分支中的技术术语进行定义，就无法准确确定该技术分支的边界。此外，技术术语的不确定性也可能导致各平级的技术分支之间存在重合的情况，从而影响了技术分解的精确度，进而造成分析不准确。因此，在完成技术分解表后，还需要对技术分解表中的各技术分支进行定义，用描述性的语言来定义各技术分支的范围，参见表 3–3–1。

【案例 3–4】

表 3–3–1 等离子体刻蚀机技术术语定义表

技术分支	定 义
等离子体产生装置	等离子体产生装置是指在等离子体刻蚀反应腔内，用于将反应气体激发到等离子体状态的核心部件，其需要连接反应腔外部的能量源来进行激发。该装置主要包括通过电感耦合方式产生等离子体的核心装置、通过电容耦合方式产生等离子体的核心装置、通过电子回旋共振方式产生等离子体的核心装置以及通过微波激发方式产生等离子体的核心装置等多种类别的等离子体激发装置
腔体	腔体是指反应腔自身壳体以及与其相连的起到自身壳体作用的结构，包括腔体的形状和材料，反应腔体的窗口和顶盖，以及与反应腔体相连接的温度控制装置等构件，不含反应腔内部的常用构件
电极组件	电极组件是指包括上、下电极以及第三电极（必要时）在内的电极，用于控制电极温度的温度控制装置，对电极起到驱动、保护、连接以及其他相关作用的连接到电极上的电极接合件，对电极产生其他相关作用但并未连接到电极上而与其组合使用的构件等。其中，电极涉及其形状、材料、数量、位置以及起到电极作用的任何结构及其组合等方面的改进
……	……

3.3.3 行业专利技术分解中常见问题

在行业专利技术分解中常见问题主要有以下两种：① 技术分解与行业实际情况严重不符。由于专利分析是面向业内企业或研究主体，因此其技术分解应当与本行业的分类标准基本一致，其技术分支情况应符合业内人士的认知习惯。如果技术分解与行业标准严重不一致，将导致行业内的专利技术分析脱离行业内实际情况，从而导致专利分析报告不能起到为产业创新主体参考或服务的目的。② 无法对某一技术分支进行分析。当对待分析的技术主题进行不适当的技术分解后，可能导致某一技术分支下的专利文献量太少或太多，无法对该技术分支进行专利分析。例如，当某一技术分支涵盖的专利数量为 5 个，则无法对这一技术分支进行相应的专利分析。

为了避免上述问题，形成准确有效的专利技术分解表，在技术分解前应广泛阅读行业产业报告，充分了解行业技术背景。在对技术主题进行初步技术分解后，应积极联系并咨询行业或产业专家，以获取产业专家对初步技术分解的反馈意见；根据初步技术分解，对技术主题进行一定的预检索；根据检索结果和专家咨询意见，及时调整行业专利技术分解的思路和方法，对相应技术分支进行拆分或组合，以保证技术分解的科学、准确和全面。

3.3.4　专利技术分解的实际案例详解

【案例 3–5】

“切削加工刀具”技术主题专利技术分解的过程主要包括如何确定技术领域、如何划分技术分支以及如何进行调整等内容。对于专利技术分解表制作的过程，要综合考虑各种影响因素以及各阶段考虑的问题的重点，技术分解流程图参见图 3–3–2。

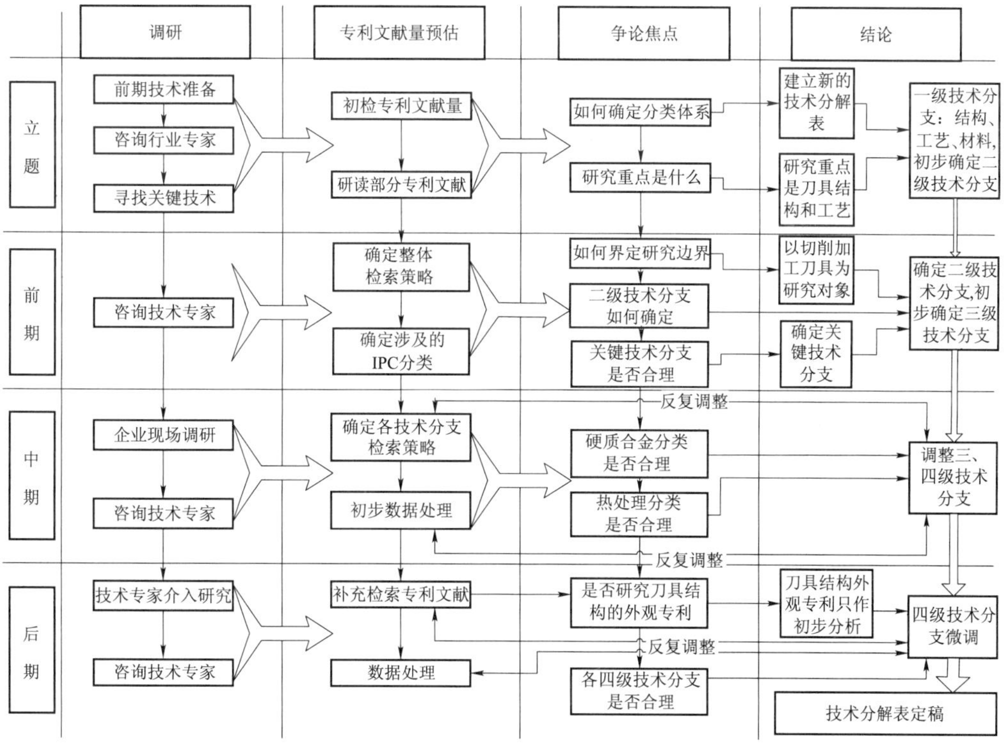

图 3–3–2　切削加工刀具技术分解流程图

刀具行业的分类方法大致有以下几种：① 行业分类：按具体刀具产品来分类，例如：车刀、铣刀、刨刀、钻头、丝锥等。② 专利分类体系：主要为国际专利分类即 IPC 分类体系，其特点是按应用领域为主，间杂着刀具种类及其相关的技术点。③ 行业标准，行业标准主要以产品分类，例如：麻花钻、锪钻、扩孔钻等；立铣刀、三面刃铣刀、锯片铣刀、键槽铣刀、可转位铣刀等；矩形花键拉刀、键槽拉刀、圆拉刀等；其他刀具，如可转位车刀、丝锥、绞刀、板牙、插齿刀等。④ 行业习惯，例如美国切削刀具协会（USCTI）的分类是：硬质合金刀具、钻/绞刀具、金属切削锯片、铣刀、聚晶金刚石刀具、聚晶立方氮化硼刀具、棒料、表面涂层、螺纹丝锥、刀架、其他。⑤ 商业分类，如表 3–3–2 所示按刀具及相关产业链的产品、主要提供的技术支持来分类，更多的针对客户需求。

表 3–3–2　国内刀具商业分类[1]

刀具材料	刀具产品	加工设备	加工市场	刀具相关
钨基硬质合金	车削刀具	加工中心	金属加工	刀杆刀柄
钛基硬质合金	铣削刀具	数控车床	模具加工	夹头夹具
氧化物陶瓷	孔加工刀具	数控磨床	零部件加工	刀具涂层
氮化物陶瓷	数控刀具	数控钻床	五金工具加工	磨料产品
立方氮化硼	螺纹刀具	数控成形	其他	切削液
工具钢	齿轮刀具	特种专用		润滑油
进口材料	切断刀具	普通机床		刀具软件
金刚石	机用锯片	测量仪器		其他
其他	机械刀具	数控系统		
	特种非标	其他		
	拉刀			
	锉刀			
	刨刀			
	其他			

以上各种分类方法都有其优缺点，虽然在其适用的场合都基本能满足使用要求，但是对于本课题的研究来说都有一些不足。例如刀具产品具有共性的制备工艺、制备材料技术，完全以刀具产品来进行专利技术分解，则不易对主要涉及制备工艺、制备材料的专利申请划分界限，且技术主题相关的专利分类号太多。涉及工艺的部分由于应用范围较广，专利文献噪声太大，无法凸显关键技术点；而涉及的具体产品种类，分类太细，各细分类下的专利文献数量不均，有的分类不足以形成研究样本等。因此不能满足本课题的研究需要，必须建立新的技术分解表。

在立题阶段，课题组为了制定符合研究需要的专利技术分解表，主要做了以下工作：(1) 收集非专利文献资料，了解行业背景、行业发展状况和技术发展现状。收集的非专利文献主要包括：行业的宏观报告，行业期刊上发表的相关文章，相关的硕博士论文，相关的最新国家和行业技术标准等；(2) 咨询中国机械工业协会、中国刀具协会和株洲钻石切削刀具股份有限公司等 8 家企业的行业和技术专家；(3) 初步检索专利文献，

[1] 选自 2011 年专利分析普及推广项目《切削加工刀具行业专利分析报告》表 1-4-1。

对研究的专利文献量做初步的评估。

经过上述工作，课题组对如何确定研究的边界设定了以下原则：（1）涉及的刀具产品应当产业附加值高，应用产业面相对较广；（2）涉及的刀具技术分支的专利文献量适当，中文专利文献量不超过 5000 篇，外文文献量不超过 50 000 篇；（3）涉及的刀具技术分支应当是行业和企业所认可的关键技术点，即在技术上应有一定的高度。根据上述原则，课题组划定的研究总边界是：切削加工刀具。对切削加工刀具的研究包括：该类刀具的结构、该类刀具的制造工艺和制造该类刀具的材料。在结构、工艺、材料方面又确定了四项关键技术，即可转位刀具技术、刀具涂层技术、刀具的热处理技术和用于刀具的硬质合金材料。

课题组通过征求行业、企业专家的意见并经内部讨论，以“尊重行业习惯，方便专利数据检索，专利数据量适中”为原则，制定了技术分解方法，如图 3–3–3 所示。具体思路如下：首先根据刀具行业的发展特点“三高一专”，即“高效率、高精度、高可靠性和专用化”，结合刀具的技术指标和对刀具性能的需求，将切削加工刀具的技术划分为结构设计、制造工艺和制备材料，简称为结构、工艺、材料。在结构方面，综合考虑了行业习惯和方便专利检索的需要，按照刀具的应用进行分类。在工艺方面，主要考虑刀具制造工艺的各重要工艺步骤，按照刀具的制造流程进行分类。在材料方面，主要考虑行业习惯分类，按照刀具基体的常用材料进行分类。

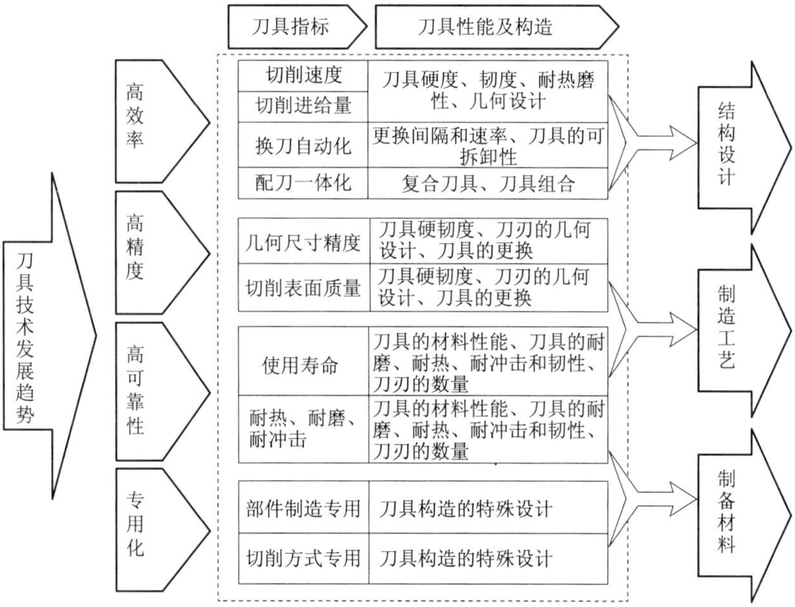

图 3–3–3　刀具技术分解图

经过上述工作后，最终确定了如表 3–3–3 所示的切削加工刀具行业的专利技术分解表。为了便于准确地理解切削加工刀具专利技术分解表中的技术术语，还进一步针对该技术分解表中的技术术语进行逐一解释，如表 3–3–4 所示。

表 3-3-3　切削加工刀具技术分解表

一级分类	二级分类	三级分类	四级分类
结构（1）	铣刀（11）	可转位铣刀（111）	可转位刀片（1111）
			可转位刀片夹固（1112）
			可转位铣刀刀体（1113）
			可转位铣刀刀柄（1114）
			其他可转位铣刀（1115）
		整体铣刀（112）	
		焊接铣刀（113）	
	孔加工刀具（12）		
	车刀（13）		
	螺纹刀具（14）		
	齿轮刀具（15）		
	复合刀具（16）		
	其他刀具（17）		
工艺（2）	涂层（21）	涂层结构（211）	单层涂层（2111）
			双层涂层（2112）
			多层涂层（2113）
			梯度涂层（2114）
			软硬涂层（2115）
			纳米涂层（2116）
		涂层材料（212）	
		涂层涂覆技术（213）	
	热处理（22）	空气热处理工艺（221）	
		惰性气体热处理工艺（222）	
		真空热处理（223）	
		熔融盐热处理（盐浴）（224）	
		化学热处理（固渗）（225）	
		加热源及淬火剂（226）	
	刀具成型（23）		
	刀具后处理（24）		
材料（3）	高速钢（31）		
	硬质合金（32）	普通硬质合金（321）	

续表

一级分类	二级分类	三级分类	四级分类
材料（3）	硬质合金（32）	细晶粒和超细晶粒硬质合金（322）	
		梯度硬质合金（323）	
		金属陶瓷硬质合金（324）	
	陶瓷（33）		
	金刚石（34）		
	立方氮化硼（35）		

表 3-3-4　切削加工刀具技术术语定义表

术语	定　　义
结构	主要包括：铣刀、孔加工刀具、车刀、螺纹刀具、齿轮刀具、复合刀具、其他刀具
复合刀具	把一个刀具当做几个刀具使用，或把几个刀具合在一起使用，统称为组合刀具（或称之为复合刀具）
工艺	主要包括：涂层、热处理、刀具成型、刀具后处理
材料	用于制造刀具的高速钢、硬质合金、金刚石、陶瓷和其他材料
涂层	在刀具（刀片）基体上进行表面涂层，包含刀具涂层结构，刀具涂层工艺和刀具涂层材料
热处理	在刀具的制造过程中对刀具进行热处理的相关工艺
刀具成型	在刀具制造过程中使刀具形成各种需要的结构的工艺
刀具后处理	刀具成型后对刀具表面进行处理的工艺，如提高刀具表面光洁度、施加表面应力

第 4 章

专利分析检索

本章概要

专利分析检索是专利分析的基石，检索结果的质量直接影响专利分析的可靠性。专利分析检索与专利审查检索在检索工具、检索思路、检索目的、检索策略、检索流程、结果评估等方面存在显著的区别。专利分析检索的根本目标是获得全面准确的数据集合，为进一步的深入分析提供扎实的数据基础，使其能够真实、完整地反映出分析对象的发展历程。

查全率与查准率是对专利分析检索结果进行评价的重要指标。本章提出具有广泛适用性的查全率与查准率评估的方法，深入探讨了专利分析检索实践中查全率与查准率的评估原则和评估时机。

本章讨论了检索系统及数据库的选取、检索流程、检索策略、数据去噪以及检索结果的评估，并重点针对检索过程中常用的总分、分总等检索策略进行了介绍。最后分析总结了检索噪声的种类和来源，提出了关键词去噪等多种去噪手段，并梳理了数据去噪流程。

研究人员心声

- ✓ 文献检索工作是专利分析的基础。合理的检索策略、科学的结果评估方法能够保证检索结果的客观性。（立体影像课题组）
- ✓ 集体检索的工作方式有利于各成员熟悉技术内容，对技术分解表有整体性的认识。（立体影像课题组）
- ✓ 检索工作要扎实到位，查全率和查准率的提高虽然很耗费时间和精力，却是报告结论真实可信的基础。（光通信网络课题组）
- ✓ 制定和选择检索策略时，分总法或者总分法都有一定的道理；采用分总法时，最好在检索之前确定技术分解表，以避免后续由于调整技术分解表而需重新检索。（生物医用天然多糖课题组）
- ✓ 在进行数据检索时，可根据检索得到的数据量和时间，动态调整课题的范畴，从而避免整个课题的数据量过大或过小。（通信用光器件课题组）
- ✓ 要对课题的文献量大小有预估，如果发现数据量太大的话，要尽早调整课题的研究边界。（燃煤锅炉燃烧设备课题组）
- ✓ 检索以及数据去噪是课题的基础，通过学习各课题的检索及去噪策略可从中选择适用于本课题的方法。（智能手机课题组）
- ✓ 应当利用相关的分类号和关键词将数据清理和检索相结合，避免过多的人工清理。（光通信网络课题组）

第1章 第2章 第3章 第4章 第5章 第6章 第7章 第8章 第9章 附录

4.1　专利分析检索概述

专利分析检索的目的是为了获得相关技术的目标文献集合，该目标文献集合应当既包含相关技术的所有专利文献，又不包含任何噪声文献。专利分析检索的首要原则是保证检索结果的全面性和准确性。要客观地反映某一行业或某一技术的客观专利状况，其前提是全面、准确地检索出属于研究边界范围内的专利文献。

专利分析检索与专利审查检索在检索团队、检索目的、检索对象、检索准备、检索范围、检索过程、终止条件、成果物上都存在区别，具体区别如表 4–1–1 所示。

表 4–1–1　专利分析检索和专利审查检索的区别

项　目	专利分析检索	专利审查检索
检索团队	一般需要成立专利分析检索小组	审查员独立检索
检索目的	获取目标文献集合，为专利分析作准备	获取最接近的现有技术，用于评价专利申请的新颖性和创造性
检索对象	技术点或者技术分支	技术方案
检索准备	选择数据库和技术分解	理解技术方案
检索范围	专利文摘库、专利全文库、专利法律状态库、专利引文库以及其他专利信息库	专利文摘库、专利全文库、非专利文献库
检索过程	一般分为查全检索和查准检索	查新检索
终止条件	查全率和查准率	找到最接近的对比文件
成果物	专利文献集合	对比文件

4.2　专利分析检索的流程

完整的专利分析检索过程包括检索前的准备工作、专利检索、检索结果评估。在专利分析检索之前需要进行技术分解，获得技术分解表，然后基于技术分解表执行专利检索。一般而言，专利检索分为查全检索和去噪检索两步。在专利检索预结束时，需要对检索结果进行查全率和查准率评估。如果查全率不符合要求，则需要重新调整检索策略，或者寻找新的检索要素进行补充检索；如果查准率不符合要求，则也需要调整去噪策略。只有在查全率、查准率都符合要求时，才能终止整个检索过程。

4.2.1　检索系统及数据库的选取

合理地选择检索系统和专利数据库有利于提高专利文献的查全率和查准率，也有助于提高专利分析和研究的质量。检索系统及数据库的选取需要考虑以下因素：① 待检索的技术方案所涉及的技术领域；② 文献的地域和/或时间的集中度；③ 检索时拟采用的特定字段和需要检索系统所提供的特定功能。

（一）数据库选择的原则

在数据库选择时应遵循“数据质量优先，兼顾检索效率”的原则。一方面，检索数据质量的好坏将直接影响报告结论的可靠性和准确性。因此，在选择检索数据库时应对不同的数据库的数据可靠性、数据完整性和数据精度进行初步评价。可以使用同一检索式在同一检索系统中针对不同数据库进行检索，根据检索结果来评价数据库的收录时间、类型、地域、字段完整程度、数据加工程度。另一方面，专利分析工作具有较强的实效性，检索过程的耗时需要尽可能缩短，因此在选择用于检索的数据库资源时需要考虑检索的效率，选择易用性好、方便对检索结果后续处理的数据库。

（二）数据库选择的参考因素

在遵循“数据质量优先，兼顾检索效率”的数据库选择原则的基础上，可以参考以下因素选择数据库。

（1）根据技术领域和数据库的特点来选择专利数据库

可以关注技术分解表中的技术分支是否具有各自的独特特点，以及是否存在与这些特点相匹配的数据库。例如，某一技术分支存在与之相对应的 IPC（国际专利分类），或者 UC（美国专利分类）、EC/ICO（欧洲专利分类）、FI/F-term（日本专利分类）、DC（德温特专利分类）/MC（德温特手工代码分类）等，则可以考虑选择包含这些分类号的数据库。

（2）根据技术发展各阶段和国别来选择专利数据库

不同的行业、技术的发展阶段和发展程度都不尽相同，因此，针对不同的行业、技术而言，选择数据库时应当考虑其发展的时间阶段和国别特点。例如，在对早期文献收录较好的数据库中针对近年发展起来的新技术的检索意义不大，某些技术存在明确的技术起源时间，则可以考虑只选择对该时间之后的文献收录较为完整的数据库。此外，由于受制度、文化和科技领域传统的影响，专利文献的公开所受到的制约也比非专利文献多。有些国家和地区的专利文献出版数量相对较多，例如，美国、日本专利在某些领域申请量较为突出，则分析这些领域的专利状况时应当重点考虑美国和日本的专利数据库。又如在移动多媒体广播方面，由于欧洲、美国、日本等各自采用了不同的标准，要分析这些国家或地区的与移动多媒体广播标准相关的专利，则应当分别在上述国家或地区的专利数据库中进行针对性检索。

（3）根据专利申请文献的特点来选择专利数据库

某些技术领域的申请文献有独特之处。例如商业方法可能以权利要求中的步骤特征来体现；移动通信领域的大量申请（如 3G 移动通信）通常涉及对各标准协议的改进；机械领域的很多结构特征倾向于用附图来表达。例如，机械领域的专利申请文件的要点在附图，那么可以考虑选择对说明书附图收录较好、切能快速支持附图浏览的数据库。也就是说，不同领域的专利申请文件的撰写关注点不尽相同，那么可以结合相应的关注点来选择数据库。

（4）根据研究内容、目的和需求结合数据库的特点来选择专利数据库各数据库的专利技术文献的收录范围、规模、年代及检索方法都存在差异，因此在选择数据库时，应当根据研究内容、目的和需求来合理选择数据库。例如，所研究对象的技术分支涉及某些专业数据库时，可以选用 EPOQUE 系统中专业数据库。又例如，所研究的目的和需求涉及某些特定字段，例如，引文检索和法律状态检索，或者需要检索详细的引证与被引证关系，则可以选择 DII 数据库。

4.2.2 选取检索要素构建检索式

通常而言，专利分析检索的检索要素以分类号、关键词为主，必要时，应当以申请人、发明人等作为补充检索要素。为避免出现文献遗漏，应当使用分类号与关键词相结合来构建检索式，但在实际操作中，针对不同的技术主题，可以倾向性地选取分类号或者关键词作为检索的重点。

【案例 4–1】

有机发光二极管（OLED）课题中对应的分类号较为分散。在 IPC 第 7 版以及第 7 版以前各版本中，将 OLED 分入 H05B 33/00 以及其下各点组，而 IPC 分类第 8 版 2006.01 版本之后的分类将有机发光器件归入到 H01L 27/32 和 H01L 51/50 及其下点组。由于 OLED 技术不仅涉及电学器件的结构，还涉及化学材料、驱动电路以及用于制备 OLED 的工艺和设备，OLED 可能涉及的分类领域还包括了涉及有机发光材料的 C09K 11/06 及其下点组 C09K 11/07；以及涉及显示的驱动电路的分类领域 G09G 3/30 及其下点组 G09G 3/32 以及 G09F 9/33。用关键词能更好地覆盖 OLED 的全体文献，因此在选择检索要素时重点考虑关键词。

【案例 4–2】

在立体影像行业分析中，使用关键词作为主要检索将会带来一定的局限性。首先，关键词的覆盖面有限，且近几年来与立体影像相关的关键词不断增加（例如“不闪式”），相比分类号而言无法保证不存在明显的遗漏；其次，从初步检索结果的统计来看，仅依据关键词构建的查全集合的噪声均值（约为 90%）超过仅基于分类号所构建的查全集合的噪声均值（约为 70%），并且基于关键词构建的查全集合的噪声方差明显大，其噪声分布杂乱无章，不利于后续的去噪工作。因而针对分类号与立体影像的相关程度，筛选出核心分类号（H04N 13，H04N 15，G02B 27/22）与补充分类号（G02B 27/、G02C 5/、G02F 1/00、G03C、G03B 19/、G03B 35/、G06T 9/、G06T 15/、G06T 17/、H04N 5/、H04N 7/、H03M 13……）及其必要的扩展作为主要的查全检索要素。

4.2.3 调整检索策略和检索数据库

一般而言，专利分析检索不是一蹴而就的，随着检索的进行，需要根据检索结果调整检索策略。检索策略的调整包括检索要素的调整，以及检索数据库的调整。一方面，检索者通过对检索结果的初步浏览，可能会发现新的检索要素，或者纯噪声检索要素，此时有必要变更检索要素，调整检索式。另一方面，当检索者在某一数据库中没有检索到合适的文件时，可以考虑重新选择数据库。例如，若使用 EC、UC 或 FI/FT-term 分类体系进行检索，可以选择世界专利文摘数据库（SIPOABS）或外文数据库（VEN）数据库，但如果需要对申请人进行检索，则最好转到世界专利索引数据库（WPI）数据库中，以便通过 CPY 字段获取申请人信息。调整数据库的另一个目的在于补充检索，利用各数据库字段的互补性，在不同数据库获取所需的字段。例如，在中文专利文摘数据库（CNABS）中无“法律状态”字段，可通过转库操作，转到 CPRSABS 数据库中以获得文献相对应的法律状态信息。又例如，参见案例 4–3，部分文献无法通过摘要数据库以简单直接的方式检索得到，而需要在全文数据库中补充检索。

【案例 4–3】

在立体影像课题研究中，某些含隐性关键词的专利文献在摘要文献库检索过程中容易被漏掉，因为基于这类关键词的专利申请在摘要文献库的说明书摘要和权利要求 1 中极有可能不出现“立体”、“3D”等显性关键词，在 CPRSABS 中检索“KW 液晶透镜*（3D 立体）”，仅命中 27 篇。为了避免这一隐性关键词下的有效文献的遗漏，需要在全文库中对其进行补充检索：((“3D” or 立体）/DESC and 液晶透镜）/DESC，命中数 114 篇。

4.2.4 中止检索

从理论上说，任何完善的专利分析检索都应当是既全面又准确的检索。但是从成本的合理性角度考虑，检索要有一定的限度。课题组要根据已获得的检索结果，使用的检索手段和策略，综合考虑时间、精力等成本因素，决定是否可以中止检索。考虑的原则是用于检索的时间、精力和成本与预期可能获得的结果要相称。一般而言，检索结果的查全率和查准率都达到预期时，或者即使查准率偏低，但文献量在可读范围内时，可以中止检索。

4.3 专利分析检索的数据库资源

专利数据库资源包括文摘数据库、全文数据库、法律状态数据库、引文数据库等。

目前专利文摘数据库资源主要包括运行在 3 个检索系统中的共 13 个专利文摘数据库。即：① CPRS 系统：中国专利摘要数据库（以下简称“CNPAT”）；② 专利检索与服务系统（以下简称“S 系统”）：中文简体文摘库 CNABS、CPRSABS，中文繁体文摘库 TWABS、HKABS、MOABS，英文文摘库 DWPI、SIPOABS、CPEA、外文虚拟库 VEN，日文文摘库 JPABS；③ EPOQUENET 系统（以下简称“EPOQUE 系统”）：WPI、EPODOC（原 PAJ 已并入 EPODOC）。

4.3.1 常用专利数据库资源

表 4–3–1 为上述专利文摘数据库的基本情况，其中列出上述专利文摘数据库各自的数据收录情况以及更新周期情况。其中，CNABS 和 CPRSABS 是最常用的中文文摘库，相比较而言，CNABS 的易用性更佳；VEN、WPI 和 EPODOC 是最常用的英文文摘库，相比较而言，WPI 应用范围更广。

表 4–3–1　专利文摘数据库基本情况

检索系统	数据库		数据收录情况 国别/地区（代码）	数据收录情况 年代	主要字段	更新周期（时间/次）	特　点
CPRS 系统	CNPAT		中国（CN）	1985～	AN，PN，AD，PD，IC，PR，IN，PA，KW，TI，AB，DZ	每周	未经加工的原始数据，仅提供与/或/非三种逻辑算符，界面直观，操作简单，可对检索结果分别进行发明、实用新型或外观设计的二次检索
S 系统	中文简体	CNABS	中国（CN）	1985～	AP，PN，PR，APD，PD，IC，IN，PA，KW CLMS，AB，TI	每周	包含 CPRS、中文初加工和中文深加工等多个中文摘要数据库，提供 EC、FI/FT，多种逻辑算符，可采用英文检索词进行检索
		CPRSABS	中国（CN）	1985～	AP，PN，PD，PR，IN，PA，CLMS，KW，AB，TI，IC	每 2 周	与 CNPAT 数据一致，但运行于 S 系统，提供同在、邻近、截断等多种检索算符
	中文繁体	TWABS	中国台湾（TW）	1990～	AP，APD，AS，CLMS，IC，IN，PD，PN，PR，TI，AB	不定期	支持中文繁/简体检索，可检索/浏览权利要求书，查看全文图像
		HKABS	中国香港（HK）	1970～2010	AP，APD，FN，IC，PD，PN，PR	每半年	支持中文繁/简体检索，主要包括公开信息、申请信息和中英文标题等著录项目信息
		MOABS	中国澳门（MO）	1990～	AP，APD，PA，PD，PN，PR，TI，IC	每月	支持中文繁/简体检索，主要包括著录项目、摘要、摘要附图和全文图像信息
	英文	DWPI	八国两组织（47 个国家或组织）	1948～	AP，PN，PR，PD，IN，PA，CPY，TI，AB，KW，EC，UC，FI，FT，MC，DC，FN	每 5 天	基于 WPI，并增加 EC、UC、FI/FT 等字段

续表

检索系统	数据库		数据收录情况		主要字段	更新周期（时间/次）	特　点
			国别/地区（代码）	年代			
S 系统	英文	SIPOABS	八国两组织（97 个国家或组织）	1978～	AP，PN，PR，APD，PD，PA，TI，AB，EC，UC，FI，FT，FN	每周	基于 EPODOC，提供的数据更为完整
		CPEA	中国（CN）	1985～	AP，FN，IC，APD，IN，PA，PD，PN，PR，TI	每 2 周	使用英文关键词检索相关的中国专利信息
		VEN	DWPI+SIPOABS	1827～	AP，PN，PR，APD，PD，IN，PA，CPY，CT，TI，AB，KW，EC，UC，FI，FT，MC，DC	每月	英文摘要虚拟库，包含 DWPI 和 SIPOABS
	日文	JPABS	日本（JP）	1977～2009	AP，AB，APD，FI，FT，FN，IC，IN，PA，PD，PN，TI	不定期	日文检索
EPOQUE 系统	WPI		八国两组织（约 40 个国家或组织）	最早始于 1963	AB，AN，AP，CPY，CT，IC，DC，MC，IN，PA，PN，PR，PD，TI	每 2 周	重新撰写的摘要信息，适合于关键词检索，同族专利具有相同的摘要信息，作为一条信息记录，分类信息主要为 IPC 分类，并提供 MC、DC
	EPODOC		世界主要专利局数据库	最早始于 1969	AB，AP，PA，PN，PR，PD，IN，TI，EC，IC，UC，FI，FT	每 2 周	提供丰富的分类信息，包括 EC、UC、FI/FT 等，适用于引证和被引证的追踪检索

4.3.2 常用非专利数据库资源

常用非专利数据库包括 ISI web of knowledge、Elsevier Science Direct、Wiley Online Library 等科技文献类数据库，以及 Westlaw、LexisNexis 等法律信息类数据库。一般而言，上述数据库可以满足和支持专利分析中对非专利数据的需要。根据外网数据库涉及的内容可以将其分为宏观经济类信息数据库、法律信息数据库以及专利和非专利技术信息数据库。常用的非专利数据库的基本信息参见表 4-3-2。

表 4-3-2 常用的非专利数据库的基本信息

类型	名 称	特 点	数据库收录内容	备 注
宏观政策信息类数据信息	中宏数据库 www.macro-china.com.cn	国内门类最全，分类最细，容量最大的经济类数据库	农村经济库、冶金库、汽车库、IT产业库、航空航天库、能源矿产库、轻纺库、化工库、交通运输库、建筑房地产库、邮电通信库、机械库、家电库、社会服务库、文化传媒库、生物医药库、电子库、建材库、教育产业库、体育产业库	行业分类较细，可通过光盘安装
	国务院研究发展中心信息网 www.drcnet.com.cn	汇总和整合了国内外经济金融等方面的信息和科研成果	宏观经济、区域经济、金融中国、行业经济、企业胜经、世经评论、国研数据、基础教育、高校参考	其中"行业经济"和"国研数据"可以为专利分析提供行业阶段性报告、发展趋势、政策导向等
法律信息数据库	Westlaw International	为国际法律专业人员提供的互联网搜索工具，资源来自法律、法规、税务和会计信息出版商	各国法律法规、案例、法学期刊、法学教育资料、国际知识产权资料、欧盟法律资料及多种商业、财务、新闻资料	Westlaw China 收录中国内地的法律法规、裁判文书、合同文本、法学期刊
	LexisNexis	世界上第一家商业性法律全文信息服务系统，其中 Nexis 主要提供新闻与商业财经信息服务，1979 年加盟 Lexis	300 年来美国联邦与州政府、美国国际贸易委员会、国际贸易管理机构法律案例全文、1790 年来美国最高法院案例、1789 年来美国最高法院上诉案例和美国地方法院案例、50 个州所有层级法院及美国破产法院、国际贸易法院、税务法院、商标与专利上诉法院、退伍军人法院、商业与军事法院的判决书	可根据案例引证信息(Citation)、案例 Docket 编号、诉讼双方名称、主题等进行检索
专利、非专利技术信息数据库	ISI	以科学引文索引 SCI 为核心，集期刊、专利、会议录、化学反应等资源，涉及自然科学、工程技术、生物医学等领域	综合了 SCI、Inspec、WPI、BIOSIS Previews、MEDLINE 等众多文摘数据库	提供检索式之间的逻辑运算
	Google	全球规模最大的互联网搜索引擎	可检索主要的非专利全文数据库、FreepatentsOnline 、 Patetlens 、 Uspatent 等专利全文、图书全文及高校、科研院所和公司的网页	提供专业的 google 学术搜索
	Elsevier Science Direct	最大的科技、医学文献全文数据库	涉及生命科学、物理、医学、工程技术等领域	可通过互联网线上搜索、浏览、打印及下载期刊论文
	Wiley Online Library	提供多种全文电子期刊及大量电子图书、电子参考工具书	涉及化学、生命科学、医学以及工程技术等领域	提供引文跟踪功能

法律状态是专利分析的重要信息，是一份专利价值的重要体现形式之一。对法律状态的采集能够有助于挖掘重要专利、侵权分析、预警分析等分析工作。westlaw 和 LexisNexis 是专利分析检索中最常用的法律信息数据库。

Westlaw 法律在线数据库是 Thomson Legal and Regulator's 于 1975 年开发的为国际法律专业人员提供的互联网的搜索工具，其资源来自法律、法规、税务和会计信息出版商。对于判例部分，Westlaw 数据库中收录了的美国联邦和州 1658 年至今，英国 1865 年至今，欧盟 1952 年至今，澳大利亚 1903 年至今，香港 1905 年至今，加拿大 1825 年至今的所有判例，并提供部分国际机构的判例报告。汤森路透法律信息集团对中国内地的法律法规以及裁判文书进行整理和归纳，将其整合形成万律中文法律信息数据（Westlaw China）库。该数据库涵盖了国内的法律法规、各级法院官方公布的裁判文书以及合同文本和法学期刊，并将法律法规和裁判文书进行专业分析和整合，提供多个由法律要点体系组成的法律专题和裁判要点。Westlaw International 可以登录 www.westlaw.com 接入。

LexisNexis 系统隶属于美国 Reed Elsevier 集团，创始于 1973 年，是世界上第一家商业性法律全文信息服务系统。该系统收录有 300 年来美国联邦与州政府、美国国际贸易委员会（USITC）、国际贸易管理机构（ITA）法律案例全文，1790 年以来美国联邦最高法院案例，1789 年以来美国联邦最高法院上诉案例和美国地方法院案例，50 个州所有层级法院及美国破产法院、国际贸易法院、税务法院、商标与专利上诉法院、退伍军人法院、商业与军事法院的判决书。LexisNexis 数据库通过 www.lexisnexis.com 网页接入。在该系统中，可输入案例引证信息或 Docket 编号直接检索，也可通过输入案例诉讼双方名称进行检索，还可通过关键词进行主题检索，而在使用后两种方法检索时，需要确定案例作出判决的司法权限，且由于检索到的案例不唯一，因此需要对检索结果仔细浏览后进行判断和选择。

4.4 专利分析检索策略

专利分析检索的要求之一是获得与技术主题相关的总体文献。常用的检索策略包括总分式检索和分总式检索两种策略。分总式检索策略是根据技术分解表，对各技术分支展开检索，再将各技术分支的检索结果进行合并，得到总的检索结果。而总分式检索策略则是首先对总的技术主题进行检索，而后从检索结果中二次检索而获得各技术分支的检索结果。针对具体情况，还可以采用钓鱼/网鱼检索策略、分筐检索策略、引证追踪检索策略及上述检索策略的组合。

4.4.1 分总式策略

分总式检索策略为：首先，分别对技术分解表中的各技术分支展开检索，获得该技术分支之下的检索结果；其次，将各技术分支的检索结果进行合并，得到总的检索结果。分总式检索策略适用于各技术分支之间的相似度不高的情形，即，各技术分支的检索结果之间的交集较小。分总式检索策略的优势在于，课题组成员可以并行检索各技术分支，提高检索效率。一般而言，分总式中的“各技术分支”指的是一级技术分支，对每一个一级技术分支下的二级或三级技术分支可以继续使用分总式检索策略，或采用其他检索策略。

【案例 4–4】

在燃煤锅炉燃烧设备课题研究❶中，采用分总形式，分别检索层燃炉、室燃炉和沸腾炉三个一级分支得到总的检索结果。在一级技术分支的处理上，层燃炉沸腾炉采用总分式检索策略，室燃炉采用分总式检索策略。

【案例 4–5】

在通信用光器件课题研究❷中，采取了分总式检索策略。分别检索光源、光电探测器、光放大器和光调制器，这四块的检索结果总和即为光有源器件；分别检索光纤连接器、光纤耦合器、波分复用器、光衰减器、光隔离器、光环形器、光开关和光滤波器，这八块的检索结果总和即为光无源器件的检索结果。

4.4.2 总分式策略

与分总式检索策略不同的是，总分式检索策略是一种自上而下的方式。首先，对总体技术主题的检索，其次在总技术主题检索的检索结果中进行各技术分支的检索。总分式检索策略适用于技术领域和分类领域等涵盖范围好且较为准确的情形。总分是检索策略的优势在于，检索人员可以全面地了解各技术分支，为以后的标引和技术分析作准备。

【案例 4–6】

在有机发光二极管课题研究❸中，检索整体上采取总体检索的方式，先使用比较准确的关键词（有机发光二极管、聚合物发光二极管……OLED、OELD 等）和/或分类号相或，得到 OLED 的总的检索范围，而对于具体的技术分支（OLED 的材料、设备、结构、封装、应用），则采取在总的检索结果中进行细分和检索。

【案例 4–7】

在燃煤锅炉燃烧设备课题研究❹中，总体采用分总形式，分别检索层燃炉、室燃炉和沸腾炉三个一级分支得到整个课题。而在一级技术分支的处理上，比如层燃炉则采用总分式检索策略，先用比较准确的关键词（层燃、炉箅、炉篦、炉排等）和分类号（F23H 等）确定层燃炉的总的检索范围，然后对其中的各技术分支（往复炉排炉、链条炉排炉、振动炉排炉、固定炉排炉、滚动炉排、抛煤机）分别进行检索。

4.4.3 引证追踪策略

引证追踪检索是以专利文献的引文字段和说明书中引用的文献信息为线索进行追踪检索。EPOQUE 检索系统、S 系统等检索系统中均提供了引文检索功能。DII 数据库提供了丰富的引文信息，其整合了 Patents Citation Index（专利引文索引）数据库，给出了

---

❶❹ 案例来自 2011 年度专利分析普及推广项目《燃煤锅炉燃烧设备行业专利分析报告》。

❷ 案例来自 2011 年度专利分析普及推广项目《通信用光器件行业专利分析报告》。

❸ 案例来自 2011 年度专利分析普及推广项目《有机发光二极管行业专利分析报告》。

专利文献说明书中引用的现有技术文献，或在专利审查过程中引用的各种文献，或引用本专利的专利文献。

通过对某一技术领域或某一申请人专利的引证、被引证关系、引证率以及自我引证程度高低分析，可以发现基础专利、核心专利、重要专利，获知以重要专利为支撑的技术发展线路，获取申请人以及竞争对手在该领域的竞争地位。一般而言，被引专利数量越多，则该专利技术越受关注，申请人的被引证专利数量越多、单件专利的平均被引用次数越多，则该申请人的创新能力越强，更加具备竞争力。下面给出了引证追踪检索在专利分析中的几种具体应用：

① 竞争对手竞争地位评价：通过专利引证率研究，获取该领域竞争对手的竞争能力，发现本领域的技术先驱者、重点技术持有者、技术参与者、技术模仿者。

② 核心专利分析：专利引证率和引证关系反映了专利的重要程度，成为判定基础专利、核心专利和重要专利的参考依据。某专利被在后申请引证次数越多，表明其影响力越大，相应的其具有更高的价值，成为核心专利的可能性越大。

③ 技术发展路线和趋势评价：通过构建专利引证树，根据专利引证树中的专利来分析所研究的技术领域的技术发展路线，并判断其发展趋势。

4.4.4 分筐检索策略

将某一技术主题或某一技术分支拆分为几个技术点或者技术块，每一技术块称为一个“筐”，与分总检索不同的是，这里的“筐”不仅可以是一个技术分支，更多地是一个技术点或者技术块。分筐检索策略是针对每一个“筐”进行查全和去噪。分筐检索是一种抑制噪声的检索策略，适用于某一技术分支拆分成易于检索的技术点或者技术面的情形。从某种意义上来说，将技术分支拆成技术点或者技术块，是对该技术分支的进一步技术分解，这一技术分解应当从适合检索的角度出发，也就是说，分解出来的技术点或者技术块应当能够通过简单的检索式进行查全与查准。

【案例 4–8】

在乳制品行业专利分析的检索过程中，在二级技术分支上采取了分筐式检索策略。通过对检索结果分析发现，液体乳“筐”中，包含“奶粉”的噪声文献量基占据了噪声量的 90%。

【案例 4–9】

在煤矿机械行业专利检索时，课题组根据各技术分支的命中率和噪声率分别建立“查全筐”和“查准筐”，分别展开不同的检索，对初步检索结果各自进行批量清理和人工标引工作，最终再累加得到总的范围。例如，在“刮板运输机”检索时，根据分类号将其分为确定刮板机涉及的分类号为 B65G、E21F 13 两个筐，而后对这两个框分别检索：B65G 19 中包括各种用途的刮板运输机、B65G 23 包括多种运输机的驱动装置、E21F 13 包括各种井下运输装置（刮板机的上位概念）、B65G 包括刮板机的其他辅助结构。同时构建 DBT 公司、三一重装、奔牛、张家口煤矿等申请人的检索筐。在查全的基础上有效地抑制了噪声。

4.4.5 钓鱼/网鱼检索策略

钓鱼检索策略常用于查全检索过程。钓鱼检索策略可以定义为：先找出一个简单检索要素进行检索，通过对检索结果的分析进而发现更多有效检索要素的检索策略。这里，检索要素应当是一个具体的非宏观性的要素，否则起不到发掘有效检索要素的作用。例如，分析3D技术时，以“偏振*3D”为入口进行检索，进而可发现“极化”等关键词。

网鱼检索策略是：先使用宏观的检索要素先行检索，通过对检索结果的分析，进而提取检索的技术主题下的微观检索要素作为各技术分支的检索要素，或者发现出噪声检索要素，网鱼检索策略在技术分解以及噪声发现方面有一定的应用价值。

4.4.6 组合检索策略

在实际检索中，需要根据实际情况组合使用多种检索策略。

【案例4–10】

在检索智能手机行业的专利时，由于文献量较大，因此课题组采用了分总为主，总分为辅的组合检索策略。首先根据易于检索的原则，针对智能手机技术分解表中的分支进行检索，然后将检索结果汇总，得到总的文献量。采用分总方式检索的一级分支有人机交互和应用与服务。在人机交互分支进行检索时，由于其本身并不适宜于检索，因此，针对其下一级技术分支（触控技术、感应技术以及语音识别技术）分别进行检索，合并后获取人机交互分支的总文献量。在应用与服务分支进行检索时，由于其本身并不适宜于检索，因此，针对其下一级技术分支（视频通话、手机电视、基于位置服务、基于NFC的应用、基于PUSH的应用）分别进行检索，合并后获取应用与服务分支的总文献量。

4.4.7 补充检索策略

补充检索对保证数据准确性具有查漏补缺的意义，其与专利检索结果的评估是相辅相成的。补充检索是在检索结束之后对检索结果的进一步补充，一般是在对检索结果的评估过程中发现的遗漏有效文献分析的基础上挖掘出补充检索要素。补充检索时，除了使用新引入的关键词等检索要素之外，应当更多地从之前的检索结果中挖掘出重要的申请人/发明人作为检索要素，并且应当进一步引入与分析对象密切相关的IPC、EC、UC、FI/F-term等多体系分类号。必要时还应当在其他数据库中进行补充检索。

【案例4–11】

在立体影像行业专利分析时，课题组主要基于关键词与分类号构建检索式，但在经过查全率评估后发现，对于本行业内知名申请人的专利申请应当引起足够的重视，因此有必要对其进行补充查全。因而基于显性关键词（3D、立体、偏振、主动快门、柱状透镜等）分别在CPRS与WPI中进行检索，并进行申请人申请量的初步统计，确定了申请量前20位的申请人以及本领域知名的企业或研究机构作为补充查全的对象。

4.5 分类号的确定和使用

分类号是使各国专利文献获得统一分类的一种工具，它根据专利文献特定的技术主题对其进行逐级分类，从而使其具有共同的类别标识。分类号是专利检索中获取专利数据的重要入口之一，其包含了某些关键词的上下位概念，因此利用分类号可以弥补因使用关键词检索造成的漏检。分类号的确定与使用将影响专利数据的全面性和准确性。在技术分解中，应当全面、充分地考虑技术分支是否存在相关度较高的分类号。在数据处理时，可以利用合适的分类号快速标引或去噪，提高数据的处理效率。

现有的分类体系包括 IPC、各国的专利分类体系和商业公司的分类体系。各国分类体系主要包括：欧洲专利局分类体系 EC，欧洲专利局的 ICO 标引码、日本专利局的 FI/F-term 分类体系、美国专利局的 UC 分类体系等。商业公司的专利分类体系有：德温特公司的德温特分类 DC 和手工代码 MC 等。各主要分类体系的特点如表 4–5–1 所示。

表 4–5–1　各主要分类体系的特点

分类体系	优　　点	不　　足
IPC	通用性好，使用范围最广； 其他分类体系细分的基础	细分不够，某些分类号下文献过多； 主要针对权利要求的技术主题进行分类； 更新相对较慢，各国不一致
ECLA	IPC 的进一步细分，更准确； 覆盖专利说明书的全部技术主题； 及时动态地修订和再分类； 只有一个版本，分类标准较统一	传承 IPC 一维体制； 体系构建与 IPC 相比； 无突破和发展
ICO	与 ECLA 具有互补性； 就 ECLA 遗失技术细节细分	发明次要信息和附加信息； 各领域发展不均衡
FI/FT	FI 对 IPC 进一步细分； FT 多重角度分类	局限于日本文献； 多角度也带来使用的复杂性
UC	具有详细的专利分类定义； 动态更新快，有临时性小类机制； 标准相对统一	分类表体系结构不规整； 掌握较困难，限于美国文献
范畴分类	应用性分类为主； 利于公众对专利信息检索与利用	易用性较差，标引一致性较差； 不再进一步更新
DC	应用性角度编制，一致性强	局限于 WPI 数据库
MC	专业性强，适用于多个检索系统； 新旧手工代码彼此之间互相指引	局限于 WPI 数据库； 某些领域并不如 IPC 细化
CHC	五大局协商有利于提高一致性； 部分技术领域得到扩展和细化	彼此权衡造成进程冗长； 远景近期内无法进行应用层面

在专利分析中，技术分解、专利检索、数据分析等环节都需要选择、确定并使用分类号。分类号的确定需要根据实际情况而定，以下介绍几种常用的确定分类号的方法。

4.5.1　结合技术分解表确定分类号

对于一份确定的技术分解表，其中的某一项技术分支可能涵盖多个分类号下的专利文献，而一个分类号下的专利文献也有可能分别归属于多个不同的技术分支。结合技术分解表确定分类号的方式为，通过关键词找到相关技术内容的大致分类位置，再通过在分类表中进行上下级浏览和彼此交叉指引获取准确的分类位置。值得一提的是，在专利检索时，需要选择不同的数据库进行检索以确保数据的全面性，而不同的数据库对分类体系的收录存在一定的差异。某一技术主体在多类分类体系中都有密切相关的分类号，例如，对立体显示技术中的裸眼式显示技术而言，同时存在很贴近技术分解表的 EC 分类和 FI/F-term 分类，因此在确定分类号时，应当利用 EC 和 FI/F-term 进行扩展。

【案例 4–12】

在 WPI 提供的分类表中，通过 Solar Cell 发现 MC 码 U12-A04A4A 涉及太阳能电池的电极，通过阅读相关文献发现，该文献著录项目中并不是所有的都直接提及电极材料用于太阳能电池，但在实际分类表中，将太阳能电池的电极作为一个技术分支进行处理，因此，需要将上述 MC 码作为必要的检索入口。

近年来新兴技术发展较快，某些领域的技术发展速度快于分类表更新的速度。对于涉及大量交叉学科的新兴技术分支而言，分类表中可能不存在相应的确切的分类号，此时应该重视专利文献的副分类号，可以利用三级或者四级技术分支的关键词作为入口，对检索结果进行副分类号的统计，进而确定文献量大的副分类号作为重要检索要素，以避免漏检大量相关专利文献。

【案例 4–13】

立体影像技术在其相对应的分类号 H04N 13、H04N 15/00 下的细分匮乏，不存在涉及立体影像光学材料的分类号。课题组分别从立体影像的显示、获取、编解码、传输存储这四个一级分类范畴中对立体影像技术分别进一步分解和细化，获得其相应的二级和三级技术分支。基于该技术分解表的三级目录进行检索，进而挖掘出涉及光学、电视、材料等多个领域的分类号，以尽可能全面地检索出相关的文献。

4.5.2　结合检索策略确定分类号

如前所述，专利文献检索时可以选择总分式检索、分总式检索等多种检索策略，可以根据检索策略来确定分类号。以总分式检索为例，可以首先通过关键词和/或分类号进行试检索以圈定一个较大的文献集合，然后使用已有的分类号和/关键词检索属于不同级别的技术分支中的专利文献，在获得各技术分支检索结果后，浏览相关度较高的文献并搜集分类号，并不断地对分类号进行修正和补充。

4.5.3　基于分析统计确定分类号

确定分类号的另一方法是利用专利检索系统的统计功能统计分析分类号。对统计的分类号进行排序，并通过在分类表中进行上下级浏览和彼此交叉指引获取准确和全面的分类位置，可以确定与所分析的技术领域的相关度较高的分类号，还可以获取其他领域与所需分析的技术领域技术内容相关度较高的分类号。例如，在 EPODOC 数据库中，使用比较准确的关键词检索获得一定数量的专利文献，通过..MEMS FRQ 对 EC 字段的内容进行提取并排序后储存，通过..LI M2 即可以按照频率降序查看所提取的 EC 分类号。此外，在数据处理时，通过对提取的分类号的统计分析，对已获取的分类号进行调整。

【案例 4–14】

在燃煤锅炉燃烧设备的专利分析检索中，首先从“层燃锅炉燃烧设备的特定特征”、“具有这些特定特征的其他炉”、“从应用、功能上”、“从燃料上”和“噪声所具备的特定特征”这五个方面初步确定了 112 个关键词，在 WPI/EPODOC 里对这些关键词的检索结果进行统计分析，获得统计分类号的前 10 项小类：F23C、F23D、B01D、F23G、F23L、F23N、C10L、F23K、F23J、F23R；然后在 WPI/EPODOC 里使用行业巨头作为申请人检索统计分类号前 10 项小类：F23C、F23D、B01D、C10L、F23N、F23G、F23R、F23K、F23J、F23L，从而获得了较为全面的各小类分类号以供进一步的比较和筛选。

4.5.4 分类号的调整和补充

执行检索过程中，通常需要根据检索结果的全面性与准确性实时调整和补充分类号，在分类号的调整和补充时，应当充分考虑并分析噪声因素从而对分类号进行合理增减。

【案例 4–15】

在对通信用光器件进行的专利检索中发现，对于去噪来说，分类号，尤其是主分类号是比关键词更有效的手段；关键词去噪结果无法预估。对噪声进行标引后，发现主分类号是 G02F1/13+的 59 篇文献中 55 篇是涉及液晶显示的噪声，噪声率高达 93%，说明主分类号 G02F1/13+是噪声重要来源；将噪声去除后，对剩余的数据进行分析，按照主分类号排序，G02B6/35 居第 1248 篇；同时，进入噪声专题查看，只有两篇主分类是 G02B6/35 的是噪声。因此将 G02B 6/35 作为重要分类号进行检索补充，扩展关键词，从而检索到了 20 余篇原来的漏检文件。

4.5.5 多种分类体系的使用

确定分类号时不应局限于 IPC 分类号，而应当结合多种分类体系的分类号，以保证检索结果的全面性。在某些领域，针对某些特定国家和地区的文献推荐使用对应的分类体系，会有更好的效果。如针对美国文献，多用 UC，针对日本文献，多考虑 FI/F-Term，针对欧洲文献，多用 ECLA/ICO。

【案例 4–16】

在生物医用天然多糖课题组的甲壳素技术分支检索时，使用了多种分类体系进行组合检索，包括 IC、EC、MC，见表 4–5–2。

表 4–5–2 生物医用天然多糖-甲壳素/壳聚糖分类号组合表

检索主题	生物医用天然多糖–甲壳素/壳聚糖		
分类号	IC	生产方法	C08B 37/08，C08B 37/00，C12P 19/04，C12P 19/00
	EC/ICO	生产方法	C08B 37/00M3B2

续表

检索主题	生物医用天然多糖–甲壳素/壳聚糖		
分类号	MC/DC	甲壳素	B04-C02E3，C04-C02E3，B04-C02F（上位），C04-C02F（上位），A03-A（上位）

4.6 关键词的确定和使用

关键词是专利文献内容最直观的表现，是进行专利分析检索的核心手段之一。与分类号一样，关键词也是获得专利信息的基础，直接影响专利信息的全面性和准确性，决定着专利分析结果的质量。在专利分析中，划定检索范围、制定检索策略、数据清理、标引等工作都离不开关键词，关键词不仅用于确定相关的专利文献，也常用于排除噪声文献。在某些情况下，通过分类号已经无法准确地区分特定技术分支所包含的内容，此时就需要通过关键词进行区分划界。例如，在检索中，由于不同国家和地区的专利局对专利文献分类加工的思路不同，因而同一主题的文献有可能会被分在不同的分类号下，这时需要使用关键词对所检索的主题进行补充或者直接将关键词作为检索入口。因而需要结合专利分析的整个过程对关键词进行确定。

在专利分析的检索中，所确定的关键词是要表达出整个技术领域或整个技术分支的技术特点，这种技术特点对于该技术领域或技术分支而言具有一般性和普遍性，这种技术特点是从单篇或几篇专利文献中无法完整获取的，这需要对该技术领域或该技术分支有较为全面、深入的了解。此外，对于各技术分支，关键词应立足于表达该技术分支的技术特点，包括其特有的物理、化学、半导体等结构特征，也包括其特有的技术效果、特定的制备或处理方法、原料、应用领域等，从这些不同的角度考虑用于表达该技术分支的技术特点的关键词。

在检索以及随后的数据处理过程中，需要评估所选择的关键词的准确性。在检索过程中对关键词进行补充和调整时，可以采取逐一增减关键词并将检索结果与增减前的结果对比，以此判断是否在检索中引入该关键词。有些作为技术效果的关键词在检索时由于会引入较大的噪声，而未被用于数据的检索，但是在后期数据处理过程中，可有效地被用于技术功效的标引。因而，有必要为各级技术分支确定关键词。此外，当某级技术分支没有适于检索的关键词，或者用所选择的某些关键词作为检索要素进行检索难以获取完整而准确的检索结果集时，可以考虑采用其下属各技术分支的关键词的组合或这些关键词的检索结果的组合来为该级技术分支划定数据边界。也即，对“上位技术”难以进行完整而准确的检索时，可以考虑通过检索“下位技术”，并将检索结果组合来获取“上位技术”的文献数据。

4.6.1 结合技术分解表确定关键词

为了获得准确而完整的检索结果集，应当紧密地围绕专利分析项目的主题和涵盖的各级以及各技术分支选择关键词，可有效弥补分类号检索的不完整性和局限性。结合技术分解表确定关键词时，应根据技术分解表中的各技术分支的名称，选择能够独立地、或者与分类号等的逻辑运算来较准确和完整地表达该技术分支的关键词。同时，应当对技术分解表中的关键词进行适当扩展，以保证检索结果的查全率，扩展关键词时，可以从综述性科技文献、教科书、技术词典、分类表中的释义、技术资料中挖掘出更多的关键词；或者通过对调研、研讨等过程中围绕技术分解表收集的技术专家、企业专利技术人员以及一线的生产研发人员的惯用技术术语作为关键词。

对于关键词的扩展，应当包括对其进行同义词、上位词、下位词、缩写式、不同语言等不同表达方式的扩展，也包括根据表达习惯的时间性、地域性、译文以及拼写方式的多样性和常见的错误表达方式进行扩展，同时还要注意适当地使用通配符和/或截词符来使其尽可能地容纳各种拼写方式以及常见的错误拼写。需要注意的是，对于每个用关键词表达的检索要素的引入，都要结合本领域的专利文献中的表达特点来考虑其是否会影响检索的完整性，以及其可能带来的噪声量的大小。在各检索结果评估或抽样调查阶段，通过对专利文献的浏览，可以留意补充一些漏选的检索关键词，或去除一些会引入大量噪声的关键词，以及积累在典型的噪声文献中频繁出现的去噪关键词，并结合技术领域以及表达的特点合理确定关键词。

具体而言，关键词扩展时考虑以下 3 个要点：

① 关键词扩展应该保证意义上的全面和准确。考虑意义的全面性的扩展通常应该包括检索词的同义词、反义词、近义词、上下位概念、横向等同特征；而考虑意义的准确性的扩展应当在上述考虑全面性的扩展的基础上进行必要的取舍和修正，具体地，应该在进行检索词的同义词、反义词、近义词、上下位概念、横向等同特征的扩展后，根据技术领域的特点进行取舍和修正。

② 关键词扩展应该保证形式上的全面和准确。实现形式上全面性和准确性，应充分考虑对同一关键词表达的各种可能形式，如英文关键词的不同词性、单复数、简称或缩写、英美拼写差异等，甚至要考虑比较常见的拼写错误；而对于中文关键词应该主要考虑地域用语的差别、曾用语、俗语、俗称或别称等，同样也需要考虑常见的拼写错误的字或词。

③ 关键词扩展应该保证角度上的全面和准确。专利文献往往会从多个角度对技术内容进行相关的描述，如专利文献通常会记载发明的背景技术、待解决的技术问题、技术效果、实施方式以及说明书附图等，这些内容之间常常是相互对应的，因此关键词的扩展不局限于对关键词本身直接的扩展（即从关键词意义上或关键词的形式上扩展），还应该从技术分解表中直接确定的关键词所组成的技术方案的对应面进行考虑，即考虑采用关键词的方式对该技术方案所解决的技术问题、技术效果或用途进行表述，并将以此获得的关键词作为检索的关键词。

【案例 4–17】

在通用光器件行业专利分析课题中，对于关键词准确而分类位置不明确的子块采用关键词优先的原则，如光环形器、光滤波器和光衰减器。对于关键词不准确并且相关分类号含义较宽泛的子块，采用扩展关键词，使用较高级别分类号限定的策略，通过排除法逐渐去除噪声，如光调制器的检索：

光调制器是指通过电压或电场的变化最终调控输出光的折射率、吸收率、振幅或相位的器件，而涉及光调制概念的分类号集中在G02F 1大组下，这些分类号下面出现调制的关键词时会包括耦合、衰减、滤波、波分复用等器件，因此分类表中调制的含义是广义的，在检索结果中需要排除这些明显的噪声，以进一步确定光调制器检索的范围。

【案例4–18】

在有机发光二极管课题研究中，在其技术分解表中，一级技术分支包括材料、结构、封装等，而在二级技术分支中，将材料又分为基板材料、发光层材料等，而在三级技术分支中，将基板材料分为无机材料和有机材料，将发光层材料分为小分子荧光材料、高分子荧光材料、磷光材料等，那么，为了对有机发光二极管材料进行研究，就可以将三级技术分支中的有机、高分子、小分子关键词相或，获得有机发光二极管材料中包括基板材料和发光层材料的文献，而无机、磷光则因为和有机发光二极管无关被舍弃。

4.6.2 结合检索策略确定关键词

不同的检索策略所需要的关键词及其扩展程度不尽相同，也就是说，并非每个确定的关键词都会被用于执行检索任务。课题组应当根据所使用的检索策略，从关键词列表中选择合适的关键词进行检索。

【案例4–19】

采用总分式的检索策略对薄膜太阳能电池进行分析，其根据电池的材料构成能够容易地对各二级技术分支进行划界。此时，对于“太阳能电池”，可以选择“太阳能电池”、“太阳电池”、“光伏”等关键词来表达，但对于“薄膜”，太阳能电池中的一些电池类型例如铜铟镓硒电池和碲化镉电池，本身即以薄膜形态存在，有关这些电池文献的摘要中并不一定会使用到“薄膜”来表达其电池特征，因此主要从构成该化合物的元素角度选取相应的关键词即可。而太阳能电池中的硅基薄膜电池，因为硅基电池中同时包含有薄膜类型和硅片类型，仅以硅元素作为检索要素时，会带来大量的有关硅片电池的噪声文献，不能获取准确的检索结果。为了将硅基薄膜类电池和硅片电池相区别，则需要从其不同于硅片电池的形态特征、晶体结构、半导体结构及其光电特性等角度，选取关键词作为检索要素。

4.6.3 结合数据库特点确定关键词

在不同的数据库中，对同一技术特征的关键词表达可能存在差别，或者不同的关键词表达了同一技术特征。因此，应根据数据库的标引特点进行关键词选取或表达。EPODOC、SIPOABS、DWPI、WPI等英文专利文摘库包括了来自世界上主要国家、地区或组织的专利信息，而且相当一部分内容是原申请国家的人员直接翻译的内容，其中的翻译习惯明显带有国家或地区的色彩。如日本申请和中国申请对于同一词的翻译往往有所不同，如“槽”，一般将其翻译为“groove”、“slit”、“slot”，而日本申请则通常会将其翻译为“pit”、“ditch”等。

在全文数据库中使用关键词进行检索往往具有很多的噪声，如果关键词选取不当就难以获得相关的结果，其中在全文数据库中选取关键词与在专利文摘数据库中选取关键词有所不同，全文库中更多的应该是关注下位或具体实施方式，因此关键词的选取应该也是相对下位、具体或精确的，这样就能够在很大程度上降低噪声。

【案例 4–20】

在 TWABS 数据库中，“纳米”通常以“奈米”表达；对于化学式 H_3PO_4，在 VEN 数据库中还可能以“H_3PO_4”、“H 3PO 4”等形式表达。因此，在确定关键词时，需要在不同的数据库中进行检索时，需要结合数据库的特点合理调整关键词的表达，紧密结合文献数据的特点充分考虑各种可能的表达角度和表达习惯。

【案例 4–21】

“摄氏度”或“℃”在 DWPI/WPI 中一般被标引为“DEG.C”或“[DEG].C”，因此可以使用“DEG w C”来表达。

【案例 4–22】

“N-type”应使用“N w type”来表达，因为“N?type”不能表达“N-type”的含义（我们在 WPI 数据库中使用“N?type”也可以检索到一定量的文献，这是由于“N-type”在 IW 字段中习惯以“N=TYPE”来表达，而在 IW 字段中进行过标引的文献就可以用“N?type”这一表达检索出，而未经 IW 字段标引的则检索不出），而“p-type”则不能用“p w type”，因为在 S 系统或 EPOQUE 系统中，其中的 p 本身就是临近算符（临近算符还包括 w、d），因此正确的表达方式应该是“"P" w type”，即采用双引号将 p 强制转换为被检索字符。

4.6.4 基于分析统计确定关键词

可以利用专利检索系统的统计功能确定关键词。在确定某一检索主题和/或技术分支的初步检索式后，在数据库中执行该检索式，然后可以利用该数据库中的统计和排序 Preparation，例如 WPI 中的..stat 命令，对该检索结果的关键词字段依据出现频次进行排序，选取一些词频较高的词作为检索用关键词的备选。

此外，在各检索结果评估或抽样调查阶段，通过对专利文献的浏览，可以留意补充一些漏选的检索关键词，或去除一些会引入大量噪声的关键词，以及积累在典型的噪声文献中频繁出现的除噪关键词。

4.6.5 基于协议、标准等确定关键词

可以根据分析对象所处的行业的特点结合行业标准、行业协议来确定关键词。深入分析技术主题及各技术分支的技术特征，搜集与这些技术特征相关的标准或者协议，选择行业标准或者协议中所使用的术语作为关键词。

【案例 4–23】

在光通信课题研究中，无源光网络 PON 包括 APON、EPON、GPON。为了对 GPON 相关的文献进行检索，根据 GPON 协议，选择 G.984+、G.987+、G.988+和 GPON 相关的协议的编号作为关键词；根据 GPON 协议中的细节，选取 OMCI、ONT 或 ONU management control、interface 作为关键词，或者 t-CONT、GEM、E-GEM 结合关键词封装，分别对

GPON 相关的文献进行检索。

4.6.6　关键词与邻近算符、截词符的结合使用

大量的关键词、关键词组的使用可能会引入大量噪声，为了在查全检索时尽可能地抑制噪声，可以考虑使用临近算符 W、D、S、P 等与关键词词组结合使用。例如，对于 II-VI 族化合物，如果简单以“II AND VI”进行检索，显然会引入大量不必要的噪声，而“II W VI”则可以有效避免噪声的引入。此外，对于 nW 或 nD 中 n 的值，可以改变 n 来验证检索结果中引入噪声的多少，从而确定合理的 n 值。使用截词符可以使检索式简练，还可以避免遗漏关键词的某些非常规形态。例如，对于关键词的单复数、形态、美英/英英表达习惯等，除了穷举关键词外，还可以通过截词符“?”、“#”、“+”构造关键词的表达。例如，laminat+包括了 laminate、laminated、laminating 等各种不同后缀的表单，vapo?r 则包括了关键词“蒸汽”的美式英语与英式英语表达。

【案例 4–24】

太阳能薄膜电池检索中，由于在其他领域，如在液晶显示器中使用了太阳能电池而在检索过程中引入了液晶领域的噪声文献，此时，可以利用 NOT 算符在“标题”字段利用“液晶”、“显示器”等关键词将这些噪声文献有效地去除。如果利用 NOT 算符去除 BI 字段中出现“液晶”、“显示器”等关键词的文献，则有可能还会去除一些有用的文献，例如，有些文献是针对太阳能薄膜电池的改进的，但其在用途中提到了在液晶显示器中的应用。

4.6.7　关键词的补充和调整

一般而言，关键词表达具有多样性和复杂性，因此，在初步进行检索时，很难确定出所有适用的关键词。在检索过程中，需要对检索结果进行多次取样阅读和评估，以完善检索式。在这个过程中，可以不断地发现和补充适用的关键词，补充的关键词可以是补充检索用的有效关键词及其扩展，也可以是包括补充除噪用关键词。

根据关键词与检索结果的相关程度，可以将关键词分为显性关键词与隐性关键词。显性关键词为与技术主题明显相关且在本领域出现频次较高的词，而隐性关键词则是表面与技术主题无明显关系的关键词。分析发现，隐性关键词通常是在技术演进中随着技术广度的渗透而出现的，在摘要文献库检索过程中容易被漏掉，因为包含这类关键词的专利申请的摘要、权利要求，甚至全文中不出现。通常而言，确定关键词时容易漏掉部分隐性关键词，因此对隐性关键词的补充尤为重要。

【案例 4–25】

在立体影像行业专利分析时，近几年在裸眼 3D 技术中出现的“液晶透镜”、“电可控透镜”、“变焦透镜”等词，围绕其所提出的专利申请的发明点大多在于对透镜技术的改进，在摘要文献库的描述中不会体现其具体在立体影像中的应用。因此对于此类关键词需要进行补充检索。

4.7 申请人/发明人的确定和使用

专利意义上的申请人有多种类型，包括企业申请人、高校或研究机构、个人申请人，以及各种合作申请的申请人。对于大多数行业而言，构成产业链的主体和行业内技术研发和专利申请的主体都是企业，对于某些前沿技术、基础技术而言，申请人可能是高校或研究机构。由于某些特殊原因，某些企业的专利申请以其企业负责人个人名义申请，也有必要对某些与某企业关系密切的自然人申请人进行分析。

获知申请人的方法有以下几种：① 利用专利检索系统的统计功能确定申请人。可以先以与分析对象密切相关的关键词或分类号进行检索，对检索结果进行申请人统计排序，以发现主要的申请人。② 通过行业新闻、非专利文献等信息确定申请人。行业内的领军企业通常都有较强的专利意识，其专利活动也相对活跃，可以通过期刊、行业报告、在线专业性网站等途径获取行业内的主要公司、高校、研究机构和个人，将其确定为申请人/发明人。

获知申请人/发明人之后，需要对申请人/发明人的相关字段进行确定，包括申请人/发明人名称的确定、申请人类型的确定、申请所属国籍等，其中，确定申请人/发明人的名称尤为重要，因为在不同数据库中同一申请的申请人/发明人的名称、数量不尽相同，即使是同一申请人/发明人在同一数据库中的名称也存在差异。例如，夏普公司在CPRSABS 中也存在“微尖”这一表述。如果未能考虑到这些差异，而简单地以一种表达方式对申请人/发明人的专利布局、技术发展趋势、研发团队等进行分析，将会影响分析结果的准确性。因此，在专利分析的文献检索和数据处理时，应当对专利申请的申请人的名称、类型以及国籍、发明人名称等进行确定。

在确定申请人名称时，应当注意不同的数据库对申请人名称处理方式的不同，有时使用名称的全称，有时使用名称的简称，特别是中文数据库对外国人申请人的表示有时使用意译，有时使用音译。同样是汉字音译名，由于同音汉字的多样性，有时出现同音不同字的汉字音译名。例如，APPLIED MATERIALS 在 CPRSABS 中有“应用材料公司”、“应用材料有限公司”、“应用材料股份有限公司”等表达方式；“中国科学院上海硅酸盐研究所”在 DPWI 中也有“CHINESE ACAD SCI SHANGHAI SILICATE INST”、“SHANGHAI SILICATE INST CHINESE ACAD SCI”等多种表达方式；而 BASF 公司的音译名有“巴斯福”、“巴斯夫”等。在这些情况下，可以通过将 CPRSABS 中的检索结果转库至 DWPI 数据库中，浏览其英文申请人名称的各种变形，从而确定申请人名称；反之亦然，即也可以将 DWPI 中相关申请人的检索结果转库至 CPRSABS 中，浏览相应的中文名称的表达形式以确定申请人名称，确定更可能多的名称的表达形式，随后可将它们作为入口进行检索。相对而言，DWPI 对申请人的规范化较为完善，DWPI 则提供了一个有用的字段 CPY，即公司代码，该字段对检索大型跨国公司十分有用。DWPI 能够将集团公司及其子公司映射到同一公司代码，利用该公司代码能够更为全面地检索到该公司的申请。但是，同一申请人可能有多个公司代码，而多个不同申请人的公司代码有可能相同，即同一个公司代码对应于不同的申请人。以 FIRST SOLAR 为例，在 DWPI

中以其申请人名称为入口，可检索到约73项申请，但以其公司代码FIRS-N为入口检索，则检索到超过两千项申请，此时将以公司代码为入口的检索结果纳入补充/校正的检索结果中会引入很大的噪声。因此，在使用公司代码用于确定申请人名称时，还应适当考虑结合分类号或关键词。

另外，在确定发明人名称时，注意发明人译名的多样性和不同数据库下的不同拼写规则；还要注意重名情况，必要时用较宽范围的分类号或关键词加以限定以排除大部分的重名情况。例如，在II－VI族化合物薄膜太阳能电池的专利检索中，以关键词与分类号为入口的检索结果中包括 AMETEK INC 的一部分相关申请，但通过以申请人AMETEK 为入口进行检索时，发现仍有大量相关文献未被纳入检索结果，这主要归因于相关专利文摘的撰写特点甚至是文摘信息的缺失。

4.8 专利分析检索评估

全面而准确的检索结果是后续专利分析的基础。检索结果的评估对于调整检索策略，获得符合预期要求的检索结果集起着至关重要的作用，检索结果的评估应当贯穿于整个检索过程，评估结果是调整检索策略、能否中止检索的重要参考。

4.8.1 检索结果评估的指标

检索结果评估所使用的指标是查全率和查准率。查全率用来评估检索结果的全面性，即评价检索结果涵盖检索主题下的所有专利文献的程度；查准率用来衡量检索结果的准确性，即评价检索结果是否与检索主题密切相关。

英国学者克里维顿在Cranfield I试验中首次将查全率（Recall）和查准率（Precision）作为信息检索系统效率的评价指标。[1]在信息检索领域，通常意义上的查全率被定义为：$R=a/(a+c)$=（被检出相关文献量/总文献中所有相关文献量），其中 a 表示被检出相关文献量，c 表示在检索中漏检的相关文献数。然而，漏检文献数 c 无法客观确定，因此上述定义不适于对专利检索结果的评估，更具有操作性的专利文献集合的查全率定义如下：

设 S 为待验证的待评估查全专利文献集合，P 为查全样本专利文献集合（P 集合中的每一篇文献都必须要分析的主题相关，即“有效文献”），则查全率 r 可以定义为：

$$r=num(P\cap S)/num(P) \tag{1}$$

其中，$P\cap S$ 表示 P 与 S 的交集，$num(\cdot)$ 表示集合中元素的数量。

通常意义上的查准率被定义为：$P=a/(a+b)$=（被检出相关文献量/被检出文献总量），其中 a 表示被检出相关文献量，b 表示（被检出误检文献量）。为了更具有操作性，本文将专利文献集合的查准率定义如下：

设 S 为待评估专利文献集合中的抽样样本，S' 为 S 中与分析主题相关的专利文献，

[1] 高可，等. 专利文献检索中查全率和查准率的关系研究[C]//杨铁军. 专利文献研究2010. 北京：知识产权出版社，2010：35-40.

则待验证的集合的查准率 p 可定义为

$$p = num(S')/num(S) \tag{2}$$

$num(\cdot)$ 表示集合中元素的数量。

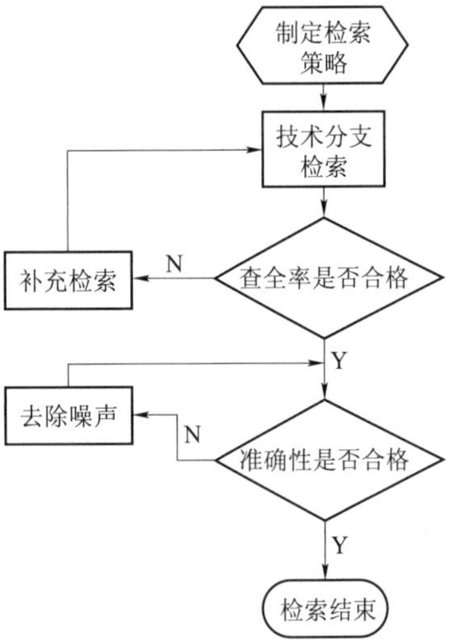

图 4–8–1　检索结果评估流程图

图 4–8–1 示例性地表示了某一技术分支的检索结果评估操作流程。整体技术领域检索，以及其他各级技术分支检索的操作过程是基本类似的。

检索结果评估在检索的各阶段都有不同的意义。参见表 4–8–1，在初步检索阶段，对查全率和查准率的评估的主要目的是通过阅读遗漏文献积累关键词和分类号，以及通过噪声文献积累噪声关键词和分类号，完善检索策略，这一阶段，具体的查全率和查准率指标不是关注的重点。在检索的中期阶段，对查全率和查准率的评估的主要目的是修正检索策略，进行补充检索和除噪处理，此时需要开始关注查全率和查准率指标，并在每一步补充检索之后关注查准率，以及在去噪之后关注查全率，这是一个不断往复的过程。在检索后期，查全率和查准率成为评估检索结果是否全面准确的重要指标，以评判是否可以终止检索过程。

表 4–8–1　专利分析检索各阶段中检索结果评估的作用

阶　段	检索结果评估作用
初步检索	积累关键词和分类号、形成检索策略
中期检索	修正检索策略（补充检索、除噪处理）
后期检索	判断检索结果是否符合标准

4.8.2　查全率评估方法

查全样本专利文献集合 P 的构件必须满足两个条件。

（一）必须基于完全不同于查全过程中所使用过的检索要素来构建

用于检索查全专利文献集合的检索要素与用于构建查全样本专利文献集合的检索要素之间不能存在交集，否则，将出现用子集检验全集的查全率的现象，而产生逻辑上的谬论。例如，在检索立体影像时，使用了“3D”这一关键词，则“3D”不能再用于构建查全样本专利文献集合 P。

（二）有合理的样本数

从本质上而言，查全率评估属于抽样调查，其实际上是检验一个有效文献集合的子集中有多少已经被查全专利文献集合所包含。一方面，若查全率评估样本集的样本数量过小，则不能全面反映待评估集合的全貌，将导致评估结果的失真。另一方面，若查全率评估样本过大，将带来较大的工作量，失去抽样调查的本意。因此，应当根据待评估集合的数量将样本数量控制在合理的范围内。通常，若待评估查全专利文献集合的文献量为 5000 篇以下，查全样本专利文献集合的文献量不应少于总量的 10%，若待评估查全专利文献集合的文献量超过 5000 篇，则查全样本专利文献集合的文献量不应少于总量的 5%。

查全率的评估至少包括：

① 初步查全结束时。当初步查全工作结束时，必须对初步查全专利文献库的查全率进行评估，该查全率是表明能否结束查全工作的依据。若此时查全率不够理想（例如不足 50%），则需要继续进行查全工作，反之若达到预期的查全率，则可结束查全工作。

② 去噪过程结束时。去噪过程也被称为“查准”的过程，其是对查全数据库进行去除与分析主题无关的专利文献的过程，该过程中不可避免地误删有效文献，为了检验去噪过程中是否误删了过多的有效文献，在去噪工作结束时必须对去噪之后的专利文献集合进行查全率的评估。

构建查全样本专利文献集合的常用方法有：

① 基于重要申请人/重要发明人来构建查全样本专利文献集合。用于构建查全样本专利文献集合的重要申请人应当满足以下条件：其一，该申请人的申请量应当足够大，若一个申请人所产生的样本容量过小，可以使用多个申请人的专利文献来构建查全样本专利文献集合。其二，该申请人的专利申请只分布在特定技术领域，能够方便地检索确定。例如，在微流控芯片领域的检索中，美国的 CALIPER 公司是一家专门进行研发和生产微流控芯片的公司，其专利申请集中于该领域，且申请数量较大，适合用于构建查全样本专利文献集合。一般而言，需要选择多个申请人来构建查全样本专利文献集合，以综合评估查全率。

基于重要发明人的构建方法类似于重要申请人。

【案例 4–26】

在生物芯片课题中，中文数据库（CPRS）中检索获得 6770 篇与生物芯片检索主题相关的专利文献，其中，以博奥公司（F PA 博奥）作为申请人入口，进行二次检索，获得专利申请 76 篇，经过人工阅读、清理获得与检索主题密切相关的专利申请 73 篇；同样以博奥公司（F PA 博奥）作为申请人入口，在中文数据库（CPRS）中直接检索，获得专利申请 243 篇，通过人工阅读、清理，得到与生物芯片检索主题相关的专利申请 78 篇，查全率为（73/78）× 100%，为 93%。

【案例 4–27】

在智能手机课题中，对中文数据库中触控技术分支的检索结果进行查全率的评估。① 在 CPRS 中调用触控技术的检索式，获得 1742 篇文献。② 以苹果公司作为重要申请人入口，进行二次检索，获得 103 篇，经过人工阅读、清理获得与检索主题密切相关的专利申请 101 篇。③ 在 CPRS 中直接以苹果公司作为重要申请人入口进行检索，获得专利 868 篇，如果直接进行人工阅读清理则工作量较大，不可行，需要调整清理策略。抽样通读苹果公司关于触控技术的相关文献，对其关键词进行研究，发现该公司的常用关键词为：触控+触摸+电阻屏+电容屏 + 电容 × 传感器。④ 采用上述关键词对苹果公司的 868 篇专利申请进行二次检索，检索后获得 151 篇，然后再进行人工阅读、清理获得与检索主题密切相关的专利申请 112 篇。其查全率为（101/112）× 100%=90.2%。

② 基于重要专利来构建查全样本专利文献集合。可以搜集前期技术调查以及企业调研中获得的涉及侵权、诉讼以及行业技术发展中的重要专利作为查全样本专利文献集合。收集的重要专利一般是与本技术领域最为密切相关的专利文献，当待评估的样本集中未包含这些专利时，说明需要对前一阶段的检索策略作出调整，是否遗漏了重要的分类号或关键词。

③ 基于引证/引用文件来构建查全样本专利文献集合。可以在所阅读的专利或非专利文献中搜集的引证/引用的专利文献作为构建全样本专利文献库 *P* 的元素；另一种获取引用/引证文件的方法是对专利进行追踪检索，对其引用或引证的专利文献进行人工筛选来获得有效文献。但鉴于仅美国申请对申请文件有引证文献的要求，因此基于引证文献来构建查全样本专利文献集合具有一定的局限性。

④ 基于中英文反证来构建查全样本专利文献集合。可以讲将中文检索结果中的经过阅读、清理和标引后的数据作为评估样本集，通过国别 CN 对英文库的检索结果集进行二次检索，将英文数据库的检索结果与中文数据库的样本集进行比对来评估查全率。中、英文数据库反证法适于发现由翻译的多样性导致的漏检；此外，这种方法也利用了 WPI 中的专业改写摘要的特点，来发现和弥补在中文摘要检索的不足。需要说明的是，该方法难以发现检索策略上的失误，因而不适宜作为主要的评估手段，只适合作为辅助手段使用。

⑤ 基于年代来构建查全样本专利文献集合。可以对检索结果进行年代抽样来构建全样本专利文献集合，即利用申请日作为检索入口在整体检索结果集进行检索，对获得的检索结果针对待评估的技术分支进行人工阅读、清理和标引，将阅读、清理和标引后的数据作为评估样本集。鉴于每年的专利申请量都是百万级的，因此该方法可操作性不强。

⑥ 基于不同的检索工具来构建查全样本专利文献集合。可以利用不同检索方式的检索工具所获得的检索结果之间存在差异，这种差异为构建查全样本专利文献集合提供了参考。

【案例 4–28】

立体影像行业课题组进行专利分析时，选用了北京索易互动公司提供的 patentics 检索工具❶，其特点是基于语义的相关度来检索文献。为了保证查全样本专利文献集合覆盖的全面性，课题组利用该工具分别从技术点和技术面的角度构建 4 个检索式（见表 4–8–2），从不同的相关度的区间中，阅读筛选出 400 篇文献作为查全样本文献库。❷

表 4–8–2　利用 patentics 检索工具构建的检索式及选取文献量

检索式	选取文献量（篇）
R/3D 电视	100

❶ 网址为 www.patentics.com.cn。

❷ 此时待评估的查全专利文献集的文献数量约为 3200 篇。

续表

检索式	选取文献量（篇）
R/主动快门	100
R/液晶透镜 and B/3D	100
R/光屏障 and B/3D	100

⑦ 基于技术特征来构建查全样本专利文献集合。对某个具体的技术特征选择精确的分类号或精确关键词直接检索或组合检索，得到该技术特征的一个精确样本集，对检索结果进行评估。应用这种方法时注意：a. 这种评估方法适用于对该技术点所属上级技术分支的检索结果进行评估；b. 制作技术点样本集时，所使用的精确分类号或精确关键词应该是在其上级技术分支的检索过程中未涉及的；c. 该方法实质上是通过判断某技术点的查全，从而间接印证整体的查全，因此在使用该方法时应选择多个不同技术点制样评估。

⑧ 基于图表分析对比法来构建查全样本专利文献集合。分析图表比对法即对获得的分析图表，例如专利申请量年度分布图进行分析，如果出现明显的不合理情形，如某一年的申请量过多或过少，申请量趋势与实际产业状况不符时，需要结合前期资料调查与企业调研获得的相关信息进行判断与分析，是否因检索策略不当造成的。由于产生不合理情形的原因有多种，包括检索策略不当、数据清理不当，以及产业上的其他原因，并不完全由检索过程导致，因此需要进行多方面分析调查。该方法一般作为检索结果评估的辅助方法。

【案例 4–29】

生物芯片课题组在获得微流控芯片中的微结构设计的专利申请历年分布图后，发现在 2004 年出现申请的拐点，参见图 4–8–2。此时需要结合前期调研获得信息，判断拐点的出现是否与技术分支的发展状况相吻合，是否可以得到合理的解释。如果与发展状况不吻合，则需要对该年度的专利申请进行分析，是否出现漏检，或数据处理的不当。

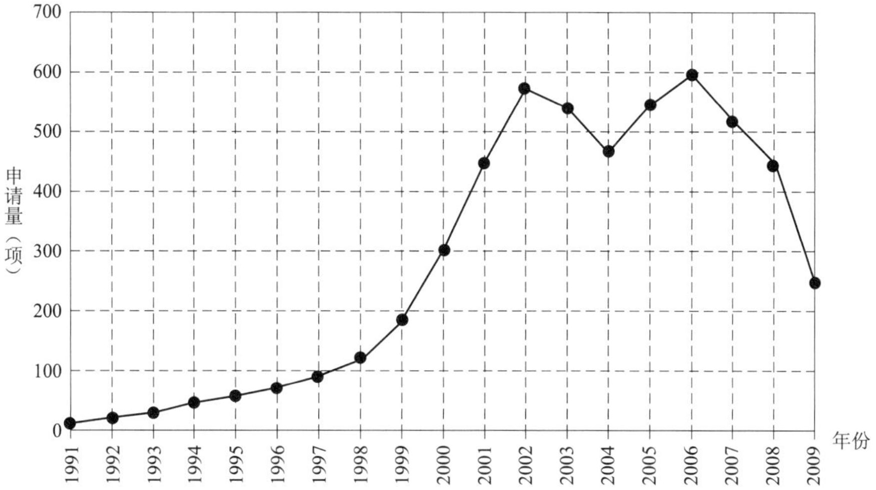

图 4–8–2　微结构设计的专利申请历年分布图

4.8.3 查准率评估方法

查准率可通过对待验证的集合的抽样，统计有效文献量来评估。为了保证评估抽样的科学性与客观性，抽样过程应当注意以下规则：

① 多样性和随机性。常见的抽样方法包括：按年代分布抽样、按技术分支抽样、按申请人或发明人抽样、按国家/地区分布抽样、随机抽样。需要注意的是，在抽样过程中，尽量避免采取单一的抽样方法，而应当采取多种抽样方法随机地抽取评估样本，以保证其客观性。

② 足够大的样本容量。对于待评估的专利文献集合而言，其数量为 5000 篇以下，抽样数量不应少于总量的 10%，若数量超过 5000 篇，抽样数量不应少于总量的 5%。

通常需要在以下两个阶段对查准率进行评估：

① 查全工作结束时。当初查全工作结束时，对查全专利文献集合进行查准率评估，能够帮助分析人员预先判断查全专利文献集合的噪声量，以制定合理的去噪策略。

② 去噪工作预结束时。此时对查准率进行评估的目的是决定是否停止去噪工作。通常，去噪工作预结束条件可以是：a. 文献量在可人工阅读范围内时，或者 b. 去噪难度加大、去噪效率严重降低时。

值得注意的是，查准率的评估与去噪过程应紧密结合。在进行查准率评估过程中，需要进行人工阅读、筛选的过程，可同时将噪声文献一并去除，并且积累相应的噪声关键词和噪声分类号用于除噪。对于文献量适中的检索结果集，如中文数据库检索结果集或部分技术分支的外文数据库检索结果集，通过查准率评估方法的使用和去噪过程，可以使查准率接近 100%。

4.9 数据去噪

数据去噪的目的在于提高查准率。根据噪声与课题研究边界的关系将噪声划分为绝对噪声与相对噪声。绝对噪声是与课题边界明显不相关的噪声，该类噪声最可能来源于补充分类号的扩展。相对噪声则是与课题研究边界不相关，但是有可能包含有效检索要素的噪声。

4.9.1 噪声源分析

（一）数据库自身特点引入噪声

各数据库在数据加工上存在差异，因此在数据的完整性、数据精度上也有所区别，也就是说，数据库可能会引入一定的噪声源。

例如，对刀具涂层技术进行检索，检索结果比较如表 4–9 所示。

表 4–9 刀具涂层检索结果

CPRSABS	CNABS	CNTXT
555	944	4306

通过对上述检索结果初步分析发现：① CPRS 的检索文献量明显小于其他两个数据库，原因是由于其是文摘数据库，命中文献的噪声较小；② CNABS 的检索文献量介于两者之间，命中文献的噪声较小，原因是系统对数据进行过深加工处理，克服了原有文献的缺陷，但也带入了更多有效的文献；③ 虽然 CNTXT 的文献量最大，但通过概览后发现噪声也很大，因为关键词可能只在文中被提及但并不作为发明点的文献被大量纳入检索结果中。

【案例 4–30】

光通信网络课题组在检索“ONT”（光线路终端）时发现：如 CNABS 中，检索 ONT 会引入“on the”之类的绝对噪声，噪声文献量远大于有效文献量，这种噪声是检索系统或者数据库本身造成的，因此这类关键词只能通过检索过程中调整，或者放弃，或者单独提取出来去噪，当然，是否有必要单独提取，需抽样评估其带来的信噪比。

（二）分类号带来的噪声

分类号带来噪声主要来源于三个方面：① 分类不准导致的噪声，导致所检索的专利文献超出了专利分析所需覆盖的范围；② 专利文献本身内容丰富导致其具有多个副分类号，而这多个副分类号中必然会有一些并不是专利文献本身的发明点；③ 在分类号版本变动时，未根据分类号对已有文献进行动态的修订和再分类。对于由第①和第③种分类号引入噪声的情况，通常较难仅仅通过分类号减少噪声。而对于第②种分类号引入噪声的情况，可以先摘取与技术主题不紧密相关的分类号的专利文献，对这些文献的技术内容与其分类号的关联度进行分析，通过排除这些文献的分类号（通常是主分类号）以达到去噪的效果。

【案例 4–31】

在刀具涂层技术领域，基于对噪声来源的分析，课题组确定了以下利用分类号去噪策略：对检索结果的分类号进行统计分析，将噪声分类号分为以下几类：① 大部不相关分类号，例如 A 部分类号，几乎和本领域不相关，可以明确去除；② 同部不同类的不相关分类号，例如 B 部的关于磨削加工的分类号，不在课题研究范围之内，可以明确去除；③ 有可能误分的分类号，例如：B32B 33/00：以特殊性质或特殊表面特性，如特殊表面涂层为特征的层状产品（表面不平整度或不均匀性入 B32B 3/00）；不包含在其他单独一个大组中的、为特殊目的设计的层状产品，该分类号非常有可能涵盖刀具涂层这一部分，同时也包括其他任何可以涂层的产品以及层状结构的产品，因此会带来大量的噪声，对于该类分类号要慎重处理，需要通过浏览来确定是否使用该类分类号去噪。

（三）关键词带来的噪声

一个关键词通常会被多个领域共用，因此关键词必然会带来部分噪声，属于常规的噪声源。

【案例 4–32】

关键词本身使用范围很广带来的噪声，如“刀具”可以是指水果刀，也可以是指切削加工用的车刀，当“刀具”指代水果刀时就会带来噪声；利用关键词表述但是和技术主题并不相关，如“一种零件的加工的方法”，其中会提到“利用涂层刀具加工其表面”，这样虽然出现了检索的关键词，但是确实和检索的技术主题关系不大，形成另一类型的噪声。

【案例 4–33】

在太阳能电池领域检索时发现，“感光”的英文关键词“radiation sensitive”或“radiation convert”也具有“光伏/光电”的类似意思，但通过对其中涉及的专利文献分析发现，上述英文关键词基本上用于表征摄影领域的“感光”，此时应注意上述英文关键词的使用。相反地，当关键词明显不属于课题的技术边界范围时，可以通过相关的关键词进行检索去噪。例如，可以利用去噪关键词“integrated circuit”、“image detector”等来排除太阳能电池初步检索结果中的明显噪声。

【案例 4–34】

在生物芯片检索过程中，会出现大量光学器件方面的专利，通过阅读噪声文献，可以确定“阵列”等为噪声关键词，“阵列”一词不仅可以表征生物芯片的探针阵列，同时也可以表征 CCD 等光学器件。因此，不能简单地将涉及噪声关键词或噪声分类号的文献均去除，而可将涉及噪声关键词或分类号的文献从检索结果集中单独取出，采用其他分类号、关键词进一步限定，获取与检索主题相关的专利文献。对于即使采用其他关键词、分类号限定仍会引入较多噪声文献，或进行再限定后可能丢失部分相关文献的情形，可采用人工阅读的方式进行选择清理。

（四）英文缩写引入噪声

一个英文缩写可能代表不同的含义。比如在光通信网络检索时发现，对于“PON”有以下各种 PON：epon，10g-epon、gepon、gpon、10g-gpon、xg-pon、ng-pon、wdm-pon、ofdm-pon、ocdma-pon、odsm-pon、wdm-pon、ofdm-pon、ocdma-pon、epon828（环氧树脂）等，具体检索中考虑检索系统的标引方式增加其他表述，这样采用 PON 作为关键词可能会引入噪声。此外中文文献 BI 字段中一般存在中文全称或英文缩写，可以增加英文全称 passive w optical w network 以排除翻译误差。

4.9.2 数据去噪方式

一般而言，数据去噪过程包括计算机检索批量去噪和逐篇去噪两种方式。

（一）批量去噪

批量去噪的操作流程如图 4–9 所示。

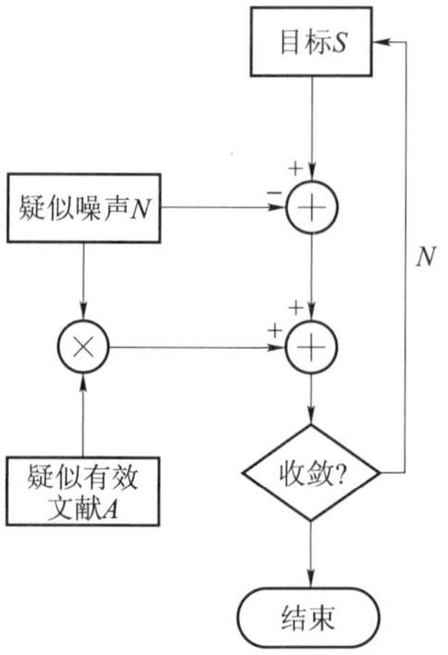

图 4–9 检索去噪过程

设 S 为目标文献库、N 为疑似噪声文献集、A 为疑似有效文献集。S 的初始化值 S_0 为查全过程中所获得的专利文献集合。

执行以下步骤：

第一步：构建 N。提取构建 N 的检索要素，该检索要素可以通过抽样阅读 S 中的文献而提炼得到。例如在对立体影像行业专利分析的检索过程中，在阅读 S_0 时发现“立体声”这一关键词将带来疑似噪声文献，则可将“立体声”作为构建 N 的检索要素。

第二步：$S-N$。将疑似噪声集合从 S 中清理出去。需要注意，N 中可能含有有效文献，因此这一清理不是最终清理，需要进行第三步。

第三步：构建 A。提取构建 A 的检索要素，该检索要素的获取方式可以通过阅读或抽样阅读 N 中的文献而提炼得到。例如，在针对“立体声”这一关键词的去噪过程中，在疑似噪声文献集合 N 中发现了“立体电视”相关的文献，这些文献既涉及“立体电视”同时也涉及“立体声”，其应当属于有效文献集，因此可以将“立体电视”有关的关键词作为构建疑似有效文献集合 A 的检索要素。

第四步：$S=S-N+N*A$。即，找回被误清理的有效文献，$N*A$ 表示用于构建 N 的检索要素与用于构建 A 的检索要素进行 AND 运算。

第五步：判断是否符合收敛条件，符合收敛条件则终止检索去噪工作，否则跳转到第一步。可以以查准率或者噪声率作为收敛目标，当满足收敛条件时（例如，查准率 $p \geq 70\%$）终止检索去噪工作。

注意到上述 $N*A$ 的结果中尽管使用了有效检索要素 A 作为约束，但其仍然可能存在其他的噪声因素，此时需要对 $N*A$ 作为 N 对待，进行重新构建疑似噪声文献集合以及疑似有效文献集合进行上述重复步骤。

批量去噪的特点是效率高，可以批量的除去噪声文献，但在某些情况下准确率不高。因而可能还需要将检索除去的噪声文献进行再清理。

（二）逐篇去噪

逐篇去噪为通过人工阅读每篇文献的摘要或者全文，以发现噪声文献并予以去除。采用该方式进行去噪时的阅读文献量应当在合理范围内，否则会消耗大量的时间和精力。部分专利文献的摘要撰写得较为上位笼统，仅通过阅读摘要可能难以判定是否为有效文献，此时可能就需要浏览其全文。在某些数据库（例如，WPI 或 DWPI）中的部分早期文献摘要缺失时，还需要参考阅读其他数据库（例如，EPODOC、SIPOABS 或 JPABS）中的摘要来帮助判断。此外，某些对原始文献数据进行过加工过的数据库（例如，WPI 或 DWPI）中的文献摘要还会存在错误，此时也需要通过阅读其他数据中的摘要或全文来帮助判断。

人工阅读去噪的特点是效率低，只能单篇地去噪，但准确率较高，一般在批量去噪之后进行。

4.9.3　数据去噪的主要手段

（一）关键词检索去噪

关键词去噪是一种直观的去噪方式。分析与检索主题不相关的噪声文献，寻找噪声文献中出现频率较高的关键词或关键词组合，将其作为检索要素可检索出疑似噪声文献。利用关键词去噪时部分有效文献会被去除，需要从去除的疑似噪声文献，随着去噪的进行，可利用的噪声关键词越来越少，去噪的效率会明显降低。

【案例 4–35】

在生物芯片检索过程中，会出现大量光学器件方面的专利，通过阅读噪声文献，可以确定“阵列”等为噪声关键词，“阵列”一词不仅可以表征生物芯片的探针阵列，同时也可以表征 CCD 等光学器件。因此，不能简单地将涉及噪声关键词或噪声分类号的文献均去除，而可将涉及噪声关键词或分类号的文献从检索结果集中单独取出，采用其他分类号、关键词进一步限定，获取与检索主题相关的专利文献。

（二）分类号检索去噪

分类号检索去噪要点在于，统计分析各分类号下的噪声率，针对不同噪声率的分类号使用不同的策略进行去噪。与分析对象直接对应的主分类号的噪声率相对较小，可以不进行去噪处理。主分类号的扩展或者副分类号的噪声率相对较高，可以进行相对宽松的去噪处理。

【案例 4–36】

在通信用光器件行业专利分析时，按照主分类号排序，G02B 6/35 居第 1248 篇；同时，进入噪声专题查看，只有两篇主分类是 G02B 6/35 的是噪声。G02B 6/35 是最为重要的分类号，以后标引时，考虑将 G02B 6/35 主分类批量标注为有效，或批量转入“高准确率”专题库。对另一个技术分支的噪声进行过程中，发现主分类号是 G02F 1/13+的 59 篇文献中 55 篇是涉及液晶显示的噪声，噪声率高达 93%，说明主分类号 G02F 1/13+是噪声重要来源。

（三）标题检索去噪

标题所能反映的信息量过于局限，一般情况下不能仅通过标题判断该文献是否噪声文献，因此，标题去噪的方式一般仅适用于绝对噪声的去除。

【案例 4–37】

在通信用光器件行业专利分析过程中，在光纤连接器的去噪过程中，发现标题中含有“盘 OR 箱 OR 盒”的文献都涉及光纤分配箱、熔纤盘，属于绝对噪声，因而采用了标题检索去噪。在“光开关”技术分支的检索中，通过标题检索“显示 OR 投影 OR 扫描”去除涉及显示投影扫描领域而非光通信领域的光开关。该课题组还考虑到这些器件的名称表述相对比较规范，而且检索目标就是发明改进即涉及器件本身，因此，采用了首先在发明名称字段（TI）中检索、然后用其他检索手段补充的检索策略，经查全率与查准率检验，证明这样的检索策略非常有效。

（四）申请日去噪

有些技术的出现有明确的日期，则可以将技术主题出现日之前的所有文献都视为噪声文献。

【案例 4–38】

光通信网络课题组在对涉及光通信网络的 IEEE 协议相关的专利进行分析时，使用了申请日去噪的方法，由于相关的协议均出现在 2000 年之后，因此课题组将 2000 年前的文献均作为疑似噪声文献处理：在查全检索结果中二次检索“APD<2000”得到 104 篇文献，经过对检索结果进行分析发现，其中 72 篇为噪声，此举有效地去除了部分噪声。

第1章 第2章 第3章 第4章 第5章 第6章 第7章 第8章 第9章 附录

4.9.4　检索去噪操作实例

【案例 4–39】

立体影像课题组首先基于检索进行批量清理，同时对于每一次去噪的结果进行人工阅读并以检索的方式或手工方式找回有效文献。主要去噪检索部分记录如下：

(026)　　F KW 立体声 <hits: 1553>疑似噪声文献集合（相对噪声）

(027)　　J 25-26 <hits: 10809>删除疑似噪声文献

(028)　　F KW 立体图像+立体视频+立体电视 <hits: 1367>疑似有效文献集合

(029)　　J 25-27 <hits: 135>

(030)　　J 29*28+29*17+29*18 <hits: 11>

(031)　　J 27+30 <hits: 10820>找回有效文献

(032)　　F KW 视频会议 <hits: 624>疑似噪声文献集合（绝对噪声）

(033)　　J 31-32 <hits: 10782>

浏览（031）～（033）的结果，没有发现有效文献

(034)　　F KW 多角度*监控 <hits: 70>疑似噪声文献集合（绝对噪声）

(035)　　J 33-34 <hits: 10758>

浏览（033）～（035）的结果，没有发现有效文献

……

(048)　　F KW (立体+三维+3D+“3-D”+三 D+3 维)*(相片+像片+象片+相机+像机+象机+照相+照像+照象+照片+相框+像框+象框+相册+像册+象册+相架+像架+象架) <hits: 2548>疑似有效文献集合（相对噪声）

(049)　　J 47-48 <hits: 9378>

(050)　　F KW 摄像机+摄相机+摄象机 <hits: 11796>疑似有效文献集合

(051)　　J (47-49)*50+49 <hits: 9849>找回有效文献

……

以上为基于关键词进行去噪的大致过程，此时课题组发现，针对关键词的去噪效率偏低，因此调整去噪方向，从分类号入手。

(065)　　F IC G01B <hits: 22994>补充分类号、绝对噪声

(067)　　J 64-65 <hits: 9443>去噪

(068)　　F IC A61 <hits: 389266>(063) 补充分类号、绝对噪声

(069)　　J 67-68 <hits: 9096>去噪

浏览（067）～（069）的结果，没有发现有效文献

(070)　　F PD 20020101>20050101 <hits: 712019>

(071)　　J 69*70 <hits: 1244>

考虑到（069）的结果量太大，因此抽样截取一段时间的文献，再发掘疑似噪声文献的检索要素

(074)　　F IC H01R <hits: 54165>疑似噪声的发现

(075)　　J 74*69 <hits: 77>

(076)　　J 69-75 <hits: 9019>

浏览（074）～（076）的结果，没有发现有效文献

(077)　　F IC H04B <hits: 52461>疑似噪声

(078)　　J 77*76 <hits: 109>

(079)　　J 76-78 <hits: 8910>

(080)　　F PN 201138816+201230311 <hits: 2>

(081)　　J 79+80 <hits: 8912>

浏览（077）～（079）的结果，发现两篇有效文献，通过 PN 号的方式找回

……

(174)　　J 45-(172+173)+170 <hits: 4505>

在 CPRS 浏览列表中选取 6 屏（400 篇）初步浏览，噪声文献量大约为 70 篇左右，且通过检索较难进一步去除这些噪声文献，或者通过检索去除效率极低。在文献量可人工标引的情况下终止检索去噪工作。将(174)为检索去噪的结果，作为课题组查全查准文献库。

上述去噪过程的要点可归纳为：对核心分类号不进行去噪，直接入围有效文件集合，例如，H04N 13、H04N 15 等；对于扩展分类号，抽样浏览文献，预估噪声率，针对不同噪声率，构建不同粒度的疑似噪声集 N；去噪过程依赖关键词与关键词的组合；对于文献量较小的疑似有效文献集合，人工阅读挑选出有效文献；通过全文库 CNTXT 补充隐性关键词检索到的有效文献。

第 5 章

数据处理

本章概要

数据处理是将检索到的原始数据转化为专利分析样本数据的关键环节，其目的是得到准确规范的数据样本，因此数据处理的质量将影响专利分析结果的准确性。

本章主要介绍数据处理中的数据采集、数据规范和数据标引等三项重要内容。数据采集是根据专利分析的需要将从检索系统中获得的检索结果按照特定的格式进行数据提取。数据规范是将申请人、申请日等数据项进行内容规范和格式统一。数据标引是对规范后的数据赋予技术分支、技术功效等特定标识，以供后续专利分析使用。

研究人员心声

- ✓ 课题研究内容要尽早确定，避免后期发现数据标引缺失而使分析无法进行。（光通信网络课题组）
- ✓ 数据清理时，统一标准非常重要；必要时可以采取先集中后分散的方式进行，即数据清理的初期，先通过集中讨论确定文献所在的分支，统一清理标准，然后再各自完成具体的数据清理任务。（智能手机课题组、生物医用天然多糖课题组）
- ✓ 在人工标引之前，最好对参加标引工作的成员围绕技术分解表进行系统深入的技术培训，确保标引人员对技术分解表非常熟悉，从而保证标引结果的正确性。（立体影像课题组）
- ✓ 人工标引工作耗时且存在反复性工作，人工标引过程中可能会发现原有的技术分解表不完善，因此在人工标引时要充分注意技术分解表的可能调整方向。（立体影像课题组）
- ✓ 技术专家参与人工标引能够起到很好的指导作用。（立体影像课题组）
- ✓ 通过分析工具将检索结果导出为 Excel 文件，可以便于后期的人工标引。（智能手机课题组）
- ✓ 数据提取要全面，要了解数据库中各种字段的差异，提取尽量多的字段，以避免后期重新提取数据的麻烦。（光通信网络课题组）
- ✓ 对于整理后的数据定期进行备份。（切削加工刀具课题组）

5.1　数据处理概述

数据处理又称数据加工，是指当专利检索完成后依据专利技术分解的内容以及专利分析的需要，对检索得到的结果进行加工整理形成专利分析样本数据库。数据处理是后续统计分析、图表制作的基础。数据处理主要包括数据采集、数据清理和数据标引三个基本步骤。数据处理的第一步是数据采集。而随后的数据清理与数据标引在实际操作中通常相互交叉进行，其顺序可结合实际情况来进行选择。例如，可在各检索系统中完成数据去噪和去重，利用专利信息分析系统进行数据项规范后，再根据专利分析需求进行数据标引；也可以在数据标引的过程中同时进行数据去噪的过程。数据处理是专利分析流程中的一个重要环节，需要投入较大的人力、物力和时间。因此，需要在数据处理之初根据专利分析的实际人力、物力和时间等资源状况，制定合理的数据处理的策略与要求。

数据处理包含内容较多，根据不同的依据具有不同的分类方式。按照数据处理的先后顺序进行划分，其主要内容包括数据采集、数据清理和数据标引等 3 个方面。如图 5–1–1 所示，数据采集包括采集字段的选取和数据格式转化等；数据清理包括数据除噪、数据去重及数据项规范化等；数据标引包括常规字段标引和自定义字段标引等。

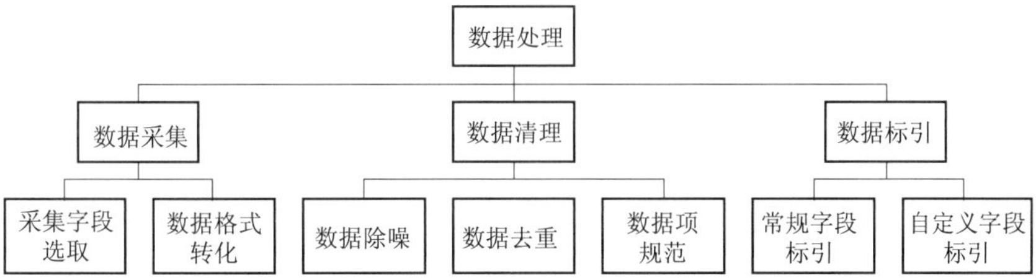

图 5–1–1　数据处理构成图

（一）数据采集

首先根据后续专利分析的需要，将检索获得的原始专利数据确定需要采集的字段。然后将采集的数据转化成统一的、可操作的、便于分析的数据格式。最后将数据导出和保存。数据采集的过程主要分为以下三个步骤：确定需要采集的字段、列出检索结果中相关的字段、将检索结果导出并保存为需要的文件格式。根据导出的检索结果数据量的大小，采取相应的数据导出策略。在导出数据量较大时，可将每次导出的数据量设置为较小值通过分批多次导出，还可以根据专利分析的需要对不同技术分支选择不同的采集字段进行导出。以 WPI 数据为例，可选择每次导出 500 篇后进行清屏处理，如此重复直至导出全部数据。再如，为了避免导出数据量过大，对于某些技术分支可通过不采集说明书摘要等字段来减小需要导出的数据总量。数据导出后通常可以保存为 TXT 类型文件或 Excel 类型文件。常用的保存方法包括如下两个步骤：

① 将检索获得的原始结果通过 TXT 文件形式直接进行保存，即在检索系统中将检索结果列出后拷贝到 TXT 文件进行保存。

② 通过专利信息分析系统将保存为 TXT 文件的原始数据进行导入，通过专利信

息分析系统中的数据管理模块对数据进行处理，然后将数据结果导出为 Excel 文件并保存。

（二）数据清理

数据清理是指对采集到的数据进行数据项内容上的统一、修正和规范，便于后续标引与分析。不同的数据库和不同的国家或地区在专利著录项目录入时会存在以下问题：① 标引的不一致；② 语言表达习惯不同；③ 数据输入出现错误；④ 部分著录项目内容的缺失；⑤ 未区分重复专利或同族专利等。上述问题会造成原始数据格式和内容的不一致，一定程度上会影响后续数据统计分析的准确性。因此需要在数据采集之后对数据进行清理，包括合并、去重、去噪以及规范化处理等。在数据清理时需要考虑以下情况：

① 著录项目不同：不同的数据库在数据加工过程中，著录项目的内容和格式通常不完全相同。常见的差异有：由于 IPC 版本升级带来的分类号的变更；来自不同数据库的数据源的日期格式的不一致；CPRS 早期数据中专利文献公开号的缺失。

② 数据输入错误：原始数据加工处理过程中出现的各种人为错误。

③ 表达习惯不同：例如，同一申请人或发明人在各数据源中由于语言表达习惯、拼写表达方式不同等造成的数据内容的不一致。

④ 重复专利或同族专利：由于最终用作专利分析的数据集可能来自多个数据库检索到数据的子集，各数据子集之间可能会存在重复，从而导致用作专利分析的数据集中会存在大量重复专利或同族专利。因此需要对检索到的数据集进行去重及合并等处理。

在实际操作中，数据清理主要包括数据除噪、数据合并去重和数据项规范化三部分内容。

① 数据去噪：依据专利技术分解表所划定的技术边界，通过计算机检索和/或人工阅读等手段，去除检索到的数据集中属于该技术边界以外的噪声文献。常用的方法主要包括检索批量除噪和人工阅读除噪等。

② 数据去重：在对从不同数据库中检索到的数据集进行合并时，去除其中的重复专利文献和/或合并同族专利文献。

③ 数据项规范化：对原始数据源的部分或全部数据项的格式和/或内容进行规范化加工处理。通过修正错误和统一格式等使采集的专利数据符合后续的统计分析以及相应专利分析工具的需求。数据项规范化的内容主要包括：分类号的规范化、日期格式的规范化、公开号的规范化、申请人国别的处理、申请人名称统一化处理和去重、发明人名称统一化、关键词的统一化、说明书摘要等信息的补充等。

（三）数据标引

数据标引是指根据不同的分析目的，对原始数据中的记录加入相应的标识项。通过标识项的增加可以增加额外的数据项来进行较为深入的分析。通常数据标引是数据处理的最后一步，根据不同的分析目的与分析项目，确定用于图表制作与统计分析的规范的数据。按标引字段的不同通常可以分为以下两类：常规字段的标引与自定义字段的标引。

① 常规字段的标引：通常采用专利信息分析系统对清理后的检索结果进行自动提取。这需要针对待标引的字段对检索获得的数据项进行清理与规范，获得规范化处理后的数据项。

② 自定义字段的标引：主要涉及技术内容标引和技术功效标引等方面内容。标引方法包括人工标引和批量标引等方法。人工标引是指根据专利分析中人力、物力及时间等因素认为文献量在可阅读范围内时，专利分析人员通过人工逐篇阅读进行技术分支、技术功效等的标引。其既可以在 Excel 表格中进行，也可以在专利分析工具中进行。由于受到人力、物力及时间等因素的影响，人工标引具有一定的适用范围，通常适用于相对于专利分析中人力、物力及时间而言数据量不大的情况，例如微观分析。批量标引主要适用于大量文献的标引。批量标引的过程有时是和检索一起完成的，例如，在针对某级技术分支的检索过程中即完成了对该级技术分支的标引。而在某个检索结果内对其更为细分的下级或次级技术分支进行批量标引时，通常采用在该级技术分支的总体文献量范围内通过关键词与分类号等进行二次检索实现对下级或次级技术分支的批量标引。

（四）数据处理的质控标准

为评价和管理数据处理，需要选择一些质控指标。常用的质控指标包括：① 数据格式转换准确率：用于对检索结果是否有效地导出及格式是否准确转换进行评价；② 数据清理全面率：主要对数据清理是否全面周到进行评价，例如处理后的数据的噪声率、是否有效去重、数据格式是否统一规范；③ 数据标引与项目分解的关联程度：评价数据标引过程是否结合项目分解的特点、数据标引的精确度等。

5.2　数据采集

5.2.1　数据采集字段

专利分析中数据采集字段的选取可以从以下几个方面来考虑：① 与专利文献日期相关的字段；② 与专利文献技术内容相关的字段（比如发明名称、说明书摘要、独立权利要求等）；③ 与专利文献分类（号）相关的字段；④ 与专利文献的法律状态相关的字段；⑤ 与专利文献的区域相关的字段（比如国别、省别等）；⑤ 与专利文献申请人、发明人、代理人相关的字段；⑥ 与专利文献的其他著录项目相关的字段（比如权利要求数、说明书附图数等）等。常用的采集字段如表 5–2–1 所示：

表 5–2–1　采集字段表

字段分类	常规采集字段	CPRS	CNABS	WPI
与日期相关的	申请日	申请日	APD	APD
	公开日	公开日	GK_PD，SQ_PD	PD
	优先权日	优先权	GK_PRD，SQ_PRD	优先权日
与技术内容相关的	发明名称	发明名称	GK_TI，SQ_TI	TI
	摘要	摘要	GK_AB，SQ_AB	AB
	主权利要求	权利要求	GK_CLMS，SQ_CLMS	CLAIM
	技术方案			NOVELTY

续表

字段分类	常规采集字段	CPRS	CNABS	WPI
与技术内容相关的	用途			USE
	技术效果			ADVANTAGE
与专利文献号码相关的	申请号	申请号	AP	AP
	优先权号	优先权	GK_PR，SQ_PR	PR
	公开号	公开号	GK_PN	PN
	授权公告号	授权公告号	SQ_PN	
	国际分类号	国际分类号	GK_IC	XIC
	特殊分类号		DP_EC，DP_UC	DC
与法律状态相关的	法律状态	从审批历史中提取		
	审批历史	审批历史		
与专利文献地域相关的	国别	国家/省市	CCODE/CNAME	
	省别	国家/省市	CCODE/CNAME	
	申请人地址	联系地址		
	代理人地址	代理机构地址		
与专利文献的人相关的	申请人	申请人	DP_PA，CP_PA	PA/PAW
	发明人	发明人	GK_IN，SQ_IN	IN
	代理人	代理人		
	公司代码	可从分析软件中提取		
	代理机构名称	代理机构		
专利类型	专利类型	从分析软件中提取		
其他字段	权利要求数	权利要求项数		
	附图数	附图数		
	说明书页数	页数		

5.2.2 数据采集方法

数据采集的方法与检索使用的系统具有较大的关系。不同的检索系统的数据采集方法也不相同。下面介绍几种常用的系统的数据采集方法。其他检索系统的数据采集方法可以按此方法进行，所不同的是所用的命令等有一定不同而已。

（1）EPOQUE 系统

在 EPOQUE 系统中可以使用 WPI 和 EPODOC 数据库进行检索，但通常是从 WPI 中将检索结果输出。结果输出的方法有两种：第一种方法是将 EPODOC 检索到的数据利用转库命令转库到 WPI 数据库中，然后在 PDB 下拉菜单下载数据；第二种方法是定义

第1章 第2章 第3章 第4章 第5章 第6章 第7章 第8章 第9章 附录

需要采集的字段为某格式，然后利用“..OP”定义显示行数，使用“..li”命令显示后拷贝到文本文件中。

【注意】用第一种方法从WPI数据库中采集字段时，有关分类号信息的采集应当选择XIC字段。如选择IC字段后，则无法输出分类号信息。

（2）CPRS系统

下面说明CPRS系统的数据采集方法。进入“浏览结果”界面，浏览检索式的检索结果。查看检索结果是否符合检索主题的要求，如果检索到的专利文献符合要求，比如符合设定的查全率和查准率的要求，就将结果输出。在检索结果中存在某些文献不符合要求并且无法用检索等手段进行去除时，可先进行初步的人工清理，也可以留待除噪时人工清理。其步骤是：在CPRS系统当前界面下双击左侧窗口中列出的符合要求、需要输出的文献，此时被双击的文献前面的标识会变成文件夹；重复以上步骤选中所有要输出的文献；进行结果输出。此处需要注意的是，如果通过双击选中了要输出的文献后不要再返回CPRS系统的检索界面；如果返回检索界面后，选中的文献不会被保存且当再次进入浏览界面时文件夹型的标识会消失。在输出结果时，无论是要输出所有结果还是仅输出部分结果，都是通过CPRS系统“结果处理”菜单中的“另存为”实现的。在“另存为”的选择范围中选中“全部文档”或“选中的文档”，确定输出范围。要保存的文件名添加后缀“.txt”，则将输出结果直接保存为txt类型文件。如果直接进行了保存（即未添加后缀），则可以给保存好的文件重命名，即将文件名添加后缀“.txt”（将其改变为txt类型文件）。如果两个或两个以上的txt类型文件需要合并时，可以将内容直接复制粘贴到同一个txt类型文件中。这时可以不对内容进行任何改动，即使里面有重复的专利文献可以不进行改动，因为在后续导入分析软件的过程中会进行结果去重处理。此外，通过在主界面“选择项目”中选择需要采集的字段可加快处理速度。

（3）S系统

以CNABS数据库为例，说明S系统中数据采集的方法。S系统各数据库中的字段名称可参见《S系统使用手册》的附录1，而常规采集字段可参见本书第4章表4-3-1。CNABS数据库数据采集的步骤如下：第一步：检索；第二步：定义需要采集的字段：假设需要采集的字段为：AP、APD、GK_PN、SQ_PN，那么可以使用以下命令将所述字段定义为格式MINE，即CNABS?　..FOR MINE AP APD GK_PN SQ_PN；第三步：显示结果：使用格式MINE显示检索结果，可以显示所定义的字段的内容；使用“..op nl 20 000”命令可以设置显示结果的行数为最大20 000行；第四步：结果输出：将显示的结果全部复制粘贴到记事本中进行保存即可。

5.2.3　法律状态信息采集

5.2.3.1　中文专利数据法律状态的采集方法

（一）从CPRS系统中获得法律状态

从CPRS系统采集的数据包含审批历史字段。该字段标注了视撤、因费用终止、专利权有效期届满、放弃等信息，据此可以获取视撤、授权后失效这两种基本的法律状态。授权公告日字段中有日期的专利全部属于已授权专利，从中去掉上述授权后失效的专利，剩余的就是授权且有效的专利。由此可以获取视撤、授权（包括有效和失效）等法律状态信息。对于某些只有公开日但没有授权公告日的专利申请，可以在E系统中用申请号查询其属于视撤、驳回还是未决状态。一般申请日较早、已公开时间较长的申请基本处于视撤或驳回状态，而近期的申请多处于未决状态。这样，从CPRS系统采集的全部数据的法律状态都可以确定了。具体操作如下。

通过CPRS并结合专利信息分析系统可获得法律状态信息，在实际操作中，通过某一专利的“授权公告日”和“审批历史”等来获取该专利文献的法律状态。

（1）三种法律状态（无效、有效、未决）在中国专利信息分析系统中的不同状态

通过分析在中国专利信息分析系统中CPRS中国专利数据的审批历史可以看出，无效专利数据的审批历史主要包含下述几种情况：“因费用终止”、“视撤”、“驳回”、“公告日“等。在授权有效的专利中，“授权公告日”中包含授权的日期，而在审批历史中则无此项目。在未决的专利中，“授权公告日”和“审批历史”栏目中均无内容。

（2）三种法律状态（无效、有效、未决）的检索获取方式

综合上述三种情况，可以在分析软件中通过检索数据的方法来获得专利的无效、有效或未决等法律状态。利用审批历史中存在“公告日”(选择条件是：(审批历史 类似于‘%公告日%’）来获得失效专利；利用授权公告日不为空且审批历史为空（选择条件是：(授权公报日类似于‘%日%’）AND）审批历史 等于 ‘’))来获得有效专利；利用授权公告日和审批历史项目内容均为空(选择条件是：(授权公报日 等于 ‘’）AND）审批历史等于 ‘’))来获得未决专利。通过上述方法可确定该专利的法律状态，并通过标引将该专利的法律状态部分标引为“有效”、“无效”或“未决”。

上述专利信息的获取也可以在Excel表格中，通过判定审批历史来确定失效专利，通过判定授权日及审批历史等来确定有效专利，通过判定授权日及审批历史的相关信息来确定未决专利。

（二）从E系统获得法律状态

E系统虽然是审查员专用的审查系统，但是记录了每份中国专利申请的最新审查状态，因此通过其查询子系统可以查询到视撤、驳回、授权、无效等信息。

（三）从中国国家知识产权局网站获得

中国专利申请的法律状态可以利用国家知识产权局网站首页右侧提供的“法律状态查询”功能进行查询获得，具体网址为 http：//search.sipo.gov.cn/sipo/zljs/searchflzt.jsp。该检索系统登录的信息滞后于专利申请的实际法律状态变化情况。

（四）从CNIPR中外专利数据库服务平台获得

中国专利申请的法律状态可以利用“CNIPR中外专利数据库服务平台”中的“中国专利法律状态检索”进行查询获得，其具体网址为 http：//search.cnipr.com/login.do?method=login。

5.2.3.2 全球专利法律状态的获取

（一）从各国家或地区专利局的网站获取

专利法律状态的检索可在各国家或地区专利局的网站进行查询，下面列出几个主要国家或地区的查询网址。

（1）EPOline 欧洲专利法律状态检索系统

网址：http：//register.epoline.org/espacenet/regviewer。

该网站包含全部欧洲专利及 PCT 申请的法律状态及其更新数据。

（2）美国专利法律状态检索系统

网址：http：//portal.uspto.gov/external/portal/pair。

该网站可供用户根据各种号码（申请号、申请公布号、专利号等）作以下检索：

① 通过查找专利交费情况确定专利是否提前失效；

② 通过查找继续数据确定专利是否有继续申请、部分继续申请、分案申请等相关情报。

（3）日本专利法律状态检索系统

网址：http：//www.ipdl.inpit.go.jp/Tokujitu/pfwj.ipdl?N0000=118。

该网站可从各种号码（申请号、申请公布号、专利号等）检索日本专利、实用新型、外观设计和商标的法律状态。

（二）从国际专利文献同族专利与法律状态数据库获取

国际专利文献同族专利与法律状态数据库 INPADOC/Family and Legal Status 收录了世界上 66 个国家及专利组织公布的专利文献。记录内容除了相关专利完整的同族专利，还包含 27 个国家的详细法律状态记录。该数据库公开了专利的全球同族专利及其详细的法律状态。各国详细 PRS Code 请参考：

http：//documents.epo.org/projects/babylon/rawdata.nsf/0/3A4EE91865872B7DC12577DC00562F8F/$File/le-codes-en1046.txt。

5.3 数据项规范

在数据采集之后、数据分析之前，最重要的就是对原始数据进行数据清理。数据清理包括数据除噪、数据去重和数据项规范，由于数据除噪和数据去重已经在第 4 章中进行了介绍，因此本节就不再重复，本节重点介绍数据项规范。

数据项规范是指对原始数据的部分或全部数据项的格式和/或内容进行规范化加工处理并修正其中的一些错误，使之具有统一的格式，符合后续的统计分析以及相应数据处理软件的需要。规范化后的数据项标题要便于区分各数据项，且每个数据项中的所有数据要格式统一、内容规范，使得在进行数据统计时便于直接获取统计项。因为数据采集是在不同的数据库中进行的导致采集到的数据格式各不相同，并且之后所选用的数据统计分析工具也有所不同。所以数据项规范要根据从各数据库采集到的数据的现有格式以及数据统计分析工具已具有的数据处理功能和对数据源的格式需求，确定待进行规范化处理的数据项和规范化后的统一格式。

数据项规范主要包括分类号、年度和时间、公开号、申请人国别、申请人名称、发明人名称、省市/国家/地区、关键词、数据的补充等相关内容的规范。

（一）分类号的规范

确定是否保留类号和组号之间的空格；对由于 IPC 版本升级带来的分类号的变更进

行处理；对原始数据源中分类号的输入错误进行清理，例如，在 CPRS 中，有些分类号中的“O”被误写为“0”。

（二）日期格式的规范

对于来自不同数据库的数据源中的日期格式进行统一，以便于统计分析和按时间排序。例如，在 CPRS 中日期格式为 1992 年 12 月 6 日；而在 WPI 数据中为 19921206，来自这两个系统的日期需要统一格式。

（三）公开号的规范

对于各国家/地区对同一公布级在不同时期所使用的不同的字母代码进行统一化规范处理；对 CPRS 早期数据中缺少公开号的文献补充其公开号。通过规范公开号，以便于统计授权专利量以及实用新型专利量。

（四）发明人名称的规范

对同一发明人在各数据源中的不同的语言、拼写表达方式进行统一化处理。

由于难以对检索结果集中所有发明人名称进行上面的处理，一般主要是对申请量排名靠前以及领域内知名的发明人和该领域内主要公司的研发团队的发明人进行规范化处理。

（五）关键词的规范

经过除噪后的数据，对其中的关键词的不同表达方式/不同表达语言进行统一化处理，以便于后续进行技术标引时选取规范的关键词进行检索。

需要注意的是，以上数据规范内容并非必须完全进行的。有些分析软件自身已经带有常见几种数据库的模板，并能够对符合这些模板格式的源数据自动提取某些所需的统计项，这时对于这些统计项所对应数据就不必进行规范化处理了。

（六）申请人的规范

（1）申请人规范的目的

因为同一申请人在同一数据库中名称的不统一、申请人名称的重复/叠加出现以及在不同数据库中同一申请的申请人的名称、申请人数量的不同。所以对文献检索获得的申请进行数据处理时，需要对申请人信息进行规范，以确认申请人的实际申请数量、申请类型等信息。如果没有规范同一申请人的申请，那么以申请人信息为基础进行的统计分析，如进行申请量排名、区域分布、申请人合作类型等分析时将会出现偏差甚至与实际情况严重不符。

（2）申请人规范的操作

申请人规范主要包括申请人名称的合并、申请人关系的确定、申请人类型的确定、申请人的国籍确定等。对于国外公司的全资子公司不作为中国的国内申请。例如 IBM（中国）、乐金公司的申请，一般情况下将其作为 IBM、LG 所属的申请，申请人国籍为美国、韩国。

对于技术领域和/或技术分支中申请量较大的申请人，不能明确其股份构成或与其他申请人的关系时（涉及合资、转让、并购、更名等），可以根据期刊、公司年报、公司主页或综合性网站中披露的相关信息或者相关申请的发明人信息等途径进行合并确认。

对于申请量较小的申请人，综合考虑合并前后对各种排名和/或分布分析的影响，以及时间、精力与成本等因素，进行适当的操作。

（3）申请人名称的合并

同一申请人的名称表述可能存在局部差异，需要整理为统一名称。涉及子公司与母公司的申请也需要整理为相同名称。涉及合并、转让、并购、更名等情形的申请，则需要根据上述其他信息对申请人名称进行合并。

① 申请人名称的表述差异。

在进行申请人名称合并时，应当考虑不同检索系统对申请人名称处理方式的不同：有时使用名称的全称，有时使用名称的简称。例如：在 CPRSABS 数据库中，APPLIED MATERIALS 的中文名称有“应用材料公司”、“应用材料有限公司”、“应用材料股份有限公司”等表达方式；在 DPWI 数据库中，其申请人名称有“APPLIED MATERIALS INC”、“APPL MATERIALS INC”等表达方式。

在中文数据库中，由于申请人名称中符号的输入格式的差异也会导致申请人名称的不统一，例如括号“（”。在英文数据库中，申请人名称中相同的表述可能具有不同的含义。这些情形也应值得注意，例如：NIPPON 的中文译文根据情况可以是“立邦”或“日本”。

此外，由于 DWPI 数据库对申请人名称的处理方式与 CPRSABS 及其他数据库存在差异，对于仅由一家公司提出的申请在 DWPI 数据库中可能出现两个或以上的申请人名称，而这些名称只是该公司的不同表述。此时，也应当对申请人名称进行合并。例如：对于优先权号为 WO1999JP0006346 的专利申请，其在中国的申请人为“三菱电机株式会社”，但在 DWPI 数据库中，其申请人名称为“MITSUBISHI DENKI KK”和“MITSUBISHI ELECTRIC CORP”。因此，在申请人名称合并时，需要注意申请人名称的多样性，在数据处理中应当使用统一的名称，例如，可以将“APPLIED MATERIALS INC”在中文和英文数据库中的申请人名称分别统一为“应用材料”和“APPLIED MATERIALS”。

② 总公司与子公司。

总公司及其下属的子公司可能在同一领域都有相关的申请，但它们以子公司作为申请人进行申请，此时应当将这些子公司的名称与总公司的名称统一。可使用简洁易辨的统一名称。对于申请人同时包括总公司和子公司的申请，应当将其合并为一个申请人，并在进行相关分析时进行相应的说明。例如，在硅基薄膜太阳能电池专利申请中，三菱重工、三菱电机、三菱材料及旭硝子等同属三菱集团的公司均有相关申请，因此可以使用例如“三菱集团”作为统一的名称。再比如，“住友集团”的申请量包括了住友金属矿山株式会社、住友化学以及板硝子等同属住友集团的公司的申请。

在某些情况下，如当子公司业务比较专一时，可以不将子公司名称与总公司名称相统一。例如：II－VI 族化合物薄膜太阳能电池的申请人中，“Calyxo”是“Q-cells”的子公司，但其只仅涉足碲化镉薄膜太阳能电池，因而在进行该方面的分析时“Calyxo”的申请可以不与“Q-Cells”合并。

③ 合资公司。

对于由两个或两个以上出资方共同组成的公司的申请，一般将其归属于股份最大的出资方。对于由等额股份的出资方组成的公司的申请，不能将其归属于任何一方，而是将其作为独立的申请人。例如："MITSUI DU PONT POLYCHEMICAL"由杜邦公司和三井公司在1960年各出资50%组成，该公司申请的申请人名称只能是三井－杜邦，而不应当是三井或杜邦。

④ 重组兼并。

对于已经发生重组兼并的公司，在重组兼并前的申请专利，需要按照重组兼并后的公司名称进行整理。例如：2005年，住友制药株式会社与大日本制药重组成立大日本住友制药；2009年10月，大日本住友制药收购美国制药公司Sepracor（现名为Sunovion）；此后，对于住友制药与大日本制药在2005年前的专利申请以及Sepracor或Sunovion的专利申请，均需要将其申请人名称整理为大日本住友制药。

⑤ 公司更名。

对于已经发生过名称变更的公司，应当将其变更前后的名称进行统一。例如：美国的FIRST SOLAR公司成立于1999年，但其在1992年和1998年与SOLAR CELLS公司有共同申请的专利；通过查询公开信息发现，FIRST SOLAR的前身是SOLAR CELLS公司，此时需要将SOLAR CELLS以及其与FIRST SOLAR共同申请的专利的申请人名称整理为FIRST SOLAR。

⑥ 申请人同时为个人与公司的美国申请。

由于美国专利法规定申请人只能为个人，因而申请人同时为个人与公司的美国申请通常情况下实际的申请人仅为公司。此时需要删除申请人中的个人，保留公司名称。

（4）申请人类型的规范

申请人的类型主要包括企业、高校、研究机构、个人、合作申请五种，其中合作申请可根据需要进一步细分为企业与企业、企业与高校或研究机构、个人与高校或研究机构等合作形式。

在使用中国专利技术开发公司的"专利信息分析系统"进行数据处理时，对于导入软件并自动清理后的申请，其申请人的类型已根据申请人名称提取。因而进行申请人名称合并时，可根据申请人名称合并的原则同步进行申请人类型的规范。

（5）申请人国籍的规范

每一项申请的所属国籍由其第一申请人国籍决定。当某一国家/地区的申请人在其他国家/地区进行申请时，即使该申请的优先权号中的国家代码为该申请目的国家/地区或者是另外的国家/地区，该申请的国籍仍应当由该申请的申请人所属的国籍/区域决定。在数据处理过程中，由于初始的申请人国籍通常由分析软件根据第一优先权号进行提取，此时需要根据合并后的实际申请人整理申请人的国籍。例如，对于公开号为EP1998389A1和JP2003142451A的申请，它们的（第一）优先权号为EP2007000109357和JP2001000335105，但申请人均为美国的APPLIED MATERIALS INC，因此这两件申请的申请人国籍应当整理为US，而不是EP或JP。

对于已经发生重组兼并的公司在重组兼并前申请的专利，需要按照重组兼并后的公司名称进行整理，如果重组兼并后第一申请人国籍发生改变的也应该对该专利申请人国籍进行整理。

将加入了欧洲专利局的欧洲各国申请的申请人国籍统一整理为欧洲。此外，对于前苏联和联邦德国的申请，其申请人国籍可归属于俄罗斯和德国。通过在“专利信息分析系统”中“数据导入－自述统计与国省转换”中的“维护国家区域之间关系”对前苏联和联邦德国的所属区域进行修改或在数据标引时手动修改其国籍信息。

（6）合并后的申请人的使用

数据处理中申请人规范后，可根据申请人名称确定申请人的实际申请数量。可根据规范后的申请人类型确定某领域的申请类型分布、某特定申请人的申请类型分布与合作情况等。可根据规范后的申请人国籍确定专利申请流向、各国籍申请人在某特定国家/地区的专利布局等。

5.4　数据标引

数据标引是指根据不同的分析目标，对原始数据中的记录加入相应的标识，从而增加额外的数据项来进行特定分析的过程。通常数据标引是数据处理的最后一步，根据不同的分析目的与分析项目，确定用于图表制作与统计分析的规范的数据。❶因此，数据标引的准确性与规范性，对于后续分析结论的获得及其准确性起着至关重要的作用。数据标引过程与修订技术分解表、调整检索策略、修正检索结果都有着密切的联系。由于在标引过程中，对于各技术分支的相关技术将会有更深入的体会，故标引过程中适时对技术分解表进行修正是十分必要的。而在对各技术分支进行数据标引时，可同时进行噪声文献的去除，以及积累相关的分类号与关键词，从而进行检索策略的调整与修正。

在标引过程中，标引字段通常包括两类：常规标引字段与自定义标引字段，表 5-4-1 中列出了在实际专利分析过程中通常使用的各常规标引字段和自定义标引字段。

表 5-4-1　标引字段示例

	标引字段名称	备　　注
常规标引字段	申请日	WPI 数据选自 OPD（最早优先权）字段
	公开日	
	申请人	（申请人名称统一化与去重清理后）
	申请人国籍（转换后的国省）	WPI 数据取自 PR（优先权数据）字段第一条记录的前两位，将欧洲地区的申请进行统一计为“EP”
	申请人类型	包括公司、研究机构、大学、个人、共同申请等研究机构、大学、个人、共同申请（公司-公司、公司-大学等）
	发明人	
	公开号中地区分布	即在哪些国家或地区的专利局提交过专利申请，WPI 数据取自 PN（公开号）字段每一条记录的前两位，不重复计算
	公开号中地区数量	即在哪些国家或地区的专利局提交过专利申请

❶ 毛金生，等. 专利分析和预警操作实务[M]. 北京：清华大学出版社，2009：30.

续表

	标引字段名称	备　　注
常规标引字段	公开号中五局分布	即在 EP、US、CN、JP、KR 分布情况
	公开号中五局数量	即在五局中的多少个局提交过专利申请
自定义标引字段	技术分支	技术分支的标引根据技术分解的实际情况、对各级技术分支进行标引
	技术功效	针对解决的技术问题和技术效果进行标引
	被引频次	一件专利申请被后续专利申请引用的次数
	法律状态	包括有效、无效、视撤、届满、涉及诉讼等
	政府资助	

（1）常规标引字段的标引

在对常规数据进行标引时，采用项目管理部门为每个课题组装载的中国专利信息分析系统（对该系统的详细介绍见第 6 章第 6.1 节）来操作。由于该专利信息分析系统对于常规数据的标引和清理比较方便，并且速度较快，因此，对于常规数据的标引采用该种方式。

（2）自定义标引字段的标引

自定义标引字段主要包括对技术分支以及技术功效等。对于技术分支以及技术功效等的标引，可以利用专利信息分析系统进行标引，也可以利用 Excel 表格进行标引。

应当注意，在对技术分支和技术功效等进行标引时，其可能产生对技术分解表的修正。例如在进行技术分支标引时，存在一定数量的某些专利数据没有对应到技术分解表中的任何一个分支中，这表明之前的技术分解表是不完备还需要加以修正。此时可以考虑在专利技术分解表中引入新的技术分支，将这些之前不能够合适标引的专利数据利用新的技术分支进行标引。

当一篇专利文献可进行多个技术分支的标引时，通常的做法就是将其所属的多个技术分支都标引出来，以保证其标引的全面性和准确性。在后续关于其技术分支的统计中，需要都统计进来。需要指出：技术分支的标引与专利申请的分类不同，其应该以发明点为依据，不应对附加信息进行标引。

在实际操作中，最难以处理的情况是没有合适的分类号和关键词表达且存在技术交叉，又难以通过关键词和分类号加以区分的疑难的技术分支。例如，生物芯片二级技术分支中的“微流控芯片中的微结构设计”和“流体操纵”，三级技术分支中的“探针设计”和“探针固定”存在大量交叉的技术交叉，分类号和关键词的表达也基本相同。此时难以通过批量检索的方法将两者区分开来。一种解决方法是将这两个技术分支放到一起进行检索：提取与这两个技术分支密切相关的所有的关键词和分类号，尽可能在总的检索集中网罗所有与这两个技术分支相关的所有文献；接下来在子检索集中对这两者进行区分，常用的方法是从其他分类体系入手，如充分使用 EC、UC、ICO、FI/FT 将明确的分别与这两个技术分支相关的检索结果导出，对于剩余的难以区分的检索结果部分采用人工阅读的方法进行逐一筛选。

5.4.1　人工阅读标引

在自定义字段标引中，人工标引最为常用。该方式是在文献量可阅读范围内，通过人工阅读的方法，对技术分支、技术功效进行标引，其标引精度高、效果好。人工标引一般在 Excel 表格中进行。由于受到人力、物力、时间等因素的影响，人工标引方法具有一定的适用范围，通常适用于微观分析。主要适用场合包括：

① 中文数据库检索结果：在专利分析普及推广项目中，中国专利申请状况通常是分析的重点之一，而中文库的检索结果文献量一般比较适中，因此，对于中文专利一般采取人工标引的方法，以提高标引的准确性。

② 外文数据库检索结果的部分技术分支：主要涉及存在技术交叉、难于检索的技术分支，以及涉及较多技术细节，且文献量适中的部分技术分支。

一般地，在进行技术分支的标引过程中，可利用数字扩展标引法进行数据标引。该方法兼顾专利数据标引的特点及操作的简便性，用数字 1、2、3 等来代替技术分支。用 1 位数字代表一级技术分支，2 位数字代表二级技术分支，其中，这两位数字中前 1 个代表着这个二级技术分支所属的一级技术分支，以此类推，3 位数字代表三级技术分支。

【案例 5–1】

结合立体影像专利技术分解表，给出利用数字扩展标引法对技术分解表进行标引的内容，如表 5–4–2 所示。

表 5–4–2　立体影像部分专利技术分解表

一级技术分支	二级技术分支	三级技术分支
1（立体显示）	11（眼镜式）	111（分色式）
		112（分光式）
		113（分时式）
		114（头盔式）
	12（裸眼式）	121（基于光屏障）
		122（基于透镜）
		123（指向光源）
		124（多层显示）
……	……	……

其中，用 1 位数字代表一级技术分支，数字 1 代表一级技术分支“立体影像的显示”；两位数字代表二级技术分支，这两位数字中的首位数字代表着这个二级技术分支所属的一级技术分支，如用数字 12 代表二级技术分支“采用裸眼方式的立体影像的显示”；一级技术分支是“1”，即“立体影像的显示”；以此类推，3 位数字代表三级技术分支，如

数字 123 代表三级技术分支“指向光源式的裸眼立体显示技术”。

采用上述的数字扩展标引法进行数据标引，具有下述三个优点：

① 扩展性：采用数字扩展标引法可以方便地对技术分支和技术分解表进行扩展，不管是增加新的技术分支，还是对原有的技术分支进行更深层次的扩展。如从原有的三级技术分支继续扩展到四级或五级技术分支，只需要在原有的 3 位数字的基础上扩展利用 4 位或 5 位数字进行标引即可，而原有的数据标引结构不用作任何变化，具备极强的扩展性。

② 直观性：采用数字扩展标引法可以直观地表现出其所属的技术分支。在看到一个三级技术分支的数字标引后，就可以直观地了解到其所属的二级技术分支和一级技术分支。这样即可直观清晰地了解到该技术分支在整个技术分解表中所处的脉络和位置。

③ 便捷性：在 Excel 文件中利用数字扩展标引法进行标引非常方便和便捷，不需要手动输入汉字，也不需要利用鼠标来选择下拉菜单，只需要通过小键盘输入数字即可，甚至不需要动用鼠标，极大提高了工作效率。

在 Excel 文件中进行人工标引时还可以利用下拉菜单法进行标引。具体做法就是：利用 Excel 文件中的数据有效性设定各自标引项的下拉菜单；标引中直接点击下拉菜单选择其技术分支。该方法具有标引方便、技术领域直观、不需要标引人员人为记忆很多内容等优点。

此外，在进行人工标引过程中需要注意以下几点。

（1）统一标引标准

由于人工标引工作量大，通常需要多个分析人员同时进行。因此需要在标引之前对各技术分支的含义界定清楚，统一标引的标准。例如，当一篇专利文献涉及多个平行的技术分支或者具有多个技术效果时，是选择同时标引还是只对主要技术分支和主要功效进行标引，这需要在标引之前统一标准。在标引过程中，各分析人员应当及时进行沟通和交流，以避免由于各分析人员标引标准的不一致引起过多的返工。

（2）平行标引原则

在人工标引过程中，根据标引项目的选择不仅需要阅读专利文献的摘要，有时需要对全文进行阅读。阅读过程中，根据选择的标引项目的不同注意泛读和精读相结合，以提高标引效率。此外，应根据后续分析的需要，选择标引至一级、二级或三级技术分支，对于技术分支、技术功效通常采用平行标引方式进行，一次完成对技术分支和技术功效进行标引。

（3）标引去噪同步

人工标引过程对于修订技术分解表、调整检索策略、修正检索结果有着至关重要的关系。因此在人工阅读专利文献过程中，除进行标引外还需要同时进行噪声文献的去除，记录相关关键词与分类号表达，便于后续补充检索与去噪。

5.4.2 检索批量标引

批量标引主要适用于文献量较大时标引。一般情况下外文数据库的检索结果文献量较大，同时考虑到语言等因素的影响，进行人工标引可行性较差。因此，通常需要采取批量的方法、结合部分文献的人工标引进行。批量标引的过程有时是在检索过程中一并完成的，例如，在针对一级技术分支的检索过程中即完成了对一级技术分支的标引。而在对二级、三级技术分支进行批量标引时，通常采用在一级技术分支的总体文献量范围内通过关键词与分类号进行二次检索从而实现对二级或三级技术分支的标引。因此批量标引的过程从实质上说与检索过程非常类似，但也有其自身的特点。

在对外文数据库进行针对二级技术分支的二次检索过程中，各技术分支往往存在交叉和融合，不易通过选取关键词和分类号进行区分。这时需要注意针对各技术分支的实际情况修正批量标引的策略。基本的做法包括：

① 对于有明确的分类号的技术分支，尽可能采取分类号进行二次限定，这时应多考虑其他分类号的使用，如 EC、ICO、UC、FI/FT 等。

② 对于具有确定的关键词表达的技术分支，直接通过相关的关键词检索。

③ 对于没有合适的分类号和明确的关键词的技术分支，则考虑用分类号与关键词相结合的方式。此时可以通过对中文数据库中标引的该技术分支的结果文献进行分析，在 WPI 中阅读摘要，总结相关的分类号和关键词表达，不断总结扩充和调整。

④ 对于存在技术交叉、实在难以区分的部分疑难技术分支，例如，生物芯片二级技术分支中的“微流控芯片中的微结构设计”以及“流体操纵”；三级技术分支中的“探针设计”与“探针固定”，这样的技术分支之间存在大量的技术交叉，分类号、关键词表达基本一致。一种解决的方法是从其他分类体系入手，如 EC、ICO、FI/F-Term 进行检索，将明确的检索结果导出后，对于不确定的检索结果部分，采用人工阅读筛选的方法进行区分。应充分使用专利文献摘要中的 NOVELTY 和 ADVANTAGE 对技术功效和某些技术分支进行标引。

需要注意的是，在进行某些技术分支和功效的标引时，常常需要结合人工标引方法与批量标引方法。这需要根据各技术分支的文献量大小、检索的难易程度以及人力、时间等诸多要素进行综合考虑。通常而言，对于用于宏观分析且文献量较大的一级、二级技术分支一般采用批量标引方法。对于三级、四级技术分支，通常涉及较为微观的技术细节，在文献量允许的前提下可选择人工标引方式，以提高标引的准确性。对于具有明确的分类号、关键词表达，且不易引入噪声的技术分支，一般选择批量标引。对于存在技术交叉、难于检索的技术分支，可考虑采用阅读的方式进行人工标引。

5.4.3 技术功效/技术需求的标引

技术功效的标引是进行专利信息深层次分析的必要基础和必经阶段。通常情况下，技术功效的标引有以下 3 种方法：人工标引、关键词标引、分类号标引。这 3 种方法通常结合使用，在实际操作中以人工标引为主，辅以关键词和分类号来提高标引的精度和效率。

① 由于技术功效难以选取合适的分类号和关键词，采用批量标引通常准确性不高，难以达到理想的技术分析结果。因此功效标引中最常用的方法是人工标引。对于 1 篇专利文献而言，对于解决的技术问题和效果的描述常常在发明内容的伊始进行描述。因此，

在人工阅读的过程中，需要重点关注这一部分的内容。

② 对于一些技术功效，存在比较明确的关键词的时候，可以考虑使用这些关键词。同时，应充分使用专利文献中的 NOVELTY 和 ADVANTAGE 对技术功效和某些技术分支进行标引。

③ 重点关注一些其他分类体系。例如，FI/FT 常常从发明所要解决的技术问题和技术效果出发进行分类；UC 分类号的分类原则是从产业或用途、最接近的功能、效果或产品分类，即 UC 分类号更倾向于功能性分类。因此可以合理的使用相应的其他分类体系的分类号，以提高标引效率。

第6章

专利分析工具

本章概要

随着时代的发展，技术创新步伐的加快，专利申请快速增加，专利分析工具在专利分析中的重要性必然会越来越强。专利分析工具的好坏将直接影响到专利分析结果的效率与准确性。本章以专利信息分析系统和 Excel 为例介绍两种类型的专利分析工具，供专利分析人员借鉴。

研究人员心声

- ✓ Excel 具有强大的数据处理和分析功能，充分利用其分析功能，能够为专利分析提供强大的支撑。（有机发光二极管课题组）
- ✓ 专利分析人员在利用专利分析工具时要充分调动积极性和主动性，在充分利用工具现有性能的基础上，积极创新。（有机发光二极管课题组）
- ✓ 软件使用需要一定的技巧，专利分析成员中至少要培养一位熟练掌握专利分析工具的人员。（有机发光二极管课题组）
- ✓ 判定专利分析工具的使用与否，需要考虑专利分析工具的功能及扩展性；一些专利分析工具虽然功能较好，但扩展性较差，则对于特定的专利分析具有较差的实用性。（有机发光二极管课题组）

随着时代的发展，技术创新步伐的加快，专利申请数量快速增加。面对浩如烟海的专利数据，要有效率地对其进行多角度、全方位的分析，就必须寻找合适的专利分析工具。专利分析工具的好坏将直接影响到专利分析的效率与准确性，因此专利分析工具在专利分析中的重要性必然会越来越强。

现有的专利分析工具大概分为两类：一类是专门用来进行专利分析的工具，例如，针对专利数据的特点专门开发研制的软件；另一类是常用的数据分析工具，其可以利用其数据分析功能来进行专利分析，例如 Excel 软件。本章将从这两类专利分析工具中各选取一个代表进行介绍，使专利分析人员能够了解专利分析工具的基本使用方法。

6.1 专利信息分析系统

专利分析工具的作用在于，将检索得到的数据项进行处理以输出可使用的图表或可用于制作图表的数据。目前，专利普及推广项目使用的主要专利分析工具为中国专利技术开发公司提供的专利信息分析系统。

6.1.1 操作界面和功能

在专利信息分析系统的进入界面中，输入默认的用户名（admin）和密码后，即进入专利信息分析系统的主界面。

在整个操作界面中，主要的操作功能和按钮都集中在界面的左上部，主要包括三个部分：

① 数据部分：主要包括“数据导入”、“专题管理”、“数据管理”三个子部分，主要用于将数据导入专利信息分析系统、专题的处理及数据的标引等；

② 分析部分：主要包括“专利数量分析”、“专利质量分析”、“发展趋势分析”、“专利引文分析”和“专利同族分析”五个子部分，主要利用导入的专利数据进行各维度的专利数据分析和专利数据挖掘，并生成分析图表；

③ 其他部分：包括“文件”、“系统管理”和“帮助”等子部分，主要为 Windows 系统的标准菜单，不再详述。其中需要注意的是，“帮助”部分下并无实际内容。

此外，在上述各菜单中一些常用功能也以快捷的方式存在于整个操作界面的左部，可直接点击使用，与其使用菜单的功能完全相同。

6.1.2 数据导入/导出

数据的导入/导出是专利信息分析系统使用的基础，系统在导入专利数据之后才能完成专利信息分析、挖掘的功能，数据的导入/导出主要由菜单“数据导入”下的各子菜单完成。一般情况下，数据的导入/导出由模板来完成。举例来说，当需要导入中文的 CPRS 专利数据时，必须首先建立 CPRS 专利数据的模板，之后才可以使用该模板将专利文献的各种信息导入到专利信息分析系统中以便进一步处理。

6.1.2.1 模板导入/导出

针对不同文献格式的数据可能保存不同的文献特征信息，可以向专利信息分析系统导入多种文献格式的数据，因而提出了文献数据模板这一概念。模板的作用是用户可以根据文献的不同格式灵活设置和调整文献字段格式，保存导入专利文献的相关特征信息，从而对该种专利文献进行数据导入。在专利信息分析系统中，可以新建、编辑、删除与导入/导出模板。

用于数据导入/导出的模板可以新建，可以在已有的模板上编辑，也可以通过导入的方式将已有的通用模板导入。确定模板后就可以使用这些模板来导入数据。在专利信息分析系统中，已经保存了 CPRS 和 WPI 等通用模板，专利分析人员可以直接使用。对于其他格式的数据，专利分析人员可以根据数据格式设置相应的模板来导入 TXT、Excel、XML 等格式的文件。

需要指出的是，当导入的专利文献格式发生变化后与保存的模板中的字段格式不同时会导致该文献专利无法正常导入，此时需要对模板中变化的字段格式进行调整，即对模板中的相应字段进行编辑。当一个模板已经不再使用或者该模板的变动太多，可以选中该模板名称后进行删除。用户还可以导入已有的模板或将系统中存在的模板导出。

6.1.2.2 数据清理

数据导入完毕后，系统会提示用户是否对数据进行清理。数据清理的目的是对导入的不符合数据库规范的数据项进行清理和更正，如果选择“是”，则系统会立刻开始进行数据清理；如果选择“否”，可以稍后点击“数据导入”按钮，选择“数据清理”功能进行数据清理。数据清理时，对于 EPODOC、WPI 等英文数据项，可以只勾选“从申请号中提取申请日”、“从优先权中提取国省”、“清理申请人信息以及填写申请人类型”、“根据专利公开化填写地区分布、五局分布和授权信息”，随后点击“开始清理”按钮即可。数据清理后的数据可用于进一步的分析。

6.1.3 常规分析操作流程

在导入数据并清理后，即可利用专题中的各种专利信息进行专利分析。下面以常见的专利申请量分析为例，给出常规的专利分析操作流程。

① 首先选择“专利数量分析”下的“专利申请量分析”子菜单，会出现一个界面。

② 步骤①出现的界面主要包括几个部分，左半部主要有“选择专题”、“选择横轴”、“选择纵轴”等部分，右半部的上部为输出的统计数据部分，下部为直接生成的分析图表部分。一般情况下，首先选择一个专题，并选择分析的横轴和纵轴的坐标。例如在进行申请量的分析时，横轴选择申请日，并全选出现的各年代，纵轴可以不选择。

③ 在选择好专题和横、纵轴后，单击“分析统计”按钮即可得到分析结果。

④ 上述获得的图像可以通过“导出图像”按钮将图像导出，存储成 JPEG 格式，以便后续使用。

此外，也可将分析得到的统计数据通过“导出数据”按钮将数据导出成 Excel 的格式，以便后续使用上述数据进行进一步的分析和利用。

6.1.3.1 专题的建立与导出

在导入一组专利数据后即建立了一个专题，可通过“专题管理”菜单下的“专题显示与拆分”来查看。在“专题名称”下拉项中选择一个专题名字，再点击左上角的“显示专题”，即可查看该专题的专利文献的各种信息。此时，可通过点击该对话框上部的“导出 Excel”和“导出文本文件”将该专题的数据导出。

此外，也可以通过“检索数据”按钮设定一定的检索条件来得到某一专题数据中的部分数据。例如，选择检索权利要求项中含有关键词“图像”的数据，当点击“增加”和“确定”后，即将权利要求中包含“图像”两个字的专利文献检索出来，此时文献数量从检索前的 415 篇减少到了 209 篇。此时可将检索得到的 209 条专利数据拆分出来，得到一个新的专题。其操作过程是：在点击“拆分专题”按钮后，出现一个对话框，提示输入新的专题名称；在输入一个专题名字后，新的专题拆分成功，并出现一个对话框，来提示是否删除原专题中的这部分数据；如果点击“是”，则删除这部分数据，相当于利用之前的检索条件将原有的专题拆分成了两个互相没有交集的专题；如果选择“否”，则保留原有专题中的这部分数据，即相当于原有专题保持不变，检索拆分出来的这部分专利数据再单独成为一个新的专题。在实践中可根据实际情况来进行选择上述不同的专题拆分方式。

6.1.3.2 专题合并与数据拼接

专利信息分析系统提供了不同专题库中的不同字段的数据的拼接功能，包括：用一个专题的一个字段覆盖另一个专题的一个字段；将一个专题的一个字段追加到另一个专题的一个字段中。

（1）功能界面

点击菜单中的“专题管理”下的子菜单“专题数据更新”进入专题库数据和字段拼接功能，进入该功能后将弹出对话框，其中“被更新的专题”表示需要对其进行数据替换或追加的专题，“更新源专题”表示提供数据来源的专题。

（2）数据追加

下面以一个例子来说明数据追加的方法。比如现需要将 test-2 中的“自定义项 1”追加到 text-1 的“自定义项 1”中。操作过程如下：

首先，将 test-1 选择为被更新的专题，字段名称选择“自定义项 1”；

其次，将 test-2 选择为更新源专题，字段名称选择“自定义项 1”；

最后，在“选项”一栏中选择第三个，即“标引字段信息合并（仅限标引字段）”。

test-1 中自定义项 1 的原始数据为“技术分支 1”，经过该操作后，test-2 中自定义项 1 中的内容“技术分支 4”被追加到 test-1 的自定义项 1 中，合并结果为“技术分支 1；技术分支 4”。

（3）覆盖性数据替换

下面以一个例子说明覆盖性数据替换的方法。比如，现需要将 test-1 中“自定义项 7”中的“功效 2”替换为 test-2 中“自定义项 6”中的“功效 1”。操作过程如下：

第一步：将 test-1 选择为被更新的专题，字段名称选择“自定义项 7”；

第二步：将 test-2 选择为更新源专题，字段名称选择“自定义项 6”；

第三步：“选项”一栏中选择第二个，即“字段数据复制（覆盖被更新专题已存在的数据）”；

第四步：点击“更新”，软件将自动进行字段复制操作，随后提示“更新成功”。可以看出经过该操作后，test-1 中自定义项 7 的原始数据为“功效 2”已经被 test-2 中自定义项 6 中的内容“功效 1”取代，字段复制的结果为“功效 1”。

（4）非覆盖性数据替换

下面以一个例子说明非覆盖性数据替换的方法。比如，test-2 专题中部分记录的“自定义项 7”中存在有效数据（“用途 1”），但部分数据为空。现需要使用 test-1 专题中的“自定义项 5”中的“法律状态 1”对 test-2 的“自定义项 7”进行更新，更新过程中需要保留 test-2 中“自定义项 7”中的原有的非空数据项“用途 1”。操作如下：

第一步：将 test-2 选择为被更新的专题，字段名称选择“自定义项 7”；

第二步：将 test-1 选择为更新源专题，字段名称选择“自定义项 5”；

第三步：“选项”一栏中选择第一个，即“字段数据复制（不覆盖被更新专题已存在的数据）”；

第四步：点击“更新”，软件将自动进行字段复制操作，随后提示“更新成功”。经过该操作后，test-2 中原有“自定义项 7”的原始数据“用途 1”仍然被保留，而“自定义项 7”为空的数据记录的“自定义项 7”已经被 test-1 专题的“自定义项 5”中的“法律状态 1”更新。

6.1.3.3 专题的比较

专题的比较功能可以比较两个专题之间数据的异同，其可通过调用“专题管理”菜单下的“专题比较”子菜单来实现。在标签“两个专题中相同专利”、“第一个专题中的不同专利”和“第二个专题中的不同专利”中可查看这两个专题比较的详细结果。这些标签中分别给出了包含在两个专题中的相同的专利的详细信息，以及这两个专题中不同的专利的详细信息。

6.1.3.4 常见问题处理方法

专利信息分析系统常见的问题有导入数据问题或在导入的过程中异常终止。一般情况下，出现这种问题的主要原因在于待导入的数据与使用的模板不匹配，解决的方法是建立与待导入的数据完全兼容的模板，然后使用该模板重新导入数据。如果仍然存在问题，可将出现问题的数据暂时删除，待将其他数据导入后，再导入有问题的数据，之后可通过专题合并的方式来将专利数据合并起来。

6.2 Excel 数据透视表

Excel 是电脑普及以来用途最广泛的办公软件之一，是目前进行数据处理和分析的最常用的工具之一。Excel 之所以这样普及，是因为它被设计成为一个数据计算与分析的平台，集成了优秀的数据计算与分析功能，具有强大的数据处理功能。用户完全可以根据自己的想法和思路来创建自己的电子表格，完成数据处理和分析任务。Excel 最擅长的工作之一就是数据分析，其中包括排序、筛选和分类汇总等数据统计分析功能。Excel 作为一个具有强大的数据处理和分析功能的工具，其必然是专利分析可选的一种分析工具。

数据处理是一个非常广泛的概念，包括了对数据进行操作的各种活动。具体地说，Excel 具有较强大的计算、分析、传递和共享功能，可以帮助用户把各种数据转化为需要的信息。由于每一个专利申请包含的信息量太少，而过多的专利数据又让人难以理清头绪，利用 Excel 进行分析整理是一个不错的方法。Excel 作为电子表格软件，围绕着表格制作与使用具备一系列的功能。专利申请数据由于具有一定的特殊性，因此利用 Excel 进行专利分析的步骤相对于其他数据分析的步骤具有较大的不同。下面将通过数据透视表和 0-1 交叉矩阵两种方法来分别介绍利用 Excel 进行专利分析的方法，希望对专利分析人员在以后的专利分析中有一定借鉴作用。

数据透视表是 Excel 用来从 Excel 数据列表、关系数据库文件或 OLAP 多维数据集中的特殊字段中总结信息的分析工具。它是一种交互式报表，可以快速分类汇总和比较大量的数据，可以随时选择其中页、行和列中的不同元素以快速查看源数据的不同统计结果，同时还可以随意显示和打印出你感兴趣区域的数据明细。

数据透视表有机地综合了数据排序、筛选、分类汇总等数据分析的优点，能够十分方便地调整分类汇总的方式，灵活地以多种不同方式展示数据的特征。因此其是最常用、功能最全的 Excel 数据分析工具之一。

一般而言，可以用以下 4 种类型的数据源来创建数据透视表：

① 单个 Excel 数据表；

② 多个合并计算的独立的 Excel 数据表；

③ 外部数据源：比如 TXT 文件、Microsoft SQL Server 数据库、Microsoft Access 数据库、dBASE 数据库、Microsoft OLAP 多维数据集；

④ 其他数据透视表。

数据透视表是一种对大量数据快速汇总和建立交叉列表的交互式动态表格，能够帮助专利分析人员进行分析和组织专利申请数据。建好数据透视表后，可以对数据透视表重新安排，以便以不同的角度查看数据。由于其具有上述强大的功能，采用数据透视表进行专利分析对于快速寻找大量看似无关的专利中的背后关系，将复杂的专利数据转化为有价值的信息具有十分重要的作用。总而言之，合理运用数据透视表进行专利分析，能够使许多问题简单化并极大地提高专利分析的效率。

数据透视表具有以下优点：

① 能够对大量的数据库进行多条件统计。

② 可以对得到的统计数据进行行列变化，把字段移动到统计数据中的不同位置上，迅速得到新的数据，以满足不同的要求。

③ 可以在得到的统计数据中找出某一字段的一系列的相关数据。

④ 在得到的统计数据中找出数据内部的各种关系并满足分组的要求。

数据透视表虽然具有强大的功能，但是数据透视表也有其天然的缺陷：

① 数据透视表是计算机在一定人为操作下进行地自动汇总，其并不太智能。比如它可能会将一些本来是相同的项目认定为不同从而导致一定的错误。例如，申请人名称中存在 E.I.和 E .I.时，数据透视表会把其认定为两个不同的项，导致统计错误。因此在进行数据透视表进行汇总分析时，必须在透视之前或之后进行数据项规范，以克服类似上述问题的存在。

② 由于数据透视表是计算机自动进行的一种汇总形式，其采取的算法和所进行的汇

总项目并非是最合理的。比如，很多专利分析人员并不想进行的汇总计算也一并进行，从而导致数据透视表的计算量较大。此时随着数据量的增加导致计算量呈级数增加，因此在进行大量数据的专利分析时会导致数据溢出等现象的出现。在现有常用台式机（内存约 2G 的双核计算机）的情况下，当数据超过四五千个时数据透视就会相当慢，当数据大于七八千个时很多时候就会出现数据溢出甚至死机等情况。

③ 数据透视表不能实现数据的自动更新。因此在进行专利分析时，为了实现数据汇总的自动化需要其他辅助手段来解决。

④ 数据透视表是一种计算汇总，因此数据透视表中至少要存在一项为数值格式，否则无法完成数据的汇总。但是对于专利分析来说，已有的数据中通常没有数值格式的数据。因此为了利用数据透视表进行统计汇总，需要进行一定的转化，比如增加一列虚拟列来完成汇总或者其他方式来实现数据透视表的汇总。

6.2.1 使用数据透视表分析专利的基本流程

使用数据透视表进行专利分析的基本流程为：

① 数据采集：这是采用数据透视表进行分析的数据基础。

② 文本导入前准备：采集到的数据由于具有不同的格式等原因，不能直接导入到 Excel 中，因此需要在文本导入前进行一定准备，比如确定分行符以及分列符等。

③ 利用 Excel 的导入文件格式导入。

④ Excel 格式整理：删除空行、空列等使格式统一。

⑤ 数据规范化：主要包括分类号的规范化、日期格式的规范化、公开号的规范化、发明人名称的规范化、关键词的规范化、申请人的规范化、数据的补充等。

⑥ 数据标准化：将需要进行专利分析的数据项处理成适合用数据透视表进行专利分析的格式。

⑦ 数据标引：将要进行分析的专利申请进行技术分支及技术功效等标引，从而对专利分析中的技术等信息进行分析。比如，对于日期格式的标准化就是将日期格式的数据转换成年份信息。一般来说，专利分析中日期只要统计到年即可，当然如果需要分析到月，则需要将日期格式的数据转换成年份和月份的信息。比如，对于申请人、发明人、分类号数据项，将它们进行分列操作从而转换成适于进行专利分析的数据项。比如，对于国家/省市等数据项，需要将其转换成国内外、国家地区（中、日、欧、美、韩等）、省市（将一些市转换成其对应的省）等。比如，对于专利法律信息，需要将其转换成标准化的几类（例如申请、授权、有效等）。

⑧ 数据透视分析：将处理后的数据利用 Excel 数据透视表进行分析，得到需要的图表。具体的步骤是：选择插入数据透视表后会跳出数据透视表对话框，通过选择合适的行和列及报表后，完成数据透视分析，得到需要的数据。

数据透视表操作中要注意以下事项：

① 专利数据中进行数据透视分析的每一列必须都存在标题，否则将无法选择该列进行分析汇总。

② 专利数据进行分析汇总的列中必须有一列为数值型，即必须存在统计汇总的数

据列。

③ 专利数据进行分析汇总的列中的数据必须是相对比较规范的数据。

④ 数据透视表汇总计算量比较大，因此在进行分析汇总时应尽量避免大量数据进行同时透视。更具体地说，数据透视时，列、行及报表筛选项不要太多，否则容易出现数据溢出的情况。

⑤ 数据透视分析中不能够自动更新数据源，因此在数据源进行更新后需要同时更新数据透视表，即点击刷新数据。

下面将针对数据透视表的进行专利分析的基本流程几个方面进行详细介绍。由于数据采集已经在第 5 章中详细介绍过，本节就不再单独介绍。

6.2.2 文本文件导入

Excel 本身就具有一定的数据导入功能，但是 Excel 只是对于一定格式的文件进行导入。Excel 只能由一定的标识来区分是否分列和换行。因此在需要对将要导入的文件利用不同的符号来区分行和列，使导入后能够进行后续工作。例如，在.txt 文件中，tab 作为分列标识符，enter 作为换行标识符。

Excel 可以从文本文件、Mocrosoft Access 数据库、Microsoft SQL Server 数据库、Microsoft OLAP 多维数据集、dBASE 数据库中导入。专利检索系统中检索后的数据一般都可以保存为文本文件，因此 Excel 的文本文件导入是专利分析中导入数据最常用的导入方式。Excel 中提供了 3 种文本文件的导入方式：

① 利用菜单栏“文件”中的“打开”命令，可以直接导入文本文件；

② 在菜单栏上依次单击“数据”、“导入外部数据”、“导入数据”，直接导入文本文件；

③ 使用 Mirosoft Query。

使用第①种方法时，文本文件会被导入到单张 Excel 工作表中。使用这种方式时，如果文本文件的数据发生变化，并不会在 Excel 中体现，除非重新进行导入。也就是说，这种方式无法实现导入的自动化。使用第②种方法时，Excel 会在当前工作表的指定位置上显示导入的数据，同时 Excel 会将文本文件作为外部数据源。一旦文本文件中的数据发生变化，用户只需单击鼠标右键，在弹出的快捷菜单中选择刷新数据即可获得最新的数据，从而实现自动化。第③种方法一般只有在文本文件数据量巨大，Excel 不能全部导入的情况下使用。

在导入文本文件之前，专利分析人员需要首先使用记事本等文本编辑器打开文本文件查看一下，从而对数据源的结构有所了解。一般来说，为了导入 Excel 后便于分析，一般需要每一个专利申请的所有信息放置在一行中，每一个数据项放置在一个单元格中。只有了解了数据源的结构，才能实现上述目的。由于要导入的文本文件不同，换行符和分列符都不同，导入文本文件前的准备工作主要就是确定换行符和分列符。由于 Excel 只能以 enter 符作为换行符，因此如果要导入的文本文件的同一专利申请中存在 enter 符，则需要分析不同专利申请之间分割符是什么。确定好分割符后，首先将 enter 符替换为空，然后将不同专利申请之间的分隔符替换为 enter 符，这样确定了换行符。至于分列符，只要确定了文本文件中不同数据项之间分隔符是什么，如果分割符不同，可以利用文本文件中的替换功能替换为相同的分列符。这样就完成了文本文件的导入前的准备工作。

文本文件导入前的准备工作确定好了后，便开始了正式导入数据。具体导入的方式是在 Excel 工作窗口中单击菜单“文件”中的“打开”，在弹出的“打开”对话框中选择需要导入数据的外部文本文件，然后单击“打开”按钮弹出“文本导入向导”步骤。在“请选择最合适的文本类型”组合框中选择“分割符号”单选按钮，这里的“分割符号”就是导入准备工作中确定的分列符。这样完成了文本文件的导入工作。

文本文件导入到 Excel 后，需要进行 Excel 格式整理。这里的格式整理中主要包括删除空行、空列，清理不需要的列。格式整理的主要目的是为了删除不需要的信息，格式更标准，这样为以后的分析工作打下坚实的基础。

为了提高效率和准确度，在文本文件的导入的过程中，可以采用以下一些小技巧：① 因为常用文本文件的打开方式——记事本等仅具有很少的文本替换功能，所以在文本文档准备阶段如果需要进行复杂的文本文档替换时需要使用 Word 等工具来完成替换，而 Word 文档对于大量信息的处理速度较慢，在前期处理时可能需要将较大的文本文档分割处理后再合并；② 文本文件导入是为了后续的统计分析，因此为了文本文件导入处理的方便和快捷，可以在文本文件导入前删除不必要的信息；③ Excel 的分列功能也是数据导入整理工作常用的功能之一。分列功能在专利分析中处理大量数据时十分方便，它能将一列带有同一符号的数据快速地分隔成多列来达到专利分析人员的需要，也可以将不能计算的文本型数值一次性改变为可以参与计算的常规型数值。

6.2.3 数据的规范化处理

为了使原始数据具有统一的格式，符合后续的统计分析软件 Excel 的需求，需要进行数据的规范化处理。规范化后的数据项标题要便于区分各数据项，且每个数据项中的所有数据要格式统一、内容规范，使在进行专利分析时便于直接获得统计项。由于数据采集可能会在不同的数据库中进行，采集到数据格式可能各不相同。因此需要根据数据采集的不同数据库及 Excel 对数据处理功能的需求，确定待规范化处理的数据项和规范化后的统一格式。

利用 Excel 进行数据项规范主要包括分类号的规范化、日期格式的规范化、公开号的规范化、发明人名称规范化、关键词的规范化、申请人的规范化、数据的补充等。

（1）分类号的规范化

分类号的规范化主要是确定是否保留类和组之间的空格、消除由于分类号版本升级带来的分类号的变更引起的差别及原始数据源中分类号的输入错误等。对于类和组之间的空格，保留与否都可以，只要统一即可。以不保留空格为例，Excel 中只需要在分类号这一列中使用替换功能，将空格替换为空即可。对于由于分类号版本变更带来差别，也主要是利用 Excel 中的替换功能，将前期的分类号替换为变换后的分类号。针对输入错误的清理，则主要根据具体情况确定处理方式。

（2）日期格式的规范化

Excel 中日期格式的规范化主要是提取需要分析的信息。专利分析中日期格式的数据项一般分析到年，Excel 进行规范化是主要从数据项提取出年份信息。下面以 CPRS、WPI 为例介绍如何利用 Excel 进行日期格式的规范化。

在 CPRS 中日期格式为 2002 年 12 月 12 日，在 WPI 数据中为 20021212。一般利用 left 函数提取前面的字符来获得年份信息 2002。

（3）公开号等的规范化

对于各国家/地区对同一公布级在不同时期所使用的不同的字母代码进行统一化处理，并补充 CPRS 早期数据中缺少公开号的文献补充其公开号。这种项目的规范化通常是采用人工规范化为主。对于缺少公开号的文献，在 Excel 中利用筛选功能筛选出其公开号为空的专利申请，人工补充其公开号。对于不同时期使用的不同字符代码，在 Excel 中利用筛选功能筛选出特定的时期的专利申请，使用 Excel 的替换功能更换成统一化后的字符代码。

（4）发明人名称的规范化

在 Excel 中规范发明人名称的方法是利用 Excel 中的替换功能，将不同源的发明人名称替换为规范化后的发明人名称。由于难以对所有的专利申请的发明人名称进行处理，一般情况下主要利用 Excel 针对申请量排名靠前和知名的发明人、主要公司研发团队的发明人进行替换完成规范化处理即可。

（5）关键词的规范化

关键词的规范化主要就是对关键词的不同表达方式/不同表达语言进行替换，替换成规范化的关键词，以便于后续进行技术标引时只需选取规范的关键词进行标引。

（6）申请人的规范化

利用 Excel 进行申请人规范化，就是利用 Excel 中的替换查找等功能来进行规范化。申请人规范化主要是申请人的合并，合并的内容主要包括申请人名称的表述差异的合并、总公司与子公司的合并、合资公司的归属、重组兼并的规范化及公司更名后的处理等，这里的处理主要都是利用查找替换等功能替换为规范化后的申请人名称。

6.2.4 数据标引

数据标引就是对待分析的专利申请进行技术分支及技术功效的标引。数据标引分为两种不同的标引方式：人工单独标引和批量标引。

6.2.4.1 人工单独标引

利用 Excel 进行人工单独标引的方法主要是利用 Excel 的数据有效性来完成。

数据标引中技术分支及技术功效等的标引都需要参考权利要求和说明书摘要的内容，有时也需要参考分类号等信息。由于在标引过程中不需要查看对于申请日期等信息，因此在进行技术分支以及技术功效等的标引时，可以对不需要查看的申请日期等数据项进行隐藏处理。适当调整发明名称、权利要求和说明书摘要等数据项的宽窄，有利于查看这些项目的信息。由于发明名称、特别是权利要求和说明书摘要等数据项文字较多，单行不利于查看，最好将这些列设置为自动换行。

在上述标引准备工作完成后，利用 Excel 的数据有效性来标引。具体的方法就是：将需要标引的技术分支和技术功效等输入到一个特定的区域中（为了方便描述，这里暂时把技术分支的区域称为区域 A，技术功效区域称为区域 B）；然后选中一列用来存储专利申请的技术分支，选中后点击数据有效性中的序列，序列选择区域 A 中信息即可；之后选中另外一列用来存储技术功效，重复上述步骤，不同的就是选择区域 B。在完成上述准备后，通过查看权利要求和说明书摘要等信息来确定技术分支和技术功效。如果通过权利要求和说明书摘要等仍不能完全确定这些信息，则需要查看专利申请的全文来确定。确定技术分支和技术功效后通过其对应行中单元格的下拉菜单选择相应的技术分支和技术功效完成专利申请的标引工作。依次对每个申请进行标引，从而完成专利申请的数据标引。

6.2.4.2 批量标引

利用 Excel 进行批量标引的方式就是通过 Excel 的查找功能查找相应的专利申请或者利用数据自动筛选功能筛选出相关的专利申请，从而进行批量标引。需要指出的是 Excel 的查找功能查找关键词时不能对关键词进行不同颜色的亮度显示，而查看关键词对于数据标引工作来说十分重要。为了克服这种困难，可以将 Excel 中相关内容导入到 Word 中，利用 Word 的高亮显示功能来辅助 Excel 进行数据的标引。利用数据自动筛选功能可以将同一技术分支的专利申请全部筛出来，然后一起进行标引。这种标引方法非常方便快捷，工作效率非常高，是批量标引的重要的方法。

6.3 0-1 交叉矩阵法

由于专利分析所针对的数据具有一定的特殊性（数据量较大），如果直接利用 Excel 对专利分析的数据进行分析，则可能会导致 Excel 溢出或者分析速度变慢。另外，专利分析自动化也是专利分析中十分重要的一个方面。

0-1 交叉矩阵法就是基于上述原因提出的一种进行专利分析的方法，其可以利用 Excel 来实现，也可以通过其他具有类似分析功能的软件来实现。以下以利用 Excel 实现为例来介绍 0-1 交叉矩阵法[1]进行专利分析。

0-1 交叉矩阵法主要是利用 Excel 的函数功能准备数据项，然后利用 Excel 的统计功能进行数据分析。0-1 交叉矩阵法的实现需要大量使用函数来进行数据项准备和基础矩阵的建立，最后专利分析也需要大量使用函数。因此，为了能够更好地使用 0-1 交叉矩阵法进行专利分析，简单介绍一下 Excel 的函数功能是十分必要的。

Excel 函数是预先定义，执行计算、分析等数据处理任务的特殊公式。函数的使用使用户可以对某个单元格或区域进行处理。Excel 函数根据来源可以分为内置函数和扩展函数两大类。前者只要启动了 Excel 就可以使用它们；后者必须通过单击“工具-加载宏”菜单命令加载，然后才能像内置函数那样使用。函数和公式既有区别又互相联系。如果说函数是 Excel 预先定义好的特殊公式，公式就是由用户自行设计对工作表进行计算和处理的函数。

---

[1] 以后的交叉矩阵法介绍均是利用 Excel 来实现的，因此后面 0-1 交叉矩阵法的意思均表示利用 Excel 来实现 0-1 交叉矩阵法的简称。

需要指出，函数括号内的部分成为参数，一个函数可以使用多个参数，这时参数与参数之间用半角逗号进行分割。参数可以是数字型、文本型、逻辑值、数组、错误值或单元格引用，甚至可以是另外的一个或几个函数等。参数的类型和位置必须满足函数语法的要求，否则将返回错误信息。

在 0-1 交叉矩阵法中，使用的比较多的函数包括统计函数、判定函数、求和函数和文本函数。统计函数包括 count( )函数、countblank( )函数、counta( )函数、countif( )函数及 countifs( )函数等。判定函数为 if 函数。求和函数包括 sumproduct( )函数和 sumif( )函数。文本函数包括 concatenate( )函数、right( )函数、left( )函数和 mid( )函数等。

0-1 交叉矩阵法进行专利分析相对于其他软件进行分析具有很多优点：

① 通过 Excel 用 0-1 交叉矩阵法进行专利分析能够进行多维度信息统计分析，能够根据具体分析的需要进行各种统计分析，从而获取深层次全方位的专利信息。

② 通过 Excel 用 0-1 交叉矩阵法进行专利分析方法开放，专利分析人员容易根据自己分析的需要来进行独特的专利分析，充分展现专利分析人员的个人能力。

③ 通过 Excel 用 0-1 交叉矩阵法进行专利分析有利于专利分析自动化，将常用专利分析图表进行自动化分析。

④ 通过 Excel 用 0-1 交叉矩阵法进行专利分析能够充分利用 Excel 中的各种功能，专利分析功能齐全。

⑤ 相对于数据透视进行专利分析，该方法可以根据自己的实际设计函数和 VBA，有利于减小专利分析过程的计算量，降低对软硬件的依赖程度。

当然，0-1 交叉矩阵法也具有一定的不足，比如利用 0-1 交叉矩阵分析时，由于需要先建立基础矩阵，因此在进行多维度分析时能够更充分地体现该方法的优点，对于维度较少的专利分析难于体现其优势；相对于数据透视表等专利分析方法，这种方法需要用到大量函数等功能，因此利用这种方法进行专利分析，需要掌握一定的 Excel 的基础知识，对于专利分析人员有一定的要求。

6.3.1 交叉矩阵法的基本流程

利用 0-1 交叉矩阵法进行专利分析的基本流程与使用 Excel 数据透视表进行分析的大部分步骤基本相同，下面仅针对一些不同的步骤进行介绍。

0-1 交叉矩阵法在数据格式规范化之前（包括数据格式规范化）与数据透视表分析基本一样。在数据格式规范化之后，0-1 交叉矩阵法开始构建基础矩阵，然后便开始利用基础矩阵进行专利分析。由于利用 0-1 交叉矩阵法进行专利分析的流程的前几个流程中与使用数据透视表进行专利分析的前几个流程基本相同，因此这里重点介绍 0-1 交叉矩阵法的数据项准备、基础矩阵的建立和进行专利分析的方法。

6.3.2 基础矩阵的建立

0-1 交叉矩阵法的核心思想就是将要分析的数据项转换成 0-1 基础矩阵，通过对矩阵进行运算来实现专利信息的统计分析工作，因此 0-1 基础矩阵的建立在其中占据十分重要的地位。通过分析导入的数据项可以知道，在专利分析中有用的数据项主要有：申请号、发明名称、申请日、申请人、发明人、IPC、授权日、国省、审批历史及技术分支、技术功效等。0-1 基础矩阵的建立就是将这些有用的数据项转换成对应的 0-1 矩阵，即基础矩阵。

6.3.2.1 申请日、公开日、授权日等基础矩阵的建立

对于申请日，根据专利分析的需要确定基础矩阵。一般情况下，专利分析中趋势变化分析到某一年即可，因此申请日的基础矩阵就是将每一个专利申请的申请日转换为年代的一维数组，然后将每一个专利申请的数组组成申请日基础矩阵。

申请日基础矩阵建立的具体步骤如下：首先，确定要分析的申请日的起止年份，从而确定申请日基础矩阵的对应的一维数组的长度；其次，对于每一个专利申请，确定其相应的一维数组数值，具体来说就是通过判定申请是否属于数组中相应的年份来确定，如果属于相应年份，相应的值为 1，否则为 0；重复上一步，直到将所有专利申请数据完成为止；将得到的数组组成基础矩阵。例如，对于有机发光二极管领域进行专利分析时，通过简单统计可以知道，对于中国专利申请来说，最早的专利申请在 1990 年，因此要分析的申请日的起止年份为 1990 年和 2011 年；[1]假如说该专利申请的申请年份为 2001 年，该专利申请相应的数据为（0，0，0，0，0，0，0，0，0，0，0，1，0，0，0，0，0，0，0，0，0，0），依次将各专利申请的相应数组获得，然后组成基础矩阵即可。

在申请日的基础矩阵建立中，截取数据项的指定位的函数 left( )、right( )及 mid( )十分有用，常用来从专利申请日数据项中获取年份等信息。对于公开日和授权日等其他日期型基础矩阵的建立方法与申请日的基础矩阵建立方法基本相同，在此就不再赘述。

6.3.2.2 国省、申请人、发明人等基础矩阵的建立

对于国省基础矩阵，其建立的具体步骤如下：首先，确定要分析的国省，从而确定申请日基础矩阵的对应的一维数组的长度及数组中各值表示的含义；其次，对于每一个专利申请，确定其相应的一维数组数值，具体来说就是通过判定申请是否属于数组中相应的国省来确定对应值为 0 还是 1；重复上一步，直到将所有专利申请数据完成为止；将得到的数组组成基础矩阵。

举例来说，对于中国专利申请来说，对于有机发光二极管领域要分析各国专利申请情况时，主要的申请国家或地区是中国、日本、欧洲、美国、韩国，因此一维数组的可以是指为（是否中国，是否日本，是否韩国，是否美国，是否欧洲，其他国家），对于一个日本向中国申请的专利申请来说，其相应数组表示为（0，1，0，0，0，0），获得所有专利申请的相应数据后组成基础矩阵即可。

需要指出的是，由于是建立基础矩阵，因此应当将可能用得到的矩阵尽量建立充分以免专利分析中发现还需要补充建立基础矩阵。比如说国省矩阵，不仅要包括国家基础矩阵，还要包括省市基础矩阵。

在国省基础矩阵的建立中，if( )函数具有十分重要的地位，常用来判断是否属于相应的国省，从而获得相应的数组值。

---

[1] 撰写本节内容时间在 2011 年，因此分析终止年份为 2011 年。

申请人和发明人等基础矩阵的具体建立方法与国省基础矩阵的建立方式基本相同，只不过申请人和发明人矩阵的维度相对较大而已，专利分析人员采用建立国省基础矩阵的方法建立申请人和发明人矩阵即可。需要指出的是，利用 Excel 确定申请人或发明人维度方法是将 Excel 的相应列拷贝到新的 Excel 中，对其进行去重处理后获得申请人、发明人数量即为其维度。

另外，在申请人和发明人等基础矩阵的建立方法中 countifs( )有时候会被用到，由于该函数占用较多的资源，因此建议尽量少用该函数为好。

6.3.2.3 技术分支、技术效果、审批历史等基础矩阵的建立

技术分支基础矩阵的建立主要是根据技术分解表的情况及相应的专利申请的标引情况来进行的。技术分支数组的维度即为技术分解表中的各级技术分支数量，并根据该维度确定每个专利申请的对应数组，由这些数组组成基础矩阵。

技术效果基础矩阵的建立主要是根据标引的技术效果。技术效果数组的维度即为所有标引的技术效果的数量，并根据这些维度确定技术效果数组，构建技术效果基础矩阵。

审批历史基础矩阵的建立则是将审批历史中的信息进行归类，其归类的数量即为审批历史数组的维度。

在上述的基础矩阵的建立过程中，函数 countifs( )具有十分重要的使用价值，其常被用来判定数组中各值。

6.3.3 交叉矩阵法专利分析

0-1 交叉矩阵法进行专利分析就是在建立的基础矩阵的基础上来实现专利数据的统计分析功能。从原理上来说，统计一类专利申请的数量就是专利申请满足该类条件的数量，换言之，就是基础矩阵中对应的位置中均为 1 的数量。在 Excel 中 sumproduct( )等函数就能实现该功能从而获得需要统计的该类专利申请的数量。

6.3.3.1 时间趋势分析

时间趋势分析主要包括技术生命周期分析、技术演进分析、国家/地区/省市年代趋势分析、申请人年代趋势分析、申请人技术分支年代趋势分析、发明人年代趋势分析等。采用 0-1 交叉矩阵法进行时间趋势分析就是利用 0-1 交叉矩阵运算的方法将这些趋势分析中的所需的数据计算得出。

以申请人技术分支年代趋势分析为例，在进行年代趋势分析时，利用 Excel 的函数采用类矩阵点乘运算计算各年该申请人某一技术分支的专利申请量。例如，如果计算 A 申请人 B 技术分支 C 年的专利申请量，就是将申请人基础矩阵中的 A 申请人对应列与技术分支基础矩阵中 B 技术分支对应列与申请日基础矩阵中 C 年对应行乘积求和。依次进行上述运算得到申请人技术分支年代趋势分析所要数据，构建相应图表。

6.3.3.2 国家/地区/省市分布分析

国家/地区/省市分布分析主要包括技术领域布局分析、代表申请人分析、发明人团队趋势分析、区域规划分析、排名分析等。在这些分析中由于 0-1 矩阵很方便地将多维度的专利申请量进行计算，充分体现了 0-1 交叉矩阵法的优点。

以国家/地区/省市代表申请人分析为例，在统计某国家/地区/省市代表申请人在某一

技术分支某年的专利申请/授权/有效等数据时，这种计算涉及国家/地区/省市基础矩阵、申请人基础矩阵、技术分支基础矩阵、时间基础矩阵、法律状态基础矩阵、合作申请基础矩阵等。这种情况下计算对应数值在大多数软件中很难实现，而采用 0-1 交叉矩阵法进行此类计算则十分简单有效，只需要将相应基础矩阵的对应列的对应行乘积求和即可。

6.3.3.3 综合图表分析

综合图表分析就是将各种分散的信息汇总成几张或一张图表来深度分析，获取专利分析中深层次信息。采用 0-1 交叉矩阵法获取综合图表的方法就是分别计算对应图表中所需要的数据，然后汇总成所需综合图表。

第7章

专利分析图表制作

本章概要

图表是课题报告的重要组成内容，提高图表制作质量不仅可以增强报告的可读性，还可以直观地展示专利分析人员的分析视角，同时也是报告分析过程和分析结论的重要支撑点。因此，合理地使用图表是展现课题成果的重要环节。

本章对统计分析项目作了详细说明，并针对各分析项目的特点结合实例推荐了富有表现力的图表形式，详细介绍了各种类型尤其是综合型的图表制作方法，并总结了图表的四大选用原则。

本章还介绍了图表解读的几大主要原则，将图表解读过程分成了三个重要环节：读图、说图、解图，并结合案例对各个环节的工作要点进行详细说明，最后指出了图表解读过程中应该避免的几个问题。

研究人员心声

✓ 图表制作是课题的“招示”，应根据确定的出版标准进行规范，并由课题组中 1～2 人负责制作图表，以便达到风格统一，预防后期返工。（智能手机课题组、燃煤锅炉燃烧设备课题组）

✓ 要能够从技术层面和行业角度对数据统计结果进行分析，正确解读统计图表，不能简单地看图说话，不只作简单的趋势和比例说明。（煤矿机械课题组）

✓ 要明确分析的内容，据此选择和制作图表，避免一些简单图表或相似图表的重复使用。（煤矿机械课题组）

✓ 在进行图表制作时，年代的截取一定要考虑所属领域的实际情况。（切削加工刀具课题组）

7.1　图表制作概述

俗话说“字不如表，表不如图”，这充分说明在信息表达方面，图表比文字具有更好的表现力。清晰准确的图表使人能一目了然地了解其所包含的信息。专利分析中将采用各式各样的图表对专利分析结果进行展示。在专利分析研究过程中，图表制作得清晰准确与否将直接关系到后续分析的正确性以及整个专利分析报告的质量，因此图表制作这一环节在专利分析中至关重要。

7.1.1　数据分析内容与统计项

数据统计是根据专利分析需求，对数据标引后的数据进行统计从而获得相应的图表或者可用于制作图表的数据的过程。在专利分析中，需要对检索、清理、标引后的数据进行统计，生成统计图表，通过图表相对直观地获取分析结果。因此，数据统计是图表制作的必要环节。在数据统计中需要确定数据分析内容及统计项、对统计项进行定义、选择数据统计方法、输出统计结果。

根据分析内容来选取相应的统计项是数据统计的一个重要环节，下面以表格的形式直观地列出两者之间的对应关系，参见表 7–1–1。该表中备注注明了各种分析内容常用的图表类型。

表 7–1–1　数据分析内容与统计项

序号	类别	数据分析内容	统　计　项	备注
1	行业技术发展及衍变趋势分析	各技术分支的申请趋势	申请年份、技术分支、年申请量	折线图或柱状图
2		各技术分支的份额	技术分支、申请量、比例	饼图
3		各类申请人历年申请分布	申请年份、申请人类型、年申请量	折线图
4		技术生命周期	申请年份、年申请量、年申请人数量	散点图或折线图
5		技术需求分析	申请年份、技术分支、申请量	气泡图
6	申请人分析	技术集中度	申请人排名名次段、各名次段的申请量、各名次段的申请量所占比例、各名次段的多边申请量、各名次段的多边申请量所占比例	折线图
7		各类申请人的申请比例	申请人类型、申请量、比例	饼图
8		各类申请人的技术发展趋势	申请年份、申请人类型、技术分支、年申请量	表格
9		申请人排名	排名顺序、申请人名称、申请量	条形图
10		主要申请人申请和授权状况	排名顺序、申请人名称、申请量、授权量	柱状图

续表

序号	类别	数据分析内容	统　计　项	备注
11	地域性分析	主要国家/地区申请人的申请趋势	申请年份、申请人国别、申请量	柱状图、折线图
12		主要国家/地区申请人的技术发展趋势	申请人国别、技术分支、申请量	柱状图
13		主要申请地的申请趋势	申请年份、申请地国别、申请量	折线图
14		主要申请地的技术分布	申请地国别、技术分支、申请量	柱状图
15		主要国家/地区申请人申请比例	申请人国别、申请量、比例	饼图
16		主要申请地的申请比例	申请地国别、申请量、比例	饼图
17		主要省市排名（中国）	省市、发明量、实用新型量	柱状图
18		某一申请人的专利布局	申请地国别、申请年份、申请量	表格
19	其他分析	各技术分支的专利类型分布	技术分支、专利类型、申请量	柱状图
20		总体法律状态分析	法律状态类型、申请量、比例	饼图
21		技术-功效分析	技术分支、技术功效、申请量	气泡图
22		多系列中的构成分布	各系列名称、构成部分、比例	多重圆环图
23		多种类别的排名	排名顺序、类别名称、排名内容	表格

表 7–1–2 对上述统计项进行了定义，以明确在数据统计中需要选取的内容。

表 7–1–2　统计项及其定义或说明

序号	统计项名称	定义或说明
1	申请年份	从专利申请的申请日中提取的申请年份
2	技术分支	与技术分解表相对应，可以是不同级别的分支
3	申请量	专利申请的数量，可以是每年对应的申请量、各申请人对应的申请量、各国家/地区的申请量等，以项或件为单位
4	申请人类型	包括公司、个人、大学、研究机构、合作申请几种类型，其中合作申请又包括公司-公司、公司-个人、公司-大学、公司-研究机构、个人-个人、个人-大学、个人-研究机构、大学-大学、大学-研究机构、研究机构-研究机构或者公司、个人、大学、研究机构中任意三种的组合；在合作申请中，可以只单独统计数量较多的几种类型，数量较少的可以合并统计成其他合作申请
5	申请人数量	进行申请人合并后的申请人的数量，可以统计每年的申请人数量、每个国家/地区的申请人数量等
6	申请人排名名次段	按申请量的多少对申请人进行排名，从中选择前 10 名、前 20 名、……前 50 名作为名次段
7	各名次段的申请量	上述各名次段对应的申请量，即前 N 名的申请量

续表

序号	统计项名称	定义或说明
8	各名次段的申请量所占比例	（前N名的申请量/统计区间内的总申请量）×100%
9	多边申请量的名次段、各名次段的多边申请量、所占比例	参见本表第6～8条的定义或说明
10	授权量	已授权的专利申请的数量。其中又可分为授权后有效的数量和授权后失效的数量
11	申请人国别	对于检索到的全球专利申请来说，一般是从优先权中提取申请人的国别，以确定该项（可能包括多件）申请是由哪个国家的申请人提出的，即该申请是属于哪个国家的申请
12	申请地国别	对于检索到的全球专利申请来说，一般是从公开号中提取申请地的国别，以确定该项（可能包括多件）申请在哪些国家公开，即在哪些国家申请了该专利
13	省市	这是针对中国专利申请的统计项。统计国内申请人所属的省份或直辖市，以确定各省市的申请量
14	发明量	中国专利申请中发明专利申请的数量
15	实用新型量	中国专利申请中实用新型专利申请的数量
16	法律状态类型	通常包括视撤、驳回、授权、未决，授权类型中又可分为授权后有效、授权后失效，而授权后失效涉及因费用终止、期限届满、无效宣告；另外授权专利还可能涉及诉讼
17	技术功效	是指某一专利文献所解决的技术问题以及产生的技术效果，根据标引的技术功效进行统计
18	多系列中的构成分布	通过实例加以说明：比如表示在某技术领域中各主要国家/地区申请人分别在总申请量、多边专利申请量以及PCT申请量方面所占的比例分布情况，总申请量、多边专利申请量以及PCT申请量定义为各系列名称，各主要国家/地区定义为构成部分，需要统计某一系列中各构成部分所占的比例
19	多种类别的排名	通过实例加以说明：比如分别按申请总量、发明量、实用新型量对申请人进行排名，则可以先列出排名顺序，申请总量、发明量、实用新型量就作为类别名称，而申请人则是排名内容

下面就专利分析中的图表制作流程进行简要介绍，以期为初次进行专利分析的研究人员提供一个专利分析图表制作基本流程，使初始研究者能够掌握专利分析中图表制作的基本方法和基本规范。

平时我们拿到数据就进行图表制作，不会有太多思考，但事实上从数据到图表的完整过程应该包括提炼信息、选择图表以及制作图表等步骤。具体来讲，专利分析图表制作主要包括五大部分：① 明确所要分析的内容；② 确定统计项和图表类型；③ 根据统计项进行统计，生成相关数据；④ 选择工具进行图表制作及后续处理；⑤ 图表和相关数据存储。由此可见，图表类型的选择，并不仅仅是由数据本身来决定的，更重要的是需要依据所要分析的内容来决定。同样的一份数据，因为不同的立场或主题，不同的人所发现的信息或得到的结论会完全不同，因此选择的图表类型也就不同，这就需要在图表制作过程中采取具体问题具体分析。

专利分析图表制作中常用的图表制作工具主要分为应用类工具和指导类工具。其中，应用类工具主要包括图表制作软件以及图表辅助软件，例如 Excel2007 等。指导类工具主要包括说明如何进行图表制作的相关工具书，例如《Excel 图表之道》、《Excel 图表宝典》等。

7.1.2 图表的基本表现形式

尽管用于分析数据的图表种类繁多，但最基本的表现形式主要分为以下几种[1]：折线图、柱形图、条形图、饼图、散点图、数据列表等，其图示、构成以及子类型图表如表 7–1–3 所示。其他的图表可以通过对这些基本形式进行变型或组合应用而得到。

表 7–1–3 图表表现形式的基本类型

	图示与构成		子 类 型	
折线图	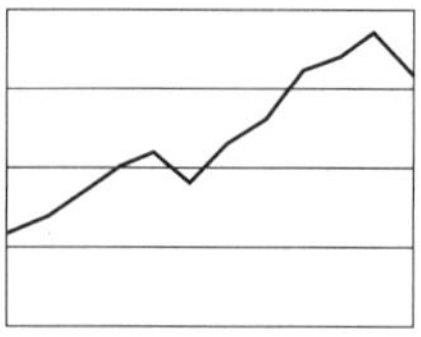	由一系列以折线相连的点构成	从表现形式上，包括无数据点折线图和有数据点折线图	从表现内容上，还包括堆积折线图和多系列折线图
柱形图	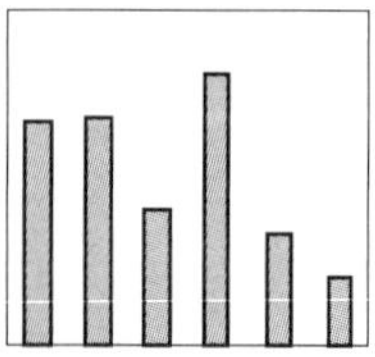	由在 x 轴上均匀分布的一系列垂直柱形区构成	从表现形式上，包括二维柱形图、三维柱形图	从表现内容上，还包括簇状柱形图、堆积柱形图
条形图	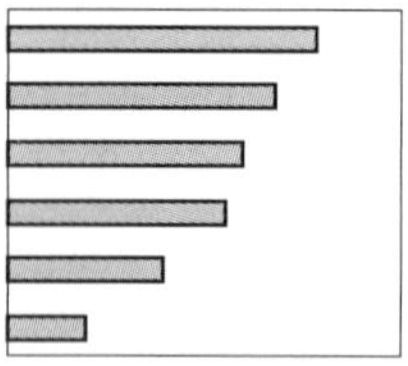	由在 y 轴上均匀分布的一系列垂直条形区构成	从表现形式上，包括二维条形图、三维条形图	从表现内容上，还包括簇状条形图、堆积条形图
饼图	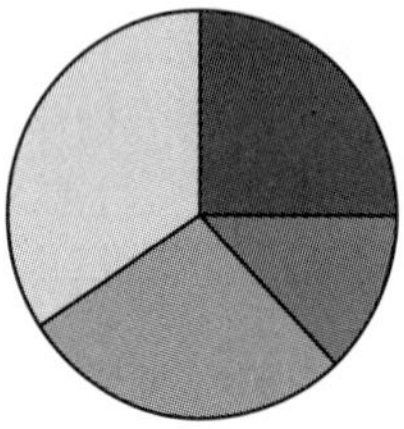	由不同扇形构成的饼状区域	从表现形式上，包括圆环图、分离饼图、二维饼图、三维饼图	从表现内容上，还包括复合饼图

[1] 刘万祥. Excel 图表之道［M］. 北京：电子工业出版社，2010.

续表

	图示与构成		子类型	
散点图	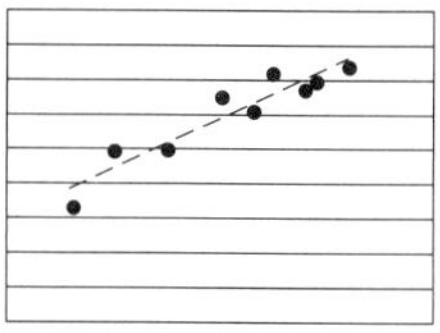	由一系列散点构成	从表现形式上，还包括气泡图	
数据列表	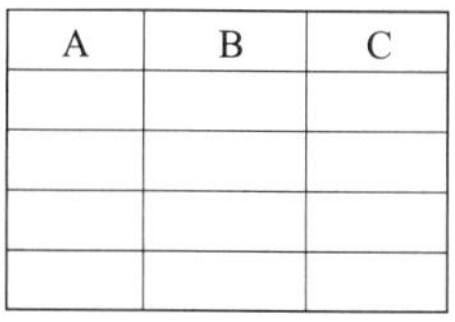	由一系列文本框有序排列而成		从表现内容上，还包括嵌套表格

为了使图表反映的信息更加突出、醒目，选用何种表现形式也是非常重要的。图表表现形式的选择则取决于图表意图表现何种数据关系。因此，为了选择合适的图表表现形式来反映数据关系信息，首先需要了解图表具有哪些表现形式及这些表现形式适合表征的数据关系。

不同的图表表现形式可以展现不同的数据关系，在专利分析中常见的数据关系也集中表现在以下四种：份额关系、项目比较关系、时间序列关系、关联关系。每一种数据关系均对应一种或多种适合对其进行描述的图表表现形式。

一般而言，当需要表现份额关系时，通常选用饼图。当需要对不同项目之间进行比较时，可以考虑选用柱形图、条形图或数据列表。如果着重于排名，条形图和数据列表的表现形式会使展现的信息更醒目、突出。柱形图和折线图均可以表现时间序列关系，但如果着重于展示发展趋势，则优选折线图，如果着重于序列分布，则优选柱形图。散点图和背离式条形图可以较好地反映出数据之间的关联关系。如果数据点较多，着重于展现关联的规律性，则优选散点图，如果着重于展现数据个体之间的关联，则优选背离式条形图。

7.1.3　专利分析常用图表类型

专利分析中用到的图表类别丰富多样，其中较为常见的包括：发展趋势图、份额图、排名图、技术生命周期图、技术-功效矩阵图等。

（一）发展趋势图

在专利分析中，经常需要对一个技术领域或一个公司或国家/地区的专利技术的发展动向与发展趋势进行分析。在专利分析报告中，一般多采用发展趋势图，其展现了特定技术领域及其技术分支/功效分支、申请人、国家/地区的专利量/申请量的历年变化情况。一般而言，用来展现专利量/申请量随时间发展变化的发展趋势图主要采取折线图和柱形图来表现。

（1）以折线图形式表征

折线图是专利分析中在展现专利数据发展趋势方面使用较多的一种图表。折线图容易绘制、简洁紧凑，能够清楚地表现上升、下降、波动和保持不变等趋势，其强调的是变化的趋势。一张分析图中可以采用多个折线图，能够将不同项目类别之间的发展趋势进行比较。

（2）以柱形图形式表征

柱形图也是专利分析中用于反映申请/专利量随时间变化的常用表现形式。如果图表中不仅需要反映专利数据随时间的整体变化情况，还需要对其中每一时间点的数据进行更细化的对比，则可以考虑选取柱形图对这种时间序列的相对关系进行表征。

（二）份额图

在专利分析中，通过对各技术分支的专利申请量所占比例进行分析，可以了解专利技术的分布情况；通过对各国申请人在某一国家或地区的专利申请量的所占比例进行分析，可以了解各国申请人对某一市场的关注程度；通过对某一公司在不同国家或地区提交的专利申请量的分析，可以了解该公司的专利布局情况。对于各技术分支或者各国家/地区或者各公司的专利数据均可进行各种构成分析，可以了解各层次、各维度的专利技术分布以及布局情况。反映这种构成分布数据关系的份额图通常采用饼图和圆环图来表现。

（1）以饼图形式表征

当对单一系列数据中的构成分布进行份额分析时，一般采用饼图的形式来表征。当饼图中涉及的构成部分太多时，还可以采用多个饼图组合的方式来表征。

（2）以圆环图形式表征

当需要对多系列数据中的构成分布进行数据分析且各系列之间需要对比分析时，在表现形式上采取圆环图表征是较优选择。

（三）排名图

在专利分析中，经常需要按照申请量对特定技术领域的相关申请人进行排名，从而了解该技术领域中的主要公司，同时也可识别竞争者或者寻求可能的技术合作者。其中，申请人排名可以是整个行业的排名，也可针对各个市场进行排名分析。

排名图主要反映项目比较的数据关系，可以采用柱形图、条形图和数据列表的形式来表征。

（1）以柱形图形式表征

由于柱形图垂直于 x 轴分布，以柱形的高度体现出数据比较的结果。在反映信息方面，柱形图更突出强调数量级别差别较大的个体。但是，由于柱形图受图面构型的限制，其不适于表征名称较长的项目的排名。

（2）以条形图形式表征

条形图垂直于 y 轴分布，因此在视觉效果上更能凸显排名的顺序。但当多个项目的数据量均相近或相同时，这种表现形式就会给人造成在实际排名上的误导。

（3）以数据列表形式表征

当涉及多种类别需要同时进行排名和对比分析时，柱形图和条形图均不是很好的选择，因为需要较多数量的柱形图或条形图堆放在一起，这样不利于信息间的对比。在这种情况下，最有效的表现形式反而是最简单的数据列表。

（四）技术生命周期图

技术生命周期图是反映某一技术领域内专利年申请量和年申请人数量之间关联的图表。由于申请量表示技术研发活跃性，而申请人的数量则表示参与技术研发的创新主体数量，通过表现专利申请量和申请人数量随时间的变化关系，即绘制技术生命周期图，可以了解相关技术领域的成熟程度和发展阶段。技术生命周期图通常用折线图或数据列表的形式来表征。

（五）矩阵图

为了确定新的研发方向，企业必须准确掌握市场、技术、应用等各种需求，了解专利申请热点和空白点，从而避开“红海”走进“蓝海”。通过制作矩阵图可以示出特定技术领域的各种需求矩阵。矩阵分析可针对整个技术领域进行，也可针对某个技术分支进行。专利分析中常见的矩阵图包括技术–功效矩阵图、技术-应用矩阵图等。矩阵图强调的是矩阵交叉处的数据点以及相应数据之间的对比，主要以气泡图的形式来表征。

7.1.4　图表的选择

图表是传递信息的一种重要形式，精心构思和设计的图表能有效地帮助我们更直观、更快速地传递其中的信息。反之，如果构思和设计有问题，图表就会造成信息表达混乱。因此，有必要遵循一定的原则和方法来进行图表的选择，让图表真正清楚、完整地表达并传递信息。

图表的选择应当遵循以下的原则。

（一）突出主题

图表的主题是图表选择首先必须考虑的因素之一。图表仅仅是信息传递的一种形式，图表的选择与使用最终是为信息所要表达的主题服务。信息要反映怎样的主题决定了应当选择何种类型的图表。在选择和使用图表时，要注意图表并不是对文字内容的简单重复，而是要体现出必不可少的意义，对所要传递的信息起到很好的说明或证实的作用，或者能够对重要的信息加以突出和强调。与信息内容疏离的图表只会削弱所要表达的主题，甚至给人眼花缭乱、不知所云之感。

例如，当需要反映某行业各重要申请人的市场份额情况时，能够清晰显示市场份额比例的饼状图非常直观。然而，当需要反映某行业某技术分支专利申请量的变化趋势时，折线图就能够清晰地反映出该技术分支在一段时期内的专利申请量变化，饼状图显然就无法实现。

以相同的数据为基础，可以构建出多种不同形式的图表，而不同形式的图表也存在着各自的特点，其表现效果也各不相同。在某种图表中，有些重要信息虽然已经展现出来，但却并没有十分突出，甚至在解读中易于使人产生错觉，而换一种图表形式，可能就一目了然了。因此，图表的选择必须确保能够突出主题。

（二）信息量适度

图表实际上是大量信息的集成，其所蕴含的内容应当是适度的。过于简单的图表，虽然非常清晰，但由于读者能够从中获得的信息过少，图表解读就缺乏一定的深度和广度。

如果图表包含的信息量过大，则有可能出现图表层次过多、图形过于复杂的情况，导致图表设计有些杂乱无章，反而不利于图表的解读。如果试图在一张图表中反映多个问题，也可能会导致重点不突出。

（三）兼顾美观

在完成传递信息的前提下，还需要进一步考虑其美观的因素。相对于文字表述，图表的优点就在于其能够清楚、直观地传递信息，而避免复杂的文字表述。为了能够充分突现出图表的优越性，还应当在图表的布局和绘制方面下些工夫，使其能够清晰、美观。

图表的形式要有多样性。在同一章节中，如果出现多个图表，应灵活运用，尽量使用不同类型的图表形式。图表的解读也要体现出行文的变化，避免单调、重复给人造成视觉的疲劳和阅读的乏味。

此外，还应当考虑图表的色彩选取和搭配问题。通常，整个图表的色彩应当尽量保持和谐一致。只有在不同颜色代表不同的项或具有不同意义时，可以使用多种不同的颜色。

通常，利用自然的、软色系的颜色显示一般数据，用亮色或者暗色来突出显示重要的信息。当需要形成对比效果时，对比项的色差可大一些，尤其是相邻对比项的图形一定要形成明确的边界，否则往往难以形成对比效果。如果想要相同颜色的不同项在图表中看起来差不多，则需要保证他们的背景色也一致。

当然，在确定图表颜色时，还需要考虑分析报告的排版印刷。如果是彩色印刷，则图表的选色可深一些、鲜艳一点，也可以做一些立体效果。但如果是普通的黑白印刷，过深或鲜艳的色彩反而会导致图形或文字不清楚，立体效果也不明显，建议可以采用不同形状的填充显示效果。

（四）图表组合

单个图表所蕴含的内容应当是适度的，并且往往难以涵盖某个主题所涉及的所有信息。因而在分析过程中，有时需要设计一系列图表，通过多个图表的结合来反映一个主题的整体及各个方面的信息。

例如，若需要全面反映某行业专利申请人的情况，可设计以下一系列图表：各类型申请人历年的数量分析图、申请人类型的比例份额图、各类申请人各技术分支逐年分布表、前 10 位申请人专利申请量排名表、前 10 位申请人专利申请量占总申请量的历年比例图等。以上图表均只能反映该行业专利申请人某一个或几个方面的信息，并且也很难设计出能够包含以上所有信息的单个图表。通过以上这些图表的组合使用，可获得某行业专利申请人完整、详细的情况。

当然，图表的组合使用，应当注意以下问题：首先，多个图表的组合，其排列应当按照一定的逻辑顺序。例如，由整体分析到局部分析，形成一定的分析层次，以避免出现分析上的紊乱。其次，除非必要，所结合的图表数量不宜过多。多个图表的结合必然造成各图表中多种信息的交叉结合，过多的信息将给图表的解读带来不利影响。最后，除非必要，应尽量避免相同的信息在不同图表内的重复出现。重复的信息将对图表中的其他信息产生干扰，给图表的解读带来困难，也可能会导致图表中的重点信息不能突出。

7.2 综合性统计图设计

数据图表以其直观形象的优点，能一目了然地反映数据的特点和内在规律。好的构图设计，在较小的空间里承载较多的信息，因此有“一图抵千言”的说法。本章第 7.1.3 节对专利分析中常见数据图表的基本类别进行了简单介绍。然而专利分析通常需要在图表中反映大量不同类型的信息，仅依靠基本类型的图表往往难以满足专利分析需要，因此在图表制作中，还需要设计复杂的综合性图表。

7.2.1　综合性统计图的设计要求

综合性统计图的设计过程也可以看做是将复杂关系的信息进行图表化的过程，即用图表的形式将各信息要素“串联”或“并联”起来，形成一个系统的图表，对所要表达的问题进行清楚、简洁、分层次、有重点的阐述。

综合性统计图的设计，关键在于对所要分析问题的理解、对关键数据信息的把握。具体而言，综合性统计图的设计要求可以包括以下几个方面。

（1）扼要精练

综合性统计图的设计也要做到扼要精练。这个要求并不是要排除描述细节，其目的是尽可能用最少的元素表达出最大的效果，尽可能用最精练的方式去组织和整合信息，使构图更加有效。

（2）对比鲜明

对照比较的手法是综合性统计图设计中最常用的一种表现形式。将有明显关联、矛盾或对立的多个图表安排在一起进行对比分析，有利于充分显示事物之间的关联、矛盾和规律，突出被表现事物的本质特征。综合性统计图的作用可以强化这种对比关系，使对比更加强烈，更能被人认知。

（3）形象生动

从图表要反映的问题入手，设计者充分发挥想象力，用形象化的视觉语言表达出信息的实质。除了本章 7.1.3 列举的几种基本图形以外，还可以使用一些指示符号、几何图形等辅助标识，更形象、生动地展现所要表达的信息，例如，借助中国地图中的海拔图来反映各地区的专利申请量等。

7.2.2　综合性统计图的设计流程

综合性统计图的设计流程包括以下几个步骤。

（一）明晰图表预期表达的主题

设计一张图表，首先要明确所要表达的主题是什么。例如，计划用这张图表分析几个问题、这些问题之间有怎样的关联、是否适于组合展示、这些问题涉及哪些关键的数据信息（例如，是涉及申请量与申请年之间的关系，还是授权量与申请年之间的关系）等。

（二）划分信息层次关系

在明晰图表预期表达的主题之后，应当理清各信息之间的层次关系。复杂关系信息之间通常存在两种以上的逻辑关系。为了能够更有效地将其图表化，应当对相关信息进行整合，梳理其中的关系层次，判断每一层关系的类型，找出其中要表达的重点信息。

（三）选择合适的图表类型

确定了信息之间的层次关系后，就需要选择合适的图表类型来展现这些关系。在选择图表类型展现信息之间的关系时，需要考虑两个问题：一是展现每一种信息所要选择的最合适的图表类型是哪一种；二是这些子图表能否组合。

（四）组合成所需的图形

在完成上述步骤之后，就需要对反映这些主题的信息进行一个整合，将这些信息在一个图表中展现出来。在图表整合的过程中，需要关注的问题是：图表的整体布局是否重点突出、层次是否分明；各子图表的色彩协调是否能够使信息清晰、有效地得到展现。

7.2.3 综合性统计图设计实例

【案例 7–1】

【图表构成】

无数据点折线——年市场销售额发展趋势线；

数据点“○”的折线——年专利申请量发展趋势线；

数据点“△”的折线——年专利申请量的失真值；

数据点“×”的折线——根据“人工神经网络算法”并结合市场情况预测的 2008～2011 年间的年专利申请量趋势线；

柱形图——专利申请量的年增长率情况，深色表示正增长，浅色表示负增长。

【设计要点】

图 7–2–1 是一种折线图与柱形图的综合性统计图，该图主要表达了以下几个问题：

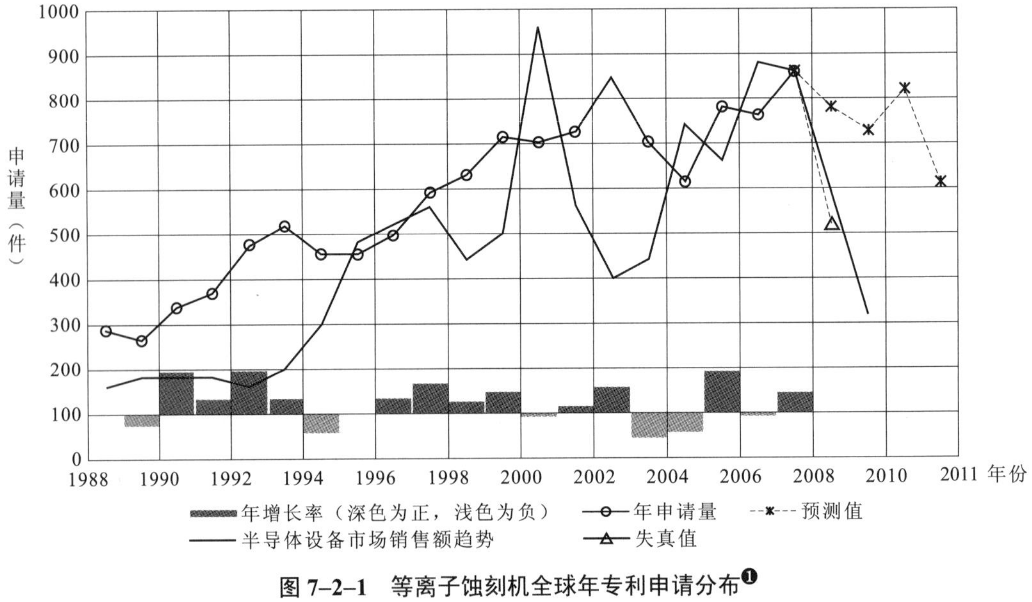

图 7–2–1 等离子蚀刻机全球年专利申请分布[1]

---

[1] 选自 2010 年专利分析普及推广项目《等离子蚀刻机专利态势分析报告》图 2–1。

① 某技术领域内1988～2007年间年专利申请量的变化发展趋势；

② 在数据量失真情况下，该技术领域内在2007～2008年间年专利申请量的变化情况；

③ 该技术领域内1988～2009年间年市场销售额的变化发展趋势；

④ 该技术领域内1988～2007的专利申请年增长率的变化情况；

⑤ 产业发展趋势与专利申请量的发展趋势之间的关联；

⑥ 该技术领域在2008～2011年间年专利申请量的变化发展趋势的预测情况。

这些问题主要反映的是时间序列关系和对比关系，涉及的数据要素有年专利申请量、年市场销售额、年专利申请增长率以及申请时间（年）。

其中问题①、②、④之间体现出来的是相互并列的信息关系，问题⑤本身体现的是问题①和③之间的一种对照的信息关系，问题⑥表面上体现的是与问题①～④的并列关系，而实际上也是对问题①、③～⑤一种递进关系的表现，而与问题②之间则体现了一种对照的信息关系。并且，问题①和③是重点需要展示的信息关系，因此在本图中选用了能较好地反映出总体发展变化趋势的折线图中的两种不同子图表类型来展现，对照性强，有助于更好地突出二者之间的对比和关联。关于问题②和⑥，由于其中反映的均不是实际的数据情况（失真值和预测值），因此采用了虚线的形式加以展示，以示区别。问题④是对问题①的补充说明，重点不在于反映整体变化趋势，而是突出强调出现负增长的数据点，因此采用了柱形图来表示，有助于公众快速地把握关键信息点。

【设计启示】

使用这类综合性统计图可以结合技术突破、技术投资或市场需求等因素，分析专利申请量增长或下降的原因，如果是技术突破，该技术将带动行业迅猛发展。

【案例7-2】

【图表构成】

簇状柱形图——各国籍申请人的专利申请量历年分布情况；

折线图——年专利申请量发展趋势线；

百分比堆积柱状图——各国籍申请量在不同时间段所占的比例情况；

数据列表——各国籍申请人年专利申请量的数据列表。

【设计要点】

图7-2-2是一种折线图、柱形图和数据列表的综合性统计图，主要表达了以下几个问题：

① 1988～2007年间各国籍申请人的专利申请量历年分布情况；

② 1988～2007年间年专利申请量的总体发展变化趋势；

③ 1988～2007年间各国籍申请量所占比例的情况，1988～1997年间与1998～2007年间各国籍申请量所占比例的情况。

这些问题主要反映的是时间序列关系和对比关系，涉及的数据要素有年专利申请量、申请量所占比例、国籍以及申请时间（年）。

其中问题①是该图中重点需要表达的信息关系，采用了簇状柱形图与数据列表相互配合的方式来展示，不仅使公众对各国申请量的发展变化趋势以及对比情况在整体上具

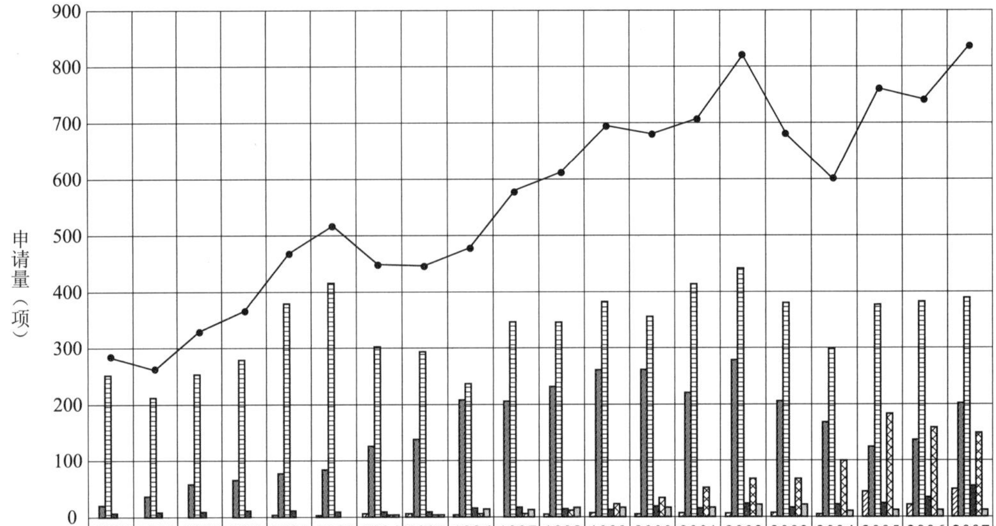

	1988	1989	1990	1991	1992	1993	1994	1995	1996	1997	1998	1999	2000	2001	2002	2003	2004	2005	2006	2007
中国籍	0	0	0	0	0	3	2	1	4	0	3	5	4	7	3	6	4	46	25	50
美国籍	22	40	62	69	78	89	128	139	213	209	234	266	263	222	281	207	171	126	139	199
日本籍	254	217	256	284	380	416	306	296	239	348	350	384	360	415	445	383	299	377	384	387
欧洲籍	7	5	11	12	13	10	13	9	19	19	18	16	22	19	27	19	24	27	38	52
韩国籍	2	0	2	1	0	0	1	3	4	6	9	25	34	47	67	66	103	188	157	151
其他	2	2	5	3	3	0	4	6	17	10	17	19	19	15	22	22	13	17	20	19
总计	285	262	331	366	471	518	450	448	479	582	614	696	683	710	823	681	601	764	743	839

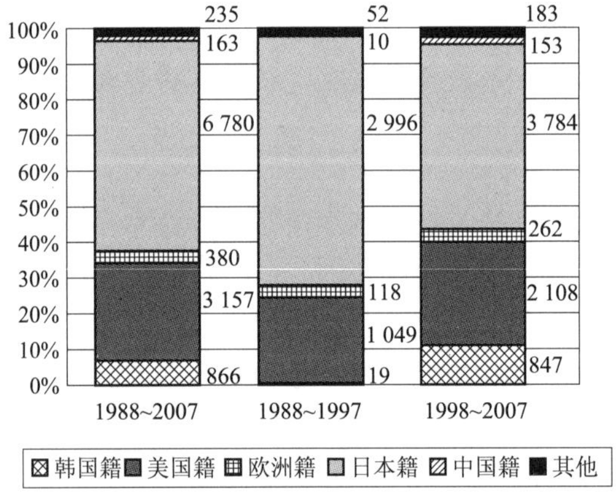

图 7-2-2　1988～2007 年等离子蚀刻机各国申请人历年专利申请分布[1]

有直观、形象的了解，还可以使公众方便地获取每个数据点的具体信息。问题②和③均提供了一种辅助信息，有助于帮助公众更客观、全面地了解不同国籍申请人的申请量在该技术领域内总体专利申请中所占据的地位。

【设计启示】

此类综合性统计图主要用于重要国家的申请趋势分析中，可以通过对比不同国籍申请人的申请量变化特点，结合国家政策分析原因。

[1] 选自 2010 年专利分析普及推广项目《等离子蚀刻机专利态势分析报告》图 4-1。

【案例 7–3】

【图表构成】

气泡图——不同国籍申请人在各技术分支上的申请量分布情况；

饼图——多边申请量所占比例分布图。

【设计要点】

图 7–2–3 是一种饼图与气泡图的综合性统计图，主要反映了以下几个问题：

① 中、日、美、欧、韩各国/地区籍申请人的专利申请量在不同技术分支的分布情况；

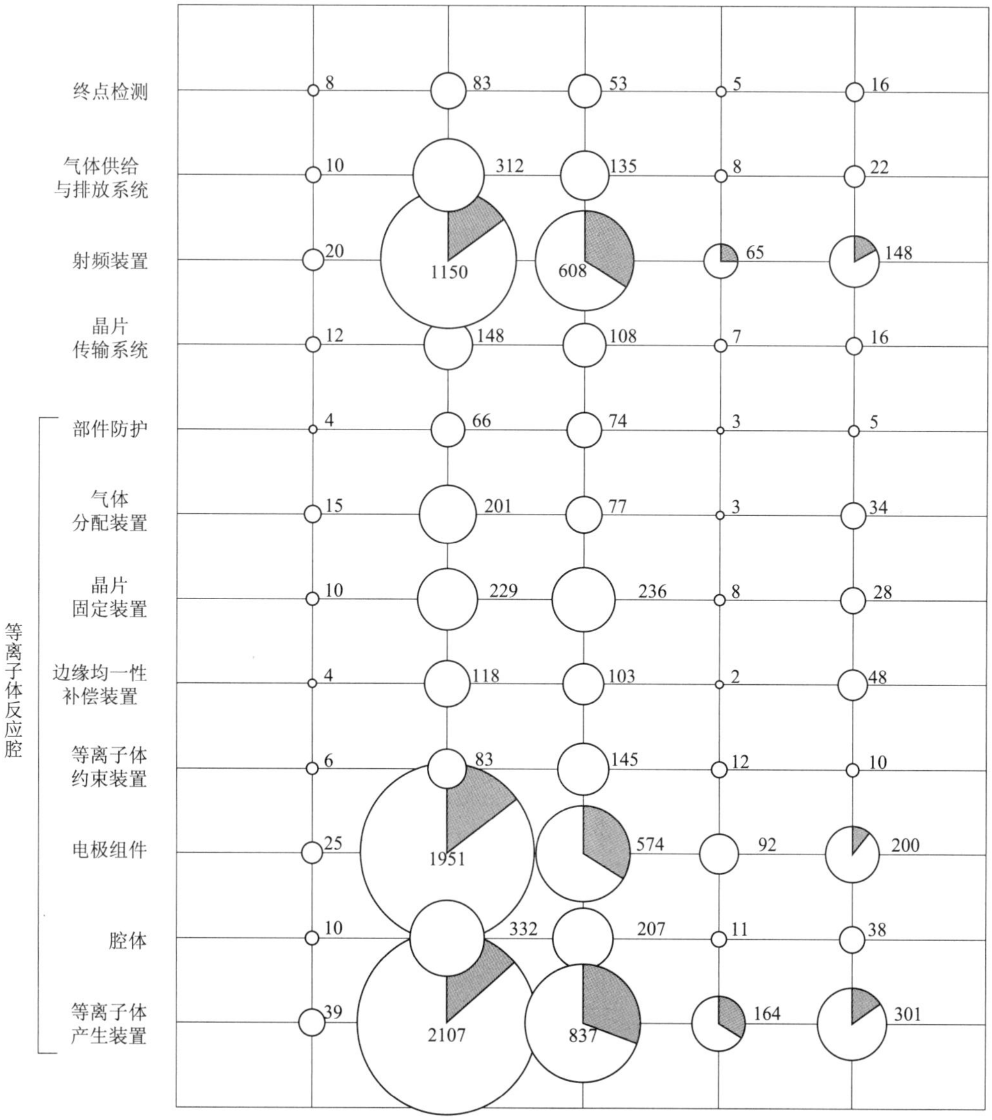

图 7–2–3　1988～2007 年等离子蚀刻机中日美欧韩技术优势❶

❶ 选自 2010 年专利分析普及推广项目《等离子蚀刻机专利态势分析报告》图 4-6。

② 各技术分支上不同国籍申请人的专利申请量的分布情况;

③ 主要技术分支中各国籍申请人的专利申请量中多边申请所占的比例分布。

以上问题主要反映了对比关系，涉及的数据要素有专利申请量、多边申请比例、国籍以及技术分支。

在该图中，问题①和②是重点需要表达的信息，而为了使公众更客观地对各国的专利技术实力进行评价，对问题③也进行了相应分析，提供辅助信息作为参考。

【设计启示】

此类综合性统计图可以用于不同国家之间的专利技术优劣势对比分析，找出不同国籍申请人比较关注的专利技术点。

【案例 7–4】

【图表构成】

饼图——各专利局受理的专利量，百分比表示各国籍申请人所申请的专利数占各专利局受理量的百分比;

箭头——各国籍的申请人向各专利局申请的专利数量，由箭头的粗细表示数量的多少。

【设计要点】

图 7–2–4 是一种饼图与箭头的综合性统计图，主要反映了以下几个问题:

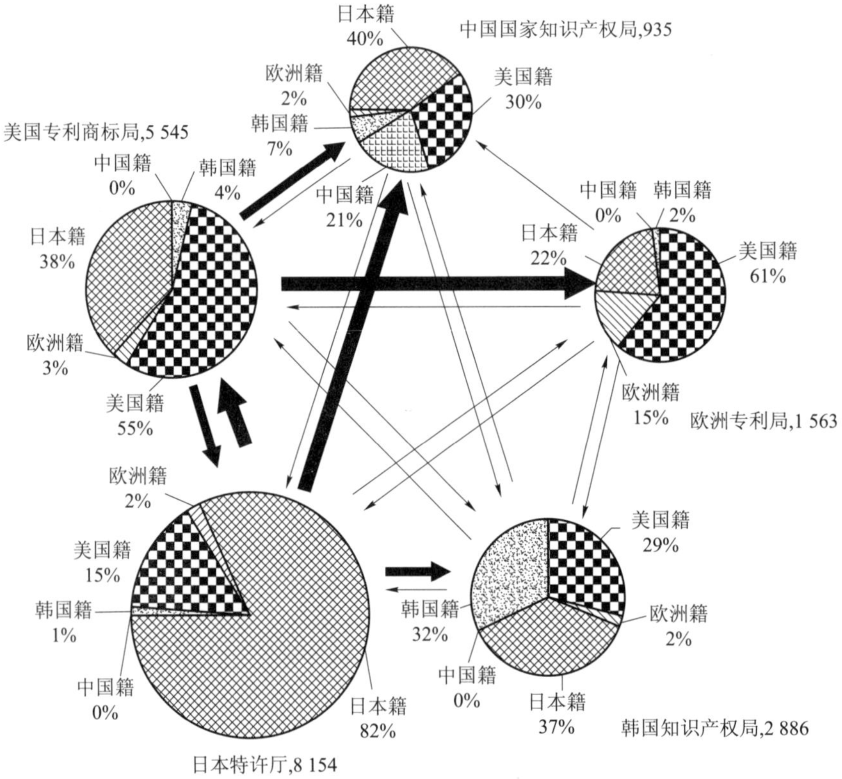

图 7–2–4　等离子蚀刻机专利申请流向[1]

---

[1] 选自 2010 年专利分析普及推广项目《等离子蚀刻机专利态势分析报告》图 4-2。

① 该领域在各主要国家/地区的专利局的专利布局状况;

② 各国/地区专利局的受理量中不同国籍申请人的专利申请量所占比例分布情况;

③ 各国籍申请人向各专利局提交的专利申请分布情况。

以上问题主要反映了对比关系，涉及的数据要素有专利申请量、比例、国籍以及受理局。

该图中，问题①和②是重点需要表达的信息，而为了使公众更客观地对各国的专利技术实力进行评价，对问题③也进行了相应分析，提供辅助信息作为参考，其中采用箭头的粗细表示数量的多少，非常形象直观地反映了某一国家是处于专利输出还是输入地位这一信息关系。

【设计启示】

该图表可以用于分析某一技术领域在各国的专利布局状况，某国相对于另一国家处于专利输出国地位还是专利输入国地位，比较各国籍申请人在不同市场（国家/地区）的布局状况。

7.3 综合性表格设计

数据表格能以简单明了的方式传递大量明确的数据信息。为了把各种数据组合在一起，便于读者阅读和抓住重点，又方便对表格进行解读，需要设计综合性表格。

7.3.1 综合性表格的设计要求

综合性表格的设计主要是将各种不同类型的数据以表格的形式进行展现，关键之处在于对数据选择和表格的布局设计。具体而言，可以包括以下几个方面。

（1）选择数据

要设计一个数据表格，首先要弄清楚所要表达的主题，即综合性表格将分析哪方面的问题，从而选择出合适的关键数据，将其按照一定的逻辑关系呈现在数据表格中。

（2）划分数据层次关系

在选择好数据之后，应当理清各类不同数据之间的层次关系。复杂关系信息之间通常存在两种以上的逻辑关系。为了能够将其合理有效地表现在表格中，应当对相关信息进行整合，梳理其中的关系层次，判断每一层关系的类型，找出其中要表达的重点信息。

（3）设计表格

根据所选数据的层次关系，对数据信息的表现方式进行合理的布局，找出数据中的关键数据点（如最大值、最小值、重点区域等），并可以对这类关键数据点进行突出显示，以便于读者阅读。

7.3.2 表格数据的关键要素

为了使表格中的信息逻辑清楚、层次分明，便于从中发掘出重要信息，还需要对表格进行合理的设计。表格本身的设计要素通常包括以下几个方面。

（1）行高

行高是表格中非常重要的参数，行高间距直接影响着读者的阅读体验。如果需要最大限度地强化数据显示效果，可以适当地降低行高。此外，为了避免一般数据信息淹没重要的数据信息，可以对特殊或重要的信息添加背景色或加粗等特殊格式。如果需要在表格中放置更多的文本信息或让表格显得更加美观，则需要适当地加大行高。

（2）对齐

表格中信息纵向列对齐能够很好地形成视觉引导，符合心理学中的相近原则。一般常见的是文本信息左对齐、数字右对齐、金额右对齐，同时表格最右一列右对齐，这样的表格即使没有分割线也能区分出分割区间。

（3）表头的固定重复

随着表格行数的增加，数据表格会面临不得不分页的现象。当数据量较大时，如果缺少表头的说明，下一页中将无法对数据进行对应。因此，当数据表格需要分页的时候，通常将表头的内容在分页的表格上重复，以方便读者阅读。

7.3.3 综合性表格设计实例

【案例 7–5】

【设计要点】

表 7–3–1 给出了国内各省的专利申请量排名信息，从该表中可以一目了然地获得以下信息：

① 各省的申请量总量排名；

表 7–3–1 透明质酸申请量排名前 10 位的省市中国专利状况❶ 单位：件

排名	省市	申请量					授权量	有效量	未决量
		总量	生物医药	化妆品	保健食品	生产方法			
1	山东	100	51	28	8	14	37	36	38
2	上海	73	47	9	1	13	21	20	34
3	广东	55	27	25	0	0	17	15	24
4	北京	51	31	10	4	4	20	16	19
5	江苏	46	24	5	1	12	15	12	21
6	辽宁	27	23	4	0	0	8	7	10
7	浙江	25	13	6	2	3	3	3	16
8	四川	20	7	11	0	2	1	1	13
9	天津	18	10	4	0	1	8	6	5
10	湖北	12	6	4	0	0	4	3	6

❶ 选自 2011 年专利分析普及推广项目《生物医用天然多糖行业专利分析报告》表 4-2-2。

② 各省在透明质酸的各技术分支中的专利申请量排名；

③ 各省专利授权量的排名情况；

④ 各省专利有效量的排名情况；

⑤ 各省专利申请未决量的排名情况。

【设计启示】

通过以上这些数据，可以容易地获得各省市在生物医药领域内的专利申请量排名情况，以及在生物医药领域的各个主要技术分支上的排名情况，以及授权量、有效量排名等信息，可以综合技术领域和权利有效性来分析各省在生物医药领域内的技术水平和研发实力。

【案例 7–6】

【设计要点】

表 7–3–2 主要提供了以下信息：

① 所分析技术领域主要申请人的全球申请量情况；

② 所分析技术领域主要申请人的多边申请量情况；

③ 所分析技术领域主要申请人的专利申请持续时间情况；

④ 所分析技术领域主要申请人近三年申请量占申请总量的比例；

表 7–3–2 立体影像主要申请人情况[1]

申请人	全球申请量（件）	多边申请量（件）	专利申请持续时间	近三年申请量占申请总量的比例	关注的技术领域	独特技术领域	重点申请国家/地区
索尼	988	462	1977 年至今	35.20%	全产业链		全球
三星	740	518	1986 年至今	48.40%	全产业链		全球
佳能	604	224	1983 年至今	7.60%	影像获取，立体显示	摄像机	日本、美国、欧洲
夏普	541	200	1979 年至今	9.00%	立体显示	光壁障式裸眼显示	日本、美国、欧洲
松下	505	135	1974 年至今	31.10%	全产业链		日本、美国、欧洲
三洋	443	104	1986 年至今	2.00%	立体显示，影像获取		日本、美国、欧洲
LG	403	114	1986 年至今	38.80%	立体显示	分光式显示	韩国、美国
东芝	387	155	1983 年至今	23.40%	立体显示		日本、美国
飞利浦	319	246	1976 年至今	28.90%	立体显示		全球
富士	257	102	1990 年至今	44.40%	影像获取，立体显示		日本

[1] 选自 2011 年专利分析普及推广项目《立体影像行业专利分析报告》。

⑤ 所分析技术领域主要申请人关注的技术领域情况；

⑥ 所分析技术领域主要申请人的独特技术领域情况；

⑦ 所分析技术领域主要申请人的重点申请国家/地区情况。

【设计启示】

此类表格可以全面地分析所分析技术领域内的主要申请人的专利申请情况、技术领域以及专利布局重点。

【案例 7–7】

【设计要点】

表 7–3–3 是排名在前申请人申请量所占比例的表格，主要提供了以下数据：

表 7–3–3　井下运输设备技术分支技术集中度分析[1]　单位：件

分支/申请人	刮板				皮带				矿车			
	所有申请		多边申请		所有申请		多边申请		所有申请		多边申请	
	数量	比例	数量	比例	数量	比例	数量	比例	数量	比例	数量	比例
前 10 位	330	31.00%	162	56.60%	280	26.50%	65	19.60%	67	25.20%	13	31.70%
前 20 位	432	40.60%	191	66.80%	388	36.70%	95	28.60%	96	36.10%	23	56.10%
前 30 位	497	46.70%	211	73.80%	472	44.70%	115	34.60%	116	43.60%	33	80.50%
前 40 位	551	51.80%	224	78.30%	539	51.00%	135	40.70%	136	51.10%	41	100.00%
前 50 位	595	55.90%	234	81.80%	593	56.20%	155	46.70%	148	55.60%	41	100.00%

① 排名前 10 位、前 20 位、前 30 位、前 40 位、前 50 位的申请人在各技术分支的申请总量；

② 排名前 10 位、前 20 位、前 30 位、前 40 位、前 50 位的申请人在各技术分支的申请总量占总申请量的比例；

③ 排名前 10 位、前 20 位、前 30 位、前 40 位、前 50 位的申请人在各技术分支的多边申请[2]的申请总量；

④ 排名前 10 位、前 20 位、前 30 位、前 40 位、前 50 位的申请人在各技术分支的多边申请的申请总量占多边申请总量的比例。

【设计启示】

结合上述数据，可以分析各技术分支中的技术垄断态势，即当排名靠前的申请人的申请量占总申请量的比例越大时，说明所分析技术分支的技术垄断程度越高，大多数本领域内的专利申请掌握在少数申请人的手中。

【案例 7–8】

【设计要点】

表 7–3–4 主要提供了以下数据：

---

[1] 选自 2011 年专利分析普及推广项目《煤矿机械专利分析报告》表 2-1-5。

[2] 多边申请：具有相同优先权且在中、美、日、欧、韩超过 3 个国家/地区都进行了申请的同一项申请。

① 某一技术领域内排名前20位申请人的专利申请排名情况；
② 某一技术领域内排名前20位申请人的专利申请延续时间情况；
③ 某一技术领域内排名前20位申请人近三年来专利申请情况；
④ 某一技术领域内排名前20位申请人近三年来专利申请量占总申请量的比重情况。

表7-3-4　重要申请人在生物医药领域研发活跃度[1]

排名	申　请　人	专利申请延续时间	2008～2010年专利申请量（项）	2008～2010年专利占其总量比
1	尤尼吉可株式会社（日本）	1980～2008	2	3% of 75
2	浙江大学（中国）	1999～2010	37	54% of 69
3	天津大学（中国）	1997～2010	17	36% of 47
4	武汉大学（中国）	1999～2010	8	19% of 43
5	东华大学（中国）	2001～2010	18	58% of 31
6	上海交通大学（中国）	2002～2010	7	26% of 27
7	暨南大学（中国）	2001～2010	14	54% of 26
8	烧津水产化学工业株式会社（日本）	1994～2009	1	4% of 27
9	宝洁公司（美国）	1992～2007	0	0% of 25
10	清华大学（中国）	2002～2010	6	25% of 24
11	京瓷株式会社（日本）	1990～2004	0	0% of 22
12	积水化学工业株式会社（日本）	1989～2006	0	0% of 22
13	国立清华大学（中国台湾）	2004～2010	17	77% of 22
14	约旦制药公司（约旦）	2005～2008	4	19% of 21
15	韩国原子力研究所（韩国）	1995～2008	1	5% of 20
16	独立行政法人科学技术振兴机构（日本）	1978～1998	0	0% of 19
17	阿基米德开发有限公司（英国）	1993～2008	2	11% of 19
18	伊西康公司（美国）	1985～2009	2	11% of 19
19	富士纺织株式会社（日本）	1982～2001	0	0% of 19
20	四川大学（中国）	2005～2010	9	47% of 19

【设计启示】

结合上述数据，可以分析所分析技术领域的申请人排名信息，而且可以获知申请人

[1] 选自2011年专利分析普及推广项目《生物医用天然多糖行业专利分析报告》表5-3-2。

在一段时间内的专利申请活跃度，以及近几年来的研发活跃度。

【案例 7–9】

【设计要点】

表 7–3–5 主要提供了以下几个数据：

① 主要国家在各技术分支的申请量；

② 主要国家在各技术分支的申请量排名。

表 7–3–5　煤矿机械各主要国家/地区申请量排名表❶

分支 国别	采煤机械	排名	掘进机械	排名	井下运输设备	排名	液压支护设备	排名	安全设备	排名	总量	总排名
前苏联	2205	1	902	1	633	2	2868	1	571	1	7179	1
德国	1276	2	581	2	690	1	1498	2	248	3	4293	2
中国	247	5	232	4	179	5	492	3	447	2	1597	3
美国	471	3	376	3	237	4	268	5	227	4	1579	4
英国	392	4	140	5	112	6	407	4	45	8	1096	5
日本	68	7	135	6	291	3	87	10	209	5	790	6
俄罗斯	136	6	126	7	58	9	226	6	114	6	660	7

【设计启示】

此类表格可以用于不同国家之间的专利技术优劣势对比分析，找出不同国籍申请人比较关注的专利技术领域和具有的专利技术优势。

【案例 7–10】

【设计要点】

表 7–3–6 主要提供了以下几个数据：

① 各主要国家近三年的整体专利申请量；

② 各主要国家近三年的原创专利申请量；

③ 各主要国家整体专利总申请量；

④ 各主要国家原创专利总申请量；

⑤ 各主要国家近三年的整体专利申请量占总申请量的比重；

⑥ 各主要国家近三年的原创专利申请量占总申请量的比重。

【设计启示】

结合上述数据，除了可以得到各主要国家在本领域内申请量的排名，还可以通过近年申请量的多少判断该国家在本领域的申请活跃程度。如果近期内的申请量和所占比重较高，说明该国家近期的申请活跃程度较高，结合近期该国家的政策和发展局势可以分析其申请量变化的原因。

❶ 选自 2011 年专利分析普及推广项目《煤矿机械行业专利分析报告》表 2-1-5。

表 7–3–6　新能源汽车主要国家和地区近三年申请态势❶

国家/地区	近三年申请量		近三年申请量占总申请量比重	
	整体❷（件）	原创❸（件）	整　体	原　创
日　本	6458	6521	24.84% of 26002	26.27% of 24826
美　国	2606	1675	22.69% of 11484	30.15% of 5556
德　国	1492	1021	22.43% of 6653	32.42% of 3149
韩　国	837	639	23.87% of 3507	31.32% of 2040
中　国	1669	868	28.54% of 5848	54.45% of 1594
法　国	262	238	22.51% of 1164	25.54% of 932
欧　洲	768	73	16.13% of 4760	11.23% of 650

【案例 7–11】

【设计要点】

表 7–3–7 主要提供了以下信息：主要国家主要企业的全球企业排名、销售收入同比增长、毛利润率、液体乳占销售额比例、海外市场占销售量比例、研发费用占收入比重及专利申请数量。

表 7–3–7　中国和日本乳制品企业对比分析❹

公司名称	蒙牛	伊利	明治	森永	养乐多
国　别	中国	中国	日本	日本	日本
全球排名	16	17	11	14	—
销售收入同比增长	17.7%	21.9%	0.51%	–0.36%	5.3%
毛利润率	25.7%	30.2%	29.5%	31.6%	54.8%
液体乳占销售额比例	88.8%	74%	40.7%	34.2%	—
海外市场占销量比例	—	—	—	—	68.1%
研发费用占收入比重	0.12%	—	0.98%	0.84%	3.76%
专利申请数量（件）	289	339	1267	1182	1192
对外专利申请（件）	0	0	265	210	222
近三年专利申请量（件）	87	53	94	114	79
研发费用/每项专利申请（万元人民币）	127	—	1857	1057	3648

❶ 选自 2011 年高端装备制造产业技术动向研究项目《新能源汽车产业专利态势分析报告》表 2-4。

❷ 整体：指在该国家/区域受理的专利申请量。

❸ 原创：指由该国家/区域的申请人申请的专利申请量。

❹ 选自 2011 年专利分析普及推广项目《乳制品行业专利分析报告》表 4-6。

【设计启示】

通过上述信息，可以找出中国主要企业在研发和专利申请方面的投入与国外主要企业之间的差距，促进国内企业提高对研发和知识产权保护的重视，加大在研发和专利申请方面的资金投入，从而能够占据更大的市场份额，获得更好的销售收入。

7.4 图表解读

在专利分析中，通常以图表的方式对专利数量、申请人情况、技术发展趋势等进行表征。因此，如何对专利分析中制作的专利图表进行解读非常重要，其直接关系到专利分析的意义和参考价值。本节将从图表解读的原则、图表解读的环节和图表解读中常见问题来阐述如何观察、解读图表并挖掘其内在信息，提炼其隐含思想。

7.4.1 图表解读的原则

（一）用户适用原则

用户适用原则主要是指站在用户的立场，帮助用户理解专利分析图表的内在含义。因此，在图表解读过程中，应尽量采用自然语言和行业内常用的技术术语，避免采用专利中的专用术语，例如 IPC 分类等情报语言。

（二）多维度原则

通常情况下，专利申请受技术、市场、人员、政治政策等多方面的影响，因此专利申请数量中所蕴含的信息也可以从多个维度进行解读。例如专利申请量的变化，其既能反映技术研发的成熟情况，也能反映技术人员的参与程度，并且还能反映出未来市场的趋势以及政治政策的变化。因此，在进行图表解读时，应针对专利统计量的数量及其变化情况分层次地揭示背后的原因。例如，针对专利申请量逐年下滑的现象，从技术层面上可以解读为该技术可能遇到了瓶颈或不大可能实现，从人员层面上可以解释为研发人员停止研发，从市场层面上可以解释为市场需求正在萎缩或者国内发布新的政策法规或国际政治变化，解读示例参见表 7–4–1。

【案例 7–12】

表 7–4–1 专利数量以及解读维度示例[1]

角度	现象	解读例			
		技术维度	人员维度	市场维度	政治政策维度
专利数量趋势	显著多	成熟期	参与企业多	市场需求大	相关激励政策出台
	比较多	技术成果多	参与研发者多	市场有需求	持续发展政策
	比较少	成长期	竞争者少	市场需求少	政策不显著或无政策
	没有	未开发	无竞争	市场无需求	无相应激励政策

[1] 肖沪卫. 专利地图方法与应用[M]. 上海：上海交通大学出版社，2011.

续表

角度	现象	解　读　例			
		技术维度	人员维度	市场维度	政治政策维度
专利数量变化	急剧增加	技术完成度高	开发者大量介入	市场需求剧增	相关激励政策出台
	缓慢增加	技术接近实现	参与者逐步增加	市场需求稳定	激烈政策效果显著
	不变	技术稳步进行	参与者、退出者变化不大	市场需求稳定	持续发展政策
	缓慢较少	产生技术壁垒	出现撤退者	市场需求萎缩	政策不显著或无政策
	急剧减少	不可能实现	研究人员停止研发	市场无需求	无相应激励政策
专利数量比较	非常大	技术实现突破	参与者最多	市场应用最广	相关支持政策占主导地位
	大	技术开发成果较大	参与者较多	市场应用较广	有较大相关支持政策
	大体相同	几项技术齐头并进	各技术投入相当	市场应用比重相当	各项技术均存在政策支持
	小	技术开发成果较小	参与者较少	市场应用较少	较少政策支持
	非常小	存在技术瓶颈	参与者很少	市场应用很少	无政策支持

（三）宏观与微观结合原则

图表中所反映的内容既有整体的趋势和走向，也有局部的波折和拐点，这两方面信息都很重要。在解读时，既要从整体上总结图表信息所反映的规律，也要关注各个时段的具体走向，尤其是其中的拐点，其背后往往隐含更深层次的内容。

也有一些图表反映了各项目之间的相互关系。在解读时，首先要理顺这些具体的相互关系，在此基础上总结出整体的规律。在这个过程中，每一个局部都是不可忽略的。

（四）静态与动态结合原则

虽然图表仅仅是客观并且静态地展示所蕴含的信息，但图表的解读却需要充分发挥主观能动性，实现静态与动态解读相结合。在解读时，不仅要解读出各种静态信息，还要将这些静态信息置于一个动态过程中进行分析，有时甚至要结合多个图表中的静态信息来获取动态的趋势。这样才能够最大限度地寻找出静态信息背后深层次的规律。

（五）重点突出原则

一般情况下，专利分析图表中包含着多个数据信息，但该多个数据信息中会存在一些重要信息。例如，专利申请量的趋势图中给出了各年的专利申请量，但在该趋势图中，可能会存在数据量急剧上升或急剧下降的拐点，因此在该拐点处3～5年内的专利申请情况应是分析的重点。表7–4–2给出各种图形中的解读重点示例。

【案例 7-13】

表 7-4-2 图表类型及解读重点示例[1]

图表类型	描　述	解读重点
排　序	对某一要素进行递增或递减排序，通常显示排名前 5 位或前 10 位的数据值，例如不同申请人的专利申请量排名	（1）排名较前的要素作为重点进行深入研究。例如，将排名前位的申请人作为某行业的领军企业进行深入研究，或将发明人排序中的前位作为重点专业技术人员进行分析。（2）对排名中的不同类别进行归纳分析。例如，在申请人排名中，对企业、大学或个人类别进行归纳，从而得出相应结论
份　额	显示同一要素不同对象在总和中所载的份额，为分析部分和整体的关系提供了直观的印象	通过各部分所占份额，确定主导部分的特点和各部分的悬殊差别
趋　势	考察某要素分析对象随时间变化的趋势	整体趋势 拐点分析 某一段时间内的技术发展状况
分　布	考察某一要素在其他要素组成的坐标轴中的数据分布情况，一般为技术矩阵图	应重点关注技术空白点
关　系	考察各要素之间的相互关系，一般为专利引证图	以基础专利为重点，关注各专利之间的演进，从而揭示技术发展历程；专利信息中重要技术因素的关联分析

（六）综合分析原则

由于专利申请受人员、市场、政策法规、技术发展等的影响较大，因此在图表解读中，应充分结合行业报告、政策法规、市场分析、技术标准等各种相关资料进行解读。例如，可以结合行业报告中的技术发展历程来验证专利分析图表中的各种趋势，或结合产业振兴计划等政策法规，来解释专利分析图表中某一时间段内的专利申请数量激增，或结合市场需求分析，来说明某一技术的研发状况。

此外，在进行图表解读过程中，还应注意前后图表的联系和一致性，通过前后图表之间的相互联系和关联，综合分析专利分析图表所蕴含的信息。

7.4.2 图表解读的环节

图表解读一般可以分为 3 个环节：读图→解图→说图，下面将对这 3 个主要环节进行说明。

（一）读图

读图是指在解读专利分析图表之前，需要了解图表的主题和读取图表中的要素。读图时，首先要通过图表的类别来明确该图表所要揭示的主题。例如，图表中是申请趋势

[1] 肖沪卫. 专利地图方法与应用[M]. 上海：上海交通大学出版社，2011.

还是数量比重，是排名先后还是综合分析。在了解图表主题后，还需要进一步提取图表的要素。一般图表中的要素包括坐标、图例、专利数量、申请人、数据范围以及图表注释等内容。表7–4–3给出了图表要素的读取示例。

【案例7–14】

表7–4–3 图表要素及读取示例

图表要素	读　取
主题	趋势、比重、排名、矩阵、综合
坐标	纵坐标、横坐标、时间范围、数据单位
图例	各种图例含义及区别
专利数量	数据范围、所占比率
权利类别	授权、有效、失效、未决、视撤、驳回

此外，读图时还应将专利分析图表中的要素解读成读者关心的对象，以引起读者的兴趣。例如，将申请人解读为竞争者、发明人解读成研发人员等，表7–4–4给出了专利要素解读的示例。

【案例7–15】

表7–4–4 专利要素及解读示例

专利要素	解　读
申请人	竞争者或合作伙伴
发明人	研发人员
专利分类	自然语言表达的技术
权利要求	技术保护、技术壁垒
专利申请国	市　场

（二）解图

解图是指针对读图中提取的要素，采用多种统计分析方法对图表进行解析，以反映出图表中数据、趋势、比率等要素所蕴含的信息。下面将逐一介绍各种常用的统计分析方法。

（1）演绎归纳法

从一般到特殊是演绎，从特殊到一般是归纳。在统计分析中，凡是先下结论后摆材料的叫演绎法，如现状（结论）→原因→建议。先摆材料后根据材料下结论的叫归纳法，即：分析材料→得出结论。在专利分析图表解读中，要灵活采用演绎归纳法，全篇解读可以用演绎法，分段解读可以运用归纳法。在针对图标解读时，常采用归纳法进行分析，通过提取相关元素之间的共同点来得出结论。下面举例说明归纳法。

【案例 7–16】

表 7–4–5 给出了煤炭安全设备 2011 年的中国申请人申请量排名。从该表可以看出，在煤炭安全设备领域内，申请人排名前 3 位的都是大学，排名前 5 位的申请人都是大学和科研机构，排名前 10 位的大学占了 3 个，科研机构占了 3 个，企业占了 3 个，还有 1 个是个人申请。并且，前 3 名的大学申请量远超过其余 7 个申请人的申请量总和。因此，可以得出在煤矿安全设备领域：① 大学是煤炭安全设备技术的主导力量；② 大学、科研机构以及企业均有参与，因此存在利于产学研结合的可能。

表 7–4–5　煤矿安全设备 2011 年申请量排名

排名	名　　称	申请量（件）
1	中国矿业大学	599
2	山西大同煤矿学院	433
3	河南理工大学	300
4	煤炭科学研究院重庆分院	156
5	煤炭科学研究院西安分院	89
6	淮南矿业（集团）有限公司	80
7	天津市天矿电器设备有限公司	78
8	三一重型装备有限公司	66
9	山东省科学院煤炭研究所	59
10	杜志刚	55

（2）引证法

引证法也称相互联系法，即将相关的资料或指标联系起来进行综合分析。例如，可以将专利申请量的多少、趋势等与行业报告、国家产业政策法规、市场调研报告以及技术发展等资料、科研项目、资金预算、论文发表等各种资料联系起来进行分析，通过借助上述资料提供的信息，来验证专利分析图表中的数据信息，从而得出比较准确的分析结果。

（3）层层剖析法

层层剖析法也叫层层剥笋法，就是对事物要寻根问底，把问题弄个水落石出。即：皮→肉→骨→骨髓，一层一层地深入分析。

（4）纵横对比法

纵横对比法就是通过比较各个对象来揭示事物或对象之间的异同。在统计上把时间连续叫做“纵”，把地区联系叫做“横”。要说明发展情况就必须和各个历史时期比，这就是纵的对比法。要说明各申请人就某一指标的高低，就必须把各申请人进行对比，这就是横的对比法。通过纵横对比，可以凸显出各个对象、各个时间之间的共性和差别。

采用纵横对比法时，要注意可比性。一是要注意时间、地点、条件的可比性；二是要注意统计指标的计算口径、范围和计算方法的可比性。

（三）说图

说图就是在读图和解图的基础上，以文字描述的形式对图表进行说明。说图一般分为以下几个部分。

（1）再现

再现就是将图表中的重点内容用文字重述一下，是读者尽快理解专利分析图表的要点。再现图表应尽可能简要，避免造成冗长的看图说话。

（2）图表解释

在专利分析图表中，可能会由于数据的不足，特别是图表制作时专利数据公开滞后或数据库更新较慢的原因导致的数据量不足，从而造成了专利分析图表中的图形失真。例如，在趋势图中会出现近两年曲线下拐的现象，因此需要向读者进行解释说明。

此外，由于中国专利分析和全球专利分析所检索的数据库之间存在着数据量、标引等内容不同，因此在同一时间点上同一申请人的专利申请数量可能会有所不同。在使用不同数据库进行检索得到的专利数据进行图表制作时，说图要对该情况进行解释说明，使读者了解图表所采用的源数据库等背景情况。

（3）解读图表

解读图表即采用上述解读原则和解读方法来对图表进行解析，揭示出图表中所隐含的信息。

（4）建议

通常是指针对一个人或一件事的客观存在，提出自己的见解和意见，使其具备一定的改革和改良的条件，向着更加良好、积极的方面去完善和发展。专利分析图表的目的就是促使使用者采取某种行动，以解决专利分析图表揭示的问题或又好又快地沿着专利分析图表提示的方向前进。因此，提出建议可以更明确地告知使用者应该如何做。

7.4.3 图表解读中的常见问题

（一）看图说话

在图表解读中，由于缺乏对图表解读方法的理解，无法对图表中隐含的信息进行深入挖掘，容易出现看图说话的现象。即仅仅针对图表中的要素、趋势、比率、排名等内容进行一一说明，而对数据、趋势、排名、变化等内容毫无分析，从而导致报告内容流于表面、缺乏深度，从而也就无法针对现有问题提出相应的建议。

（二）未作相应解释

图表中可能会存在一些读者无法理解的内容，例如，数据的纠错、图例混淆不明以及数据来源等。如果在进行图表解读中不对上述内容进行相应的解释，读者可能会不明就里，后续的分析也就不能深入理解。

（三）前后缺乏一致性

专利分析报告一般会采用多种类型图表来说明不同的主题，其中各个图表之间会有相应的联系，因此在解读图表时，需要注意前后图表数据的一致性。例如，在前面的趋势图中显示 2008 年专利申请量有所下降，但在后续的饼图中却得出申请人在 2008 年加大了专利申请量的结论，导致图表解读中前后不一致，从而得出错误的结论。

（四）语气不够缓和

在图表解读中，经常会有从若干前提得出一个结论的思维过程。在该过程中，由于可能存在推测的部分或是一种盖然性的分析，通常其具有不确定的因素，因此在论述中应注意语气缓和，避免出现“申请量巨大”、“发展急剧加速”、“成为市场的绝对主导力量”等语气强硬的措辞。

第8章

专利分析方法

本章概要

工欲善其事，必先利其器。专利分析方法是做好专利分析的核心。只有熟练掌握各种专利分析方法，才能有效地使用合适的专利分析方法。

本章将常用的专利分析方法归纳为技术、市场主体、区域和其他四类。对每一类方法逐一详细讲解，并结合典型的分析案例充分展示了各种专利分析方法可以达到的效果，便于读者快速有效地学习和掌握。本章还列举了各类专利分析方法常见的误区，以避免错误运用专利分析方法。

研究人员心声

- ✓ 课题组可先就某一技术分支下少量的文献进行分析，熟悉专利分析的整个流程。（立体影像课题组）
- ✓ 专利分析的探索性工作要适可而止，不应该占据过多的时间而影响整个课题的进度。（立体影像课题组）
- ✓ 定性分析是专利分析的重要方法，定性分析的深度在一定程度上反映了专利分析报告的水平，定性分析的结果最受企业关注。（立体影像课题组）
- ✓ 行业专利分析会涉及诸多技术点，不能全面铺开，应该有抓有放。（乳制品课题组、燃煤锅炉燃烧设备课题组、通信用光器件课题组、煤矿机械课题组）
- ✓ 在重要申请人的分析、重要技术点的选择和重要专利的遴选等方面都要根据行业需求或专家建议、围绕行业的自身特点和需求展开并深入。（乳制品课题组、燃煤锅炉燃烧设备课题组、通信用光器件课题组、煤矿机械课题组）
- ✓ 在各种分析中，要灵活采用分析样本、分析对象、分析层次、分析时段、分析指标等多个维度的各种组合；从各个角度呈现本领域的专利状况，使整个行业专利分析报告更贴近行业发展需求。（乳制品课题组、燃煤锅炉燃烧设备课题组、通信用光器件课题组、煤矿机械课题组）
- ✓ 重要申请人的分析，要尽量选择具备行业代表性和具有一定特点的申请人。（乳制品课题组、通信用光器件课题组）
- ✓ 重要申请人的分析，需要避免仅就专利论专利，要将企业的发展阶段、经营状况、财务数据、市场地位、重要产品等信息与企业的专利申请和技术研发结合分析，以体现专利与其他方面的相互联系和相互促进，以便使报告受众更全面地了解申请人的情况，尤其是企业的知识产权战略和策略。（乳制品课题组、通信用光器件课题组）
- ✓ 重要专利的筛选可以选择具体的技术点或申请人进行。（乳制品课题组）
- ✓ 重要专利的标准不能仅限于专利被引频次、公开地区数量、权利要求范围，还需要扩展至专利技术的转化和运用、专利诉讼、专利许可等情况，让重要专利更丰满全面。（乳制品课题组）

专利分析方法从研究对象的维度进行分类，通常包括技术分析、市场主体分析和区域分析，另外也可以结合不同的需求作其他行业特色分析。这些分析方法中涉及的数据和信息可能互有交叉。本章将对主要的专利分析方法进行逐一介绍，并用大量的案例来展示所用专利分析方法能达到的效果，以期为专利分析工作提供一定的参考。本章涉及的专利分析方法参见表 8–1。

表 8–1　主要专利分析方法一览表

分析对象	分析对象细分	分析项目	样　　本	图表类型	适用范围
技术	关键技术点、重要技术分支、全产业链	技术发展趋势	不同年代申请量的数据源	折线图、柱状图	全产业链、重要技术分支和关键技术点的分析
		技术生命周期	不同年代申请量和申请人数量的数据源	堆积图、折线图	全产业链、重要技术分支和关键技术点的分析
		技术发展路线	不同年代引证关系的申请	树状图	重点技术分支和关键技术点的深入分析
		技术功效	不同年代的技术和需求的申请量	气泡图	关键技术点的深入分析
		重要专利	综合多种因素选择的申请	综合性图格	重点技术分支和关键技术点的深入分析
市场主体	申请人、发明人、产业共同体、产业联盟	专利布局	技术和区域的申请量	饼图、柱状图	所有市场主体的分析
		重点技术发展趋势	不同年代申请量的数据源	折线图、柱状图	所有市场主体的分析
		重点产品	涉及重点产品的申请	放射图	重要市场主体的分析
		研发团队分析	发明人的专利量	综合性表格	所有市场主体的分析
		技术合作	共同申请人和技术的申请量	饼图、柱状图	重要市场主体的深入分析
		技术引进	技术引进涉及的专利	综合性表格	重要市场主体的深入分析
		并购	并购涉及的专利	综合性图表	重要市场主体的深入分析
		诉讼	诉讼涉及的专利	综合性表格	重要市场主体的深入分析
		竞争对手分析	不同技术的申请量和构成	综合性表格	重要市场主体的深入分析
区域	全球、中国、新兴市场	专利布局	申请人和技术的申请量	饼图、柱状图	所有区域的分析
		重点技术发展趋势	不同年代申请量的数据源	折线图、柱状图	所有区域的分析
		重要市场主体	申请人的申请量	饼图、柱状图	重点区域的深入分析

续表

分析对象	分析对象细分	分析项目	样　　本	图表类型	适用范围
区域	全球、中国、新兴市场	首次申请国	以优先权中国别统计的申请量	饼图、柱状图	重点区域的深入分析
		目标市场	以公开号中国别统计的申请量	饼图、柱状图、综合性表格	重点区域的深入分析
		新兴市场	新兴市场的专利申请	饼图；综合性表格	重点区域的深入分析
其他	其他	标准	标准涉及的专利	综合性图表	涉及标准的行业专利分析
		产业准入	产业准入涉及的专利	综合性图表	涉及产业准入的行业专利分析
		外观	外观专利申请	综合性图表	涉及外观的行业专利分析

8.1 专利技术分析

专利技术分析在对专利进行定量分析或定性分析的基础上，制作与技术相关的专利分析图表，并对图表进行解读得出相关结论的方法。专利技术分析可以反映某一技术的发展趋势、生命周期、发展路线、技术热点/空白点等。专利技术分析的结论通常能为技术的开发和利用提供参考依据。

8.1.1 技术发展趋势分析

分析某行业的技术发展趋势可以了解该行业的技术发展态势和发展动向。这有助于该行业的从业人员或研究人员对行业有一个整体认识并对研发重点和路线进行适应性的调整。

行业的技术发展趋势，需要结合相关技术资料对相关图表进行解读，从而得到综合的分析结果。综合分析结果的描述大致可以包括以下几个方面：

① 各发展阶段的申请总量（或趋势）、平均增长量（或平均增长率）；

② 各发展阶段申请人数量的变化；

③ 各发展阶段的主要申请国家和地区、代表性申请人；需要注意的是代表性申请人并不一定是申请量排名前几位的申请人，也可以是在行业中具有重大影响和/或拟重点研究的申请人，例如占据较大市场份额但申请量不是很大的申请人；

④ 各发展阶段的主要技术、代表性专利；需要注意的是主要技术最好是技术分解表中提到的技术，以便与后续技术分析前后呼应；代表性专利可以是在行业中具有重大影响的专利和/或拟重点研究申请人的代表性专利；

⑤ 各发展阶段产业和政策的发展情况；

⑥ 对技术发展趋势的总结和预期。

根据分析行业的不同，可以选择其中几项进行描述，也可以加入有行业特色的描述。

在进行技术发展趋势分析时，不应该只停留于申请量的变化趋势，而应该更多地结合行业和技术来分析申请量变化所体现的技术发展变化。应当对技术发展趋势的分析结果进行验证，主要是核实采用的分析方法是否合理以及得到的分析结果是否与行业的发展相符。分析结果的验证主要可以通过与专利分析专家、技术专家和行业专家的交流来进行，也可以利用网络等资源查证分析结果的合理性。

【案例 8–1】

【分析项目】肝素的技术发展趋势❶

【分析内容】图 8–1–1 示出了肝素的技术发展趋势，大致可以分为以下四个时期，各时期划分以申请量增长率的变化为标准。

图 8–1–1　肝素的全球专利技术发展趋势

（1）萌芽期（1970 年之前）

这一时期，每年全球专利数量只有几项，且这些专利集中于美国和欧洲。此时肝素处于技术摸索阶段，并且技术起源于欧美。这个时期的专利主要涉及肝素的分离提纯工艺，例如：1958 年德国 ROUSSEL 申请的 DE1228241B 等，另外还涉及部分组织材料，例如：1969 年美国麻省理工学院申请的 DE1936387A 等。

（2）平稳增长期（1971～1990 年）

这一时期的专利申请量平稳增长，日本的专利申请量在此阶段增长迅速，日本在这一阶段专利量的增长主要来自组织材料领域的申请量贡献。从 1970 年开始日本多家公司开始在组织材料方面申请多项专利，例如，东丽株式会社于 1971 年申请的 JP48055946A 等。除在组织材料领域出现大量申请外，日本在这一时期也出现很多关于肝素制备提纯的专利。

在 20 世纪 80 年代左右，肝素领域迎来了一次技术上的革新，人们发现将肝素降解后形成的低分子肝素在保持抗凝血疗效的同时带来的副作用远远低于未降解的普通肝素。从 20 世纪 80 年代开始陆续有一些技术先进的大型药业公司涉足该领域，1979 年法国赛诺菲和乔伊公司（后被赛诺菲合并）联合申请的 FR2440376A 等涉及低分子肝素的

❶ 选自 2011 年专利分析普及推广项目《生物医用天然多糖行业专利分析报告》，进行了适当缩减。

制备及分离，日本的东亚荣养株式会社于 1985 年申请的 JP62004703A 涉及用过氧化物降解肝素等。

肝素技术在这段时期已经逐渐成形，且已经广泛分布于美、日、欧等技术发达地区。低分子肝素制备分离技术在这一阶段也已经产生，但技术还不完善。得到的低分子肝素产品医疗效果不很理想，且只有少数企业掌握这种技术。

（3）快速增长期（1991～2004 年）

从 1991 年起，肝素领域申请量进入快速增长阶段。到 20 世纪 90 年代，低分子肝素技术已基本完善，大量的公司进入该领域，开发了大量的低分子肝素化合物及其医疗用途。赛诺菲-安万特公司就是在这一时期开发了其拳头产品依诺肝素，于 1991 年申请了相关专利 US5389618A，并用类似的降解方法申请了一系列低分子肝素专利。

这一时期是全球医药卫生事业快速发展的时期，肝素作为成熟的抗凝血药与医疗条件医疗技术息息相关。这一时期外科手术技术的提高为肝素的应用带来了广阔的市场，肝素领域出现了大量的制剂以及涉及肝素的器官植入材料的申请，使这一时期的专利申请量最高年增长率达到 40%，肝素专利申请在这一阶段进入快速增长期。

（4）成熟期（2004 年至今）

2004 年开始，肝素领域申请量出现下滑趋势。这是由多方面原因造成的：首先，肝素在临床方面的功效和应用已经处于成熟阶段，肝素被列为抗凝血药物记载在各国医学指南中。专利申请量出现峰值之后下降的趋势意味着该领域技术已进入成熟阶段，这正好与医药行业的实际情况相吻合。其次，经过学术界长期不懈研究终于确定肝素大分子链中具有抗凝血疗效的五糖结构片段。欧美等先进药业公司开始采用人工合成的手段生产分子结构类似于肝素的低聚糖药物，其中申请的很大一批专利涉及肝素类似物，大型公司转战肝素类似物的研发使肝素领域的研发热度降低。最后，2008 年美国出现“百特事件”，使美国、欧洲等国家或地区都重新修订了肝素产品标准，促使肝素的生产和使用标准进一步提高，肝素领域准入门槛提高也降低了大量小型企业的活跃度。

【案例启示】该案例结合行业信息将某一行业的发展按照专利申请的增长率分成若干阶段，每一阶段进行综合分析，对技术、产业、申请人和主要产品进行了深入的分析，得出了技术发展的基本方向。这样的分析有助于行业技术人员从整体上把握该行业的技术发展趋势。

【案例 8–2】

【分析项目】刀具领域全球专利申请趋势延伸分析[1]

【分析内容】刀具领域的全球专利申请趋势可分为 4 个阶段（参见图 8–1–2）。

（1）缓慢发展期（1953～1968 年）

在此期间，车、铣、孔加工等传统刀具以及高速钢刀具材料和热处理技术占据技术发展的主要地位。而涂层技术以及硬质合金和陶瓷刀具材料正处于技术发展的萌芽期。这个时期刀具涂层结构主要为单层结构，单层涂层材料成分主要是碳化钛（例如：

[1] 选自 2011 年专利分析普及推广项目《切削加工刀具行业专利分析报告》。

US3616506A，1969-01-02，山特维克）；在硬质合金基体材料上出现了钨钴类和钨钴钛类硬质合金，由于这类硬质合金制得的刀具硬度高、耐高温、可进行高速切削，因而在切削刀具上逐步得到应用。另外，首次出现于1937年莱比锡春季博览会上的陶瓷刀具也开始有所发展，虽然它具有很高的硬度和耐磨性以及良好的抗黏性，具有摩擦系数低以及物理性能和化学稳定性好等优点，但是由于韧性差、抗震性差、不耐冲击，所以并未得到广泛应用。直到1968年才出现第二代陶瓷刀具即复合氧化铝刀具，由于其在强度和韧度上比氧化铝刀具有了明显提高，所以可以在较高的速度和较大的进给量下切削各种工件，从而得到了较广泛的应用。

（2）第一快速发展期（1969～1990年）

可转位铣刀在此时期出现了技术萌芽并快速发展起来。从20世纪60年代末可转位铣刀的生产工艺才逐步完善，到20世纪80年代中期，可转位刀具应用已完全改变了金属切削刀具五大类材料的构成比例。[1]从20世纪70年代初即开始出现该领域的重要专利技术，例如伊斯卡公司的申请US49641083A，英格索尔公司的申请US000110053A。

涂层技术进入快速发展期。山特维克率先面向市场推出单层涂层的刀具涂层产品，各刀具主要制造商也纷纷进入该领域，随后出现了双层涂层（例如：DE2253745A）和多层涂层（例如：US4237184A）的专利申请。1972年，出现了利用PVD（物理气相沉淀）制作刀具涂层，利用 PVD 技术制作刀具涂层逐渐得到重视和应用（例如：US5075181A,1989-05-05，肯纳），20世纪80年代末PCVD（低温化学气相沉淀）技术开始出现。

硬质合金材料技术发展十分迅速。在该阶段，普通硬质合金、细晶和超细晶硬质合金、金属陶瓷、梯度硬质合金均得到了长足的发展。对于普通硬质合金，开展了添加多种成分（例如TiC、TaC、NbC、稀土等）来改善硬质合金性能的研究。另外随着工艺水平的提高，可以得到粒度更小的硬质合金，从而实现硬度和强度之间的完美统一（例如DE2621472A1，1975-05-16，山特维克）。为了满足对刀具不同工作部位的不同性能要求，梯度硬质合金应运而生（例如JP53031882B，1969-11-10，SUWA SEIKOSHA KK）。梯度硬质合金包括表面富立方相型、表面贫粘结相型、表面富粘结相型、晶粒梯度等。

陶瓷材料的应用更加广泛。陶瓷材料开始在车削灰铸铁和硬铸铁中得到广泛应用。[2]20世纪70年代到80年代初期发展了氮化硅基陶瓷刀具材料及ZrO_2相变增韧陶瓷刀具材料，在20世纪80年代后期到90年代发展了晶须增韧陶瓷刀具。其中涌现出京瓷等一批企业，制造了多种陶瓷刀具（例如JP4037653A，1990-05-30，京瓷）。

超硬材料进入缓慢发展的技术萌芽期。由于金刚石和立方氮化硼具有远高于其他刀具材料的硬度，因此它们在刀具材料方面的应用具有广阔的前景，但在该阶段，由于受制于工艺条件，超硬材料发展较为缓慢。尽管如此，金刚石材料也从天然金刚石（ND）发展为人造聚晶金刚石（PCD）、人造聚晶金刚石复合片（PDC），立方氮化硼（CBN）也发展为聚晶立方氮化硼（PCBN）。

---

[1] 大连市先进刀具系统推广服务站. 可转位刀具实用手册［M］. 北京：北京科学技术出版社,1992.

[2] 卞其士. 国外陶瓷刀片拾贝［J］. 机械制造，1981（5）.

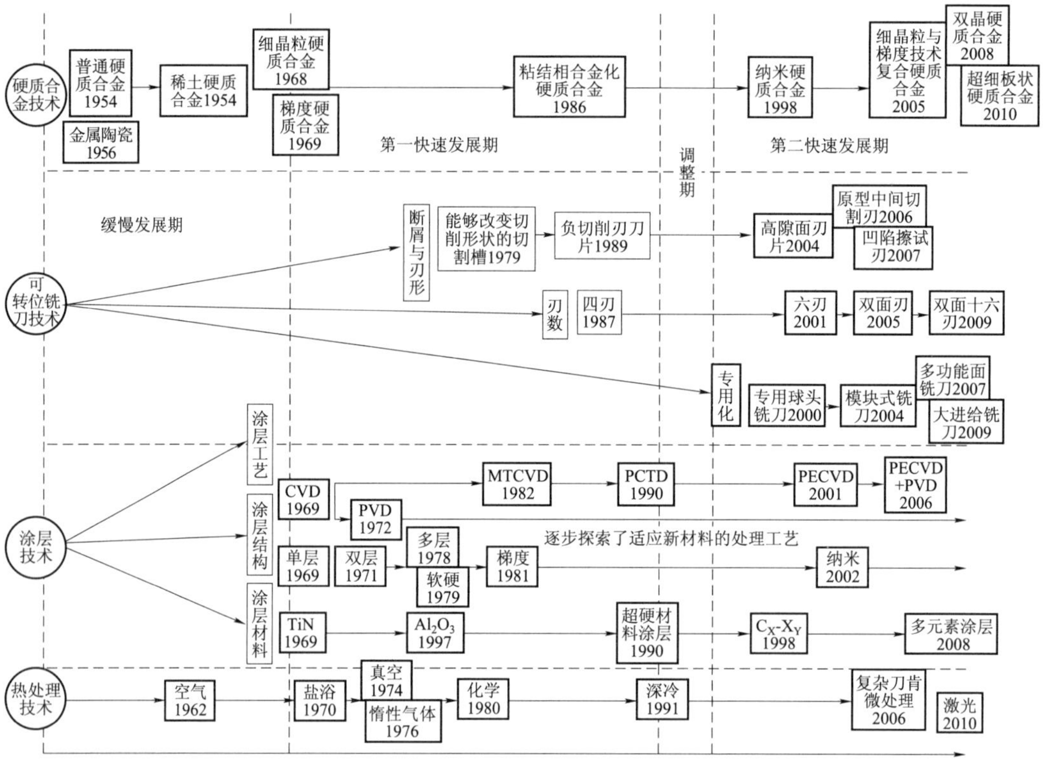

图 8-1-2 刀具领域重要技术发展图

（3）调整期（1991～1993 年）

在此期间，申请人数量和申请量都出现了大幅下挫，主要原因是由于前苏联解体，其经济和科技遭到重创。前苏联（俄罗斯）的专利申请量从每年 300 件下降到了每年 50 件以下，并导致其失去了在刀具技术上的主导地位。而其他国家在刀具技术上的发展上并未受到太大影响。因此，从全球范围看，刀具技术在此期间并未出现“断层”，只是在传统刀具、热处理技术、涂层技术方面受到一定影响。

（4）第二快速发展期（1994 年至今）

高速高效切削理念大大激发了可转位铣刀技术的研发。在这一发展时期随着计算机技术的普及，刀具的设计进入一个新的发展阶段，各种复杂曲线的刃型设计能够得以实现，因此在这阶段各种刀具的新技术也不断涌现（例如，伊斯卡公司的 CN200580003889A，日本三菱材料的申请 CN96106062A）。

在涂层技术上，随着主要申请人在 MT-CVD（中温化学气相沉淀）技术获得突破，[1]纳米涂层和梯度涂层的专利申请量逐渐增加，多层涂层的专利申请量仍然保持增长态势。近几年，刀具涂层技术领域的专利申请人数量和专利申请量都达到了近 25%的增长率，说明涂层技术领域的技术创新热度持续增加，这也意味着刀具涂层仍然处于技术发展期。

硬质合金在刀具材料中主导地位的确立。由于硬质合金材料具有硬度高和耐磨性好等优点，尤其是涂层技术的应用，促进了硬质合金刀具材料的应用，因此在欧、美、日

---

[1] 李建平，高见，曾祥才，等. 中温化学气相沉积（MT-CVD）工艺技术及超级涂层材料的研究［J］. 工具技术，2004（9）.

等发达国家或地区逐渐占据了主导地位。随着研究的不断深入，不仅对于硬质合金形成机理的研究更加微观，而且硬质合金各个发展路线之间的融合也更加紧密，例如CN101586204A，2009-05-13，长沙高新开发区鑫天超硬材料有限公司，该专利申请公开了一种碳化钨-碳化钛-碳化钽-碳化铌固溶体硬质合金，其技术方案是将元素添加、超细晶粒、梯度结构技术、双峰结构技术结合在一起。

超硬材料的应用日益广泛。随着精密切削、超精密切削和难切削材料使用的增多，超硬刀具材料的应用日益广泛，其应用也从精加工扩大到粗加工，因此被国际上公认为是当代提高生产率最有希望的刀具材料之一。利用超硬材料加工钢、铸铁、有色金属及其合金等零件，其切削速度可比硬质合金高一个数量级，刀具寿命可比硬质合金高几十倍，甚至几百倍。同时它的出现，还使传统的工艺概念发生变化，利用超硬刀具常常可直接以车、铣代磨（或抛光），对淬硬零件加工，可用单一工序代替多道工序，大大缩短工艺流程（例如 JP2001021790A，1999-07-02，ISHIKAWAJIMA HARIMA HEAVY IN）。

传统刀具和热处理技术趋于成熟，专用刀具和非标刀具逐渐趋热。

整体技术发展前景良好。全球刀具行业的专利技术申请从 20 世纪 70 年代开始进入快速发展期，专利申请量在 2009 年甚至突破了 1 000 件大关。这主要得益于自 20 世纪 60 年代以来的硬质合金刀具材料的应用[1]、可转位刀片的出现[2]、涂层材料和工艺的持续改进[3]以及对新型超硬刀具材料的不断探索[4]。刀具行业专利申请量的激增预示着该行业的新技术不断涌现、行业景气度较高[5]。刀具技术的不断创新大大降低了制造业的生产成本，全球制造业的繁荣和发展反过来又激励了刀具行业对刀具技术的研发热情[6]。

【案例启示】该案例利用图形的形式将切削刀具领域的各重要技术的各个发展阶段简单直观地反映出来，并用详尽的技术描述以及行业现状描述对表格进行了解释和补充，从而很好地展现了切削刀具重要技术发展趋势。

【案例 8–3】

【分析项目】全球光通信网络技术发展趋势[7]

【分析内容】光通信网络的年申请量总体呈上升趋势，从时间维度上可以看出光通信网络专利技术的发展，大致可以分为五个发展阶段，参见表 8–1–1。

（1）萌芽期

从早期专利申请量分布看出，1970 ~ 1985 年全球专利申请数量年均较少，每年只有零星申请。1966 年英籍华人高锟博士首次明确提出利用光导纤维进行激光通信的设想，开启了现代光通信的先河，而 1970 年美国康宁公司用高纯石英生产出世界上第一根耗损率为每千米 20 分贝的套层光纤，开创了光纤通信的新篇章，使通信光纤研究跃进了一大

[1] 艾兴. 刀具材料的现状和发展动向［J］. 中国机械工程, 1989（4）.

[2] 于启勋，等. 刀具材料的历史、进展与展望［J］. 机械工程学报，2003（12）.

[3] 袁家栋. 涂层技术与现代切削刀具的互动发展［C］. 2006 年中国机械工程学会年会暨中国工程院机械与运载工程学部首届年会，2006.

[4] 田磊. 从刀具调查结果看汽车刀具制造及消费趋势［J］. 现代零部件,2008（8）.

[5] ［EB/OL］.（2010-10-17）［2011-07-18］http://www.ecta-tools.org/basic-statistics.

[6] 刀具行业专家畅想刀具产业 2011 发展［EB/OL］.（2011-02-23）［2011-06-14］http://www.cnsb.cn/html/news/582521.html.

[7] 选自 2011 年专利分析普及推广项目《光通信网络行业专利分析报告》，进行了适当缩减。

步。随着光纤技术的发展，如何更好地利用光纤进行组网通信成为业界关心的问题，从1970 年开始，作为光通信基础的 PHY 技术的研究开始起步，并且美国、日本的企业在此技术领域开始进行专利申请(US3824597A; US3939341A; US4086484A; JP57162542A; JP57193144A)，这与 1977 年光纤通信在美国首次获得了商用是分不开的。由于在此阶段属于技术的引入阶段，技术发展走向和市场前景还不明确，只有部分企业参与了技术研究和市场开发，申请人数量很少。

表 8–1–1　全球光通信网络发展阶段表[1]

年代	发展阶段	代表性技术	重要申请人	代表性专利
1970～1985	萌芽期	早期 PHY 技术	富士通、日本电气、日本电信电话	US4019048A;US4086484; US8806870A;JP57101444A; JP58051636A;JP58047349A
1986～1997	新技术推动期	OCN（SONET/SDH）	阿朗、北电、希尔纳	US5081649A;EP0503732A2; CN1157511A; EP0777351A2
1998～2002	上升期	PHY 中的 WDM 技术、OCN（SONET/SDH, OTN）	阿朗、富士通、日本电气、诺西、爱立信	JP11196068A;EP1251651A1; US2003179783A1;JP2004007285A; WO9921039A1;US7260099B1
2003～2005	低谷期	PON、ASON	三星、日本电信电话、三菱	CN1338832A;CN1610279A; KR20040013601A;JP2003332991A; EP1489784A1
2006 至今	高速发展期	PON、PTN	华为、中兴、阿朗、烽火	CN101425971A;CN1996883A; CN101145847A;CN101299894A; JP2010114622A;CN1925370A

（2）新技术推动期

1986～1997 年，光通信网络全球申请量呈稳步上升态势，特别是 1992 年前后 OCN 领域的专利申请量有了较快速的增加，年均全球申请量已经超过 PHY 技术，成为光通信网络技术的主要推动力量。1984 年，美国贝尔实验室首先开始了 SONET（Synchronous Optical Network，同步光纤网）(如 US4961188A; US5050164A）的研究，接着美国国家标准协会（ANSI）通过了一系列有关 SONET 标准。1988 年，国际电报电话咨询委员会 CCITT 接受 SONET 概念制定了 SDH（Synchronous Digital Hierarchy，同步数字体系）标准，使之成为不仅适于光纤，也适于微波和卫星传输的通用技术体制，其中 SONET 多用于北美和日本，SDH 多用于中国和欧洲。上述 OCN 传输技术标准的推行推动了其专利申请的加速。在此期间，中国也开始了该领域的研究，1996 年中国第一套 2.5G SDH 设备在武汉邮科院诞生。华为、中兴等中国企业在此领域也有了自己的专利申请（如 CN1230065A; CN1248878A; CN1226773A; CN1269645A; CN1273474 A; CN1295397A）。

（3）上升期

1997～2002 年，全球光通信网络年度申请量进入了快速上升时期，PHY 和 OCN 技术分支的申请量增速明显，申请总量也达到了相当的规模。PON 技术分支全球年均专利申请量保持了小规模稳步上升的发展态势。

[1] 选自 2011 年专利分析普及推广项目《光通信网络行业专利分析报告》，进行了适当缩减。

这是由于1997年前后，OCN技术领域中的SONET/SDH传输技术实现了大规模商用，在市场与技术发展的助推下，其全球专利申请量也随之快速增长。同时PHY技术领域中波分复用等技术也获得了突破，以波分复用技术为基础、在光层组织网络的下一代的OCN技术光传送网OTN（Optical Transport Network）开始了其研发进程。1998年，国际电信联盟电信标准化部门（ITU-T）正式提出了OTN的概念，2001年，经过ITU（国际电信联盟）近3年的开发，被业界寄予厚望的OTN核心标准G.709正式发布，这为大颗粒宽带业务的传送提供了非常理想的解决方案。随着光纤传输核心网络的商用和铺设，在此时期光通信网络接入技术PON技术也有了一定的发展，提出了APON/BPON（如JP2000332808A；JP11215146A；JP2000165428 A；JP10163828A）等早期类型的PON技术。

（4）低谷期

从专利申请上可以看到，2003～2005年，PHY和OCN技术的专利申请量都有不同程度的下滑，只有PON的申请量略有增长。由于光通信的投资在1999～2000年达到巅峰，而市场的需求增长低于预期，人们期望的那些消耗高带宽的技术和应用迟迟没有被普通用户所接受，而采用3G技术的高速移动数据网络又被推迟，因而在2001～2003年形势急转直下，形成了空前的互联网络和电信投资泡沫破灭。光通信网络企业成为当时技术超前、需求不旺、资本市场紧缩的牺牲品，市场的下滑对大多数光通信企业而言是一个致命的打击，只有少数企业幸免于难。而核心网中OTN标准的问世恰逢电信产业泡沫，运营商纷纷减少了建网投资，OTN标准进展暂被搁置。这段时期，在互联网的带动下，只有MSTP（Multi-Service Transfer Platform）和FTTH成了光通信市场为数不多的亮点技术和领域，也带动着整个光通信网络市场的慢慢复苏。

（5）高速发展期

2006年开始，光通信网络领域的专利申请出现了快速增长， 2006年增长率达到了34%。特别是在PON、ASON和PTN技术分支上增长迅猛。光通信网络产业经受住了电信泡沫的打击，恰逢IP业务的兴起，随着3G技术的应用和互联网流量的高速增长的不断需求，这一阶段，以PTN、OTN、40G和FTTx为代表的光通信网络技术正在推动光通信向高速率、大容量方向发展。

纵观全球光通信产业，2008～2009年，由于全球金融海啸的袭击，光通信材料、线缆、器件、模块、设备等市场均受到不同程度的影响。从专利申请量上来看，虽然全球光通信网络的专利申请量也在2009年出现了一些波动，但基本未受到很大的影响，依然保持高位平稳的态势。这是由于全球多数国家不断推出大力发展光通信网络的方针政策；全球网络用户对网络带宽需求的日益激增；语音通信、高清视频观看及下载、视频电视/电话会议，以及大容量数据的上传与下载应用的不断发展等因素积极拉动的结果。

值得一提的是，PHY技术是光通信网络的底层技术，其一部分技术相对成熟，但全球近些年仍然保持了在该领域相当规模的专利申请，这是由于在挖掘光通信网络更高传输速率方面，人们对一些新的编码和复用技术的研发依然投入了相当的热情，期待寻求新的突破。

随着带宽需求的持续带动、全球光纤接入的逐渐普及、中国三网融合建设政策的大力推动以及全球各个国家光纤网络建设的高潮的到来，加之视频业务，云计算的兴起，人们对大容量数据传送的需求不断增加，可以预见到在未来的历史发展时期内，作为一种短期内难以被替代的大容量的通信技术，光通信网络技术依然会保持强劲的发展势头。

【案例启示】该案例利用表格的形式将光通信网络的各个发展阶段简单直观地反映出来，并用详尽的技术描述以及行业现状描述对表格进行了解释和补充，从而很好地展现了光通信网络的技术发展趋势。

8.1.2 技术生命周期分析

技术生命周期是科技管理领域中重要的研究主题之一。专利技术生命周期是根据专利统计数据绘制出技术 S 曲线，帮助企业确定当前技术所处的发展阶段、预测技术发展极限，从而进行有效技术管理的方法。技术生命周期分析是专利分析中最常用的方法之一。通过分析专利技术所处的发展阶段，可以了解相关技术领域的现状、推测未来技术发展方向。

专利技术在理论上按照技术萌芽期、技术成长期、技术成熟期和技术衰退期四个阶段周期性变化。[1]

（1）技术萌芽期

在技术萌芽期阶段，技术没有特定的针对市场，企业投入意愿较低，仅有少数几个企业参与技术研发，并且可能来自不同领域或行业，专利权人数、申请的专利数量较少。但是这一时期的专利大多数是原理性的基础发明专利，可能会出现产生重要影响的发明专利，专利等级较高。

（2）技术成长期

随着技术的不断发展，市场不断扩大，技术的吸引力凸显，使介入的企业增多；专利申请的数量急剧上升，集中度降低，技术分布的范围扩大。

（3）技术成熟期

技术进入成熟期时，由于市场有限，进入的企业数量趋缓。由于技术已经相对成熟，只有少数企业继续从事相关研究，专利增长速度变慢并趋于稳定。

（4）技术衰退期

当某项技术老化或出现更为先进的替代技术时，企业在此项技术上的收益减少，选择退出市场的企业增多。此时有关领域的专利技术几乎不再增加，每年申请的专利数和企业数都呈负增长。

专利技术生命周期的分析方法主要有图示法和指标评价法。图示法是通过对专利申请数量或获得专利权的数量与时间序列关系、专利申请人数量与时间序列关系等问题的分析研究，绘制技术生命周期图，推算技术生命周期。在实际研究中，图示法也可以用时间序列法直接展开专利权人或专利申请人数量对应的专利或专利申请数量图来表征专利技术的生命周期。指标计算法由于存在计算复杂、数据处理量大、直观性不够等缺点，在实际分析中的可操作性不如图示法。

【案例 8–4】

参见图 8–1–3，自 1991 年开始，作为理想 3D 模式的裸眼式技术开始被很多申请人关注。1991～1999 年间进入该领域的申请人数量增长快于申请量的增长，而在 1996～2000 年间，该项技术专利申请量陷入停滞。传统 CRT 显示器的结构导致在立体显示

[1] 肖沪卫.专利地图方法与应用［M］. 上海：上海交通大学出版社. 2011.

时扫描控制极其复杂，进而也限制了立体显示屏幕的尺寸。随着液晶技术的发展，该项技术在2000～2004年进一步发展，申请量与申请人的年增长率均超过20%，专利申请量的增长更为明显。2004年至今，裸眼式技术的申请人与申请量的增长再次放缓，申请人数量基本稳定在250～300件，年专利申请量维持在500～600件。2008～2009年间，裸眼式显示技术面临发展瓶颈，主要体现在：① 技术瓶颈：首先，大尺寸的裸眼式显示设备的屏幕在工艺制造商具备一定的难度，成品率低；其次，裸眼显示的可视角度过窄，难以实现多人多角度的裸眼观看效果。② 市场瓶颈：近年来眼镜式显示技术的大规模市场化，吸引了更多的研发投入，从而在一定程度上影响了裸眼式显示技术的研发。尽管目前该技术的市场化程度不高，暂时表现出放缓的发展步伐，但是裸眼式显示技术已经被当前主要的彩电厂商以及面板制造厂商所关注，并被认为是立体显示技术的发展趋势。可以预见，随着技术点的突破、市场需求提高以及市场化能力的进一步提升，该技术的发展活跃程度仍有很大的提升空间。

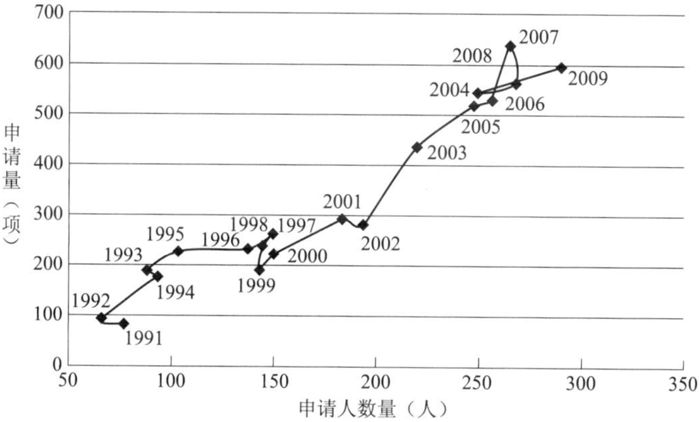

图8-1-3 全球裸眼式立体显示技术生命周期

【案例8-5】❶

从图8-1-4可以看出，硅基薄膜太阳能电池在1988年至20世纪90年代初期的历年申请量和申请人数目都处于上下徘徊状态。实际上硅基薄膜太阳能电池的专利申请曾在20世纪80年初期出现过高峰，这个高峰的出现是由于硅基薄膜太阳能电池技术刚刚出现不久，同时受中东石油危机的影响，在世界范围内引起了对其的广泛关注和研发热潮。之后，随着石油危机的消除，对新能源的需求减弱，加之硅基薄膜太阳能电池在此期间并未大规模地产业化，其产业前景并不明朗，因而其申请量和申请人数都出现了暂时

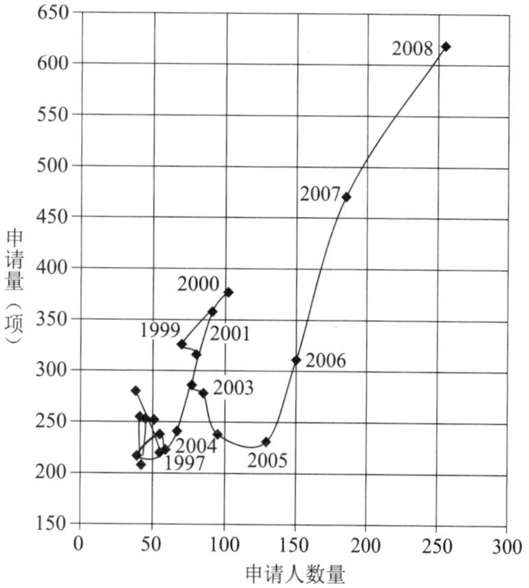

图8-1-4 硅基薄膜太阳能电池技术生命周期图

❶ 选自2010年专利分析普及推广项目《薄膜太阳能电池专利态势分析报告》。

的下降和徘徊。图 8–1–4 中 1988 年至 20 世纪 90 年代初期的情况即是仍处于这个高峰后的下降和徘徊期。在此之后，日本于 1994 年在国内出台了太阳能电池鼓励政策，并且硅基薄膜太阳能电池的一些早期的基本专利已过期或即将过期，受此影响，日本申请人在硅基薄膜太阳能电池领域保持着较高的研发活跃度。研究发现，图 8–1–4 中在这段时间内申请量和申请人数的变化正是主要来自于日本。进入 2000 年后，日本申请人的申请量和申请人数出现了下降，从而在图 8–1–4 中表现出了在整个世界范围内的申请量和申请人数的下降。但实际上在这个时期，其他主要国家和地区的申请并未出现同样的下降趋势。日本申请人的申请量和申请人数的这种上升后又下降的表现，可能与硅基薄膜太阳能电池的市场规模始终未得到有效的扩大以及这段期间晶硅电池产业的迅速发展有关。在 2005 年后，随着全世界范围内对新能源的不断重视并相继出台刺激政策，以及由于晶硅价格的上涨所带来的对替代晶硅太阳能电池的迫切需求，硅基薄膜太阳能电池的申请量和申请人数开始出现快速的增长，而且这段时间在各主要国家和地区的申请量均呈现出快速增长的趋势。从图 8–1–4 及相应的研究可以看出，硅基薄膜太阳能电池的研发活跃度受到政策和市场的影响较大，每次在有利影响下，均会出现申请量和申请人数的大量增加，这也意味着硅基薄膜太阳能电池仍然处于技术发展期，行业人员对其改进仍保持着极大兴趣。

8.1.3 技术发展路线分析

技术路线图最早出现在美国汽车行业，汽车企业为降低成本要求供应商为他们提供产品的技术路线图。在 20 世纪 70 年代后期和 80 年代早期，摩托罗拉公司和康宁公司先后采用了绘制技术路线图的管理方法对产品开发进行规划。摩托罗拉公司主要用于技术进化和技术定位，康宁公司主要用于公司和商业单位战略。继摩托罗拉公司和康宁公司之后，许多国际大公司，如微软、三星、朗讯公司，洛克-马丁公司和飞利浦公司等都广泛应用了这项管理技术。2000 年英国对制造业企业的一项调查显示，大约有 10%的公司使用了技术路线图方法，而且其中 80%以上用了不止一次。不仅如此，许多政府机关、产业团体和科研单位也开始利用这种方法对其所属部门的技术进行规划和管理。

对专利信息进行技术发展路线的分析，能够为技术开发战略研讨和政策优先顺序研讨提供知识、信息基础和对话框架，提供决策依据，提高决策效率。以下介绍几种常用的技术发展路线分析方法。

（1）纵向比较

对具有并列或者演进关系的一级技术分支或者二、三级技术分支，可按照技术出现的关键事件列举比较，并给出相关的专利申请。

【案例 8–6】

刀具涂层的各技术分支的分类仅仅是便于分析，实际上各技术分支之间的发展路线是交错纵横的。[1]从时间上看，刀具涂层结构中早期出现的为单层涂层（例如，DE2142601A，1970-11-25，山特维克），随后出现了双层涂层（例如，DE2253745A，1971-11-12，山特维克），多层涂层（例如，EP006354A,1978-6-22，斯特拉姆），梯度涂

[1] 选自 2011 年专利分析普及推广项目《切削加工刀具行业专利分析报告》。

第1章 第2章 第3章 第4章 第5章 第6章 第7章 第8章 第9章 附录

层（例如，JP4615279A,1979-11-12，东芝图格莱株式会社，涂层中氮元素呈梯度分布）、软硬涂层（例如，JP15168281A，1981-9-25，三菱金属）、纳米涂层（例如，SE0202632A，2002-9-4，山高刀具，PVD 涂敷 AlN 纳米涂层）。单层涂层是所有涂层结构的基础，每当有新的涂层材料或者新的工艺方法在单层涂层上得到应用，就会在其他涂层结构上得到应用。例如，在单层涂层结构上首先出现 κ-Al_2O_3 涂层（例如，SE7706706A，1977-6-26，山特维克），在此基础上多层涂层结构开发出了 α-Al_2O_3 涂层（例如，EP659903A1，1993-12-23，山特维克），纳米涂层结构（例如，EP07117460A, 2006-10-18,山特维克）中的氧化物涂层则以多层涂层结构的 α-Al_2O_3 涂层为基础。参见图 8–1–5。

（2）横向比较

【案例 8–7】

表 8–1–2 为不同发展阶段的技术的横向比较。通过进一步对三级技术分支的技术优缺点进行横向的比较，并给出了典型的专利列表，可以对研发方向的预测提供参考，并能启发进一步对如何弥补技术的缺陷而进行相应的研发给出了启示。

表 8–1–2 四种 TFT 的技术起点和发展现状

类型	技术发展起点	技术发展现状	相关专利
非晶硅 TFT	1979 年 Lecomber 等人报道了以氢化非晶硅作为有源层的 TFT❶	适用于 LCD 的驱动;OLED 的应用前景不佳	
多晶硅 TFT	1980 年 IBM 公司的 Depp 等人报道了多晶硅 TFT，迁移率高达 50cm2V-1s-1❷ 1984 年，Toshiba 公司的 Oana 报道了在玻璃衬底上制备的 LTPSTFT❸	在 OLED 的应用中受到了限制，但是是当前业界研究的一个重点	JP53049945A JP58056348A JP58093276A JP59165450A JP61032577A
有机 TFT	1986 年 Koezuka 等人利用电化学聚合噻吩的方法制备了第一个有机 TFT❹	由于稳定性问题，应用范围受到限制	JP63014472A JP62085467A JP62085224A
氧化物 TFT	2003 年美国科学家 Hoffman 等人报道了用 ZnO 为有源层的全透明 TFT❺	技术相对前沿，有许多问题待研发解决	US2003218221A1 US7189992B2 US2005199959A1 US2003218222A1

（3）时间轴式的技术发展路线

❶ Lecomber P. G.， Spear W. E.， Ghaith A.. Amorphous Silicon Field-Effect Device and Possible Application［J］. Electron. Lett, 1979, 15: 179-182.

❷ Depp S. W.， Juliana A.， Huth B. G.. Polysilicon FET Devices for Large Area Input/Output Applications［J］. Proc. 1980 Int. Electron Device Mtg, 1980: 703-704.

❸ Oana Y.. A 240×360 Element Active Matrix LCD with Integrated Gate-Bus Drivers Using PolySi TFTs［J］. SID Digest, 1986: 293-296.

❹ Tsumura A.， Koezuka H.， Ando T.. Field-effect transistor with a polythiophene thin film［J］. Appl. Phys. Lett., 1986, 49(18): 1210-1212.

❺ Hoffman R.L.， Norris B.J.， Wager J.F.. ZnO-based transparent thin-film transistors ［J］. Appl. Phys. Lett., 2003, 82: 733.

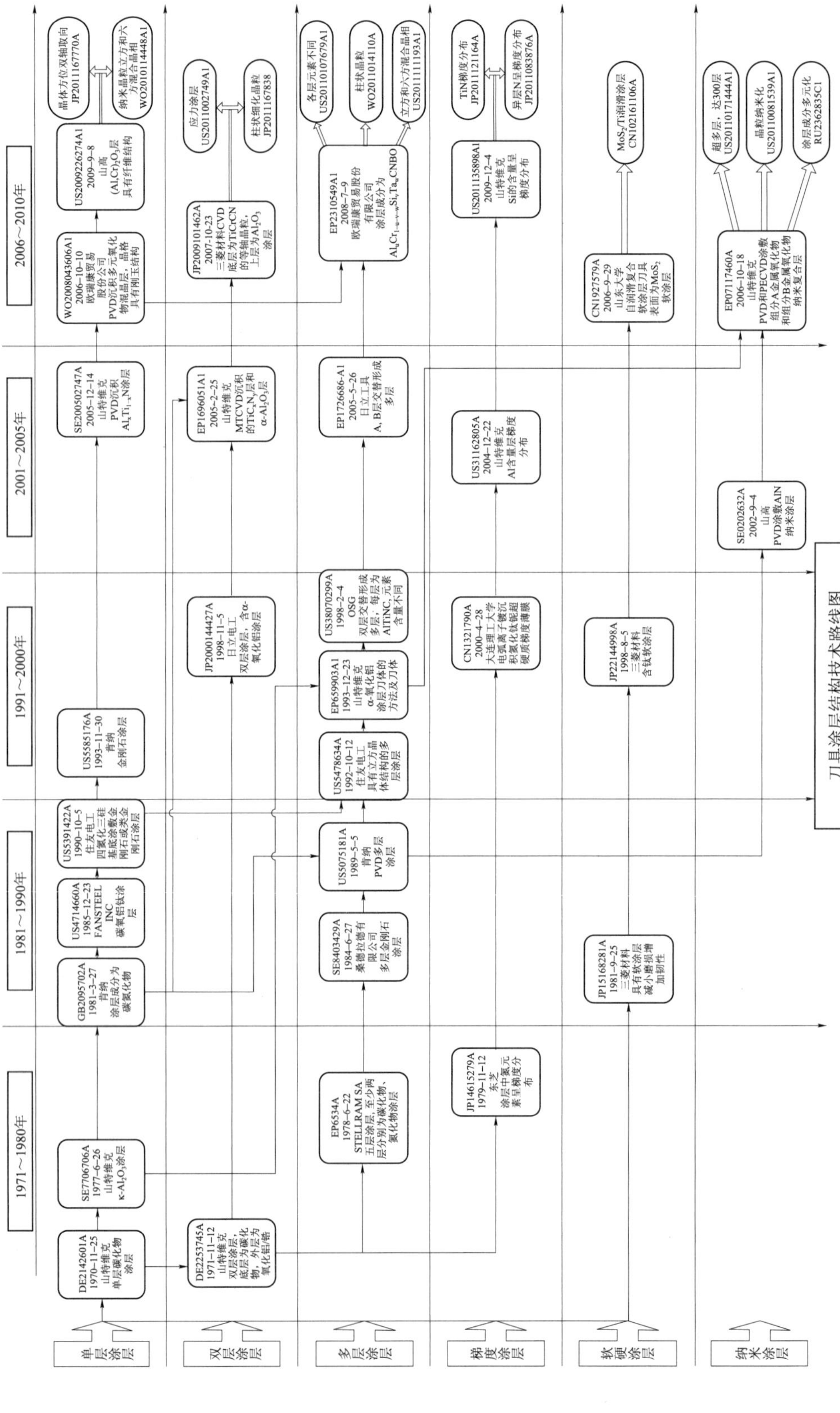

图8-1-5　刀具涂层结构技术发展路线图

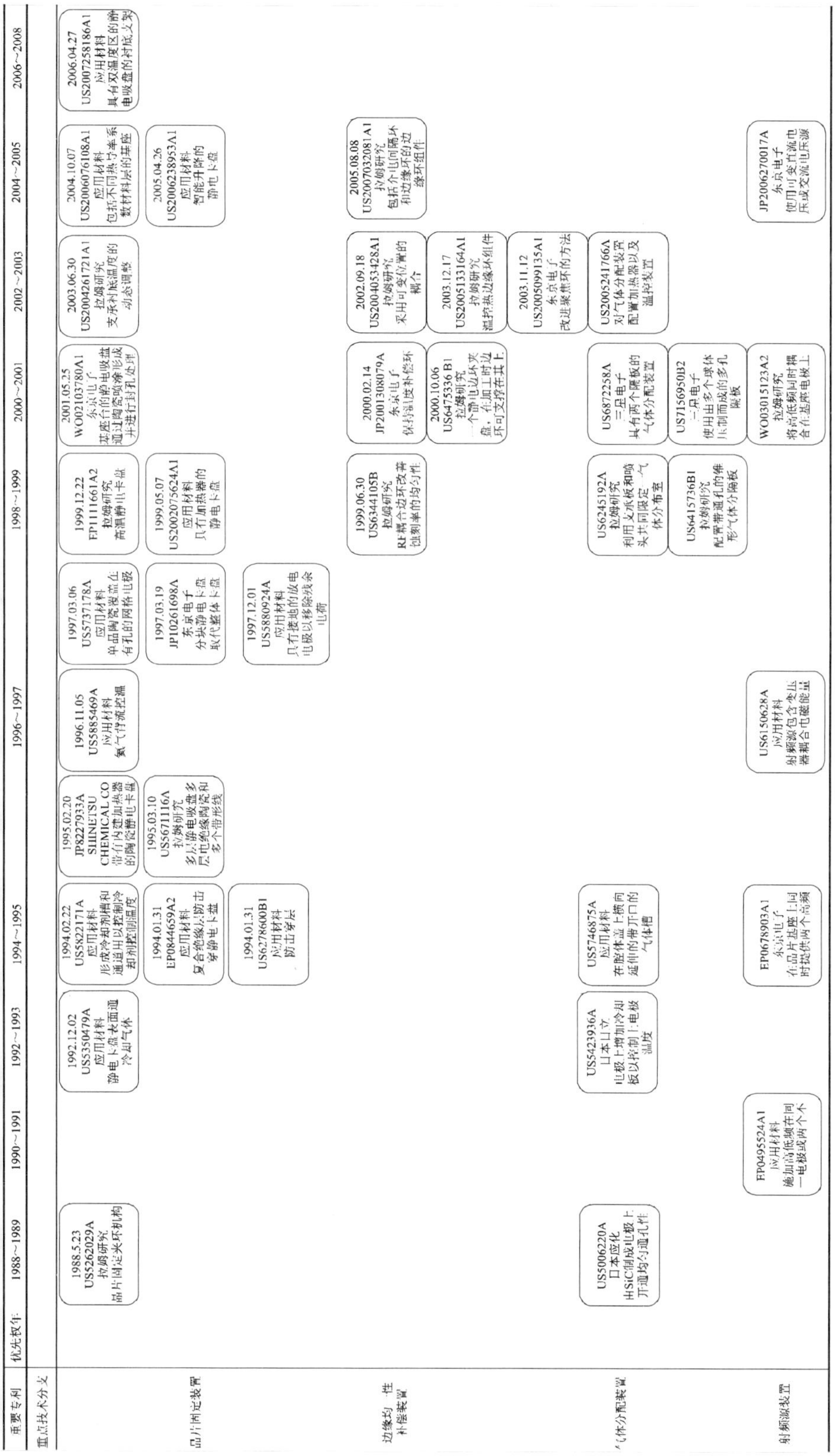

图8-1-6 等离子蚀刻机重点技术发展路线❶

❶ 选自2010年专利分析普及推广项目《等离子蚀刻机专利态势分析报告》表2-7。

【案例 8–8】

图 8–1–6 清晰地反映了每个时间点上出现了哪些重要的专利技术，将技术的发展与专利申请结合得更加紧密，可以看到专利申请在每一个技术的发展关键点上所起到的重要作用。

8.1.4 技术功效分析

技术功效分析通常由技术和功效来构建技术功效矩阵进行分析。技术功效矩阵用气泡图或综合性表格来表示。从技术功效图表中可以看出专利申请在关键技术点上不同的技术需求上的集中度，较为集中的可确定为重点和/或热点技术，而申请量较少甚至为零的，可以认为是空白点技术，难点技术可综合技术发展的阶段和演进进行确定。专利分析报告中，也可以结合专利申请的具体内容，对某一项或几项技术热点、难点进行技术层面的详细分析。

【案例 8–9】

【分析项目】液晶透镜技术的技术功效[1]

【分析内容】对于电极、电压和透镜整体结构的改变是液晶透镜领域的主要技术手段。对于利用液晶透镜中电极的改进，包括电极的位置和数量等，主要应用在减少液晶透镜的厚度和增强其光学效果上；而对于电压的改进，主要应用在提高显示质量和实现透镜的变焦功能上；对于整体结构的改进，则主要应用在二维/三维显示的切换、减少厚度、实现变焦功能以及提高液晶透镜的反应速度上，参见表 8–1–3。

此外，对于液晶透镜的制造方法以及利用显示的像素处理与液晶透镜的结合的专利申请较少，存在一定的技术空白点。

【案例启示】该案例从立体影像领域的液晶透镜技术中涉及的主要手段和达到的技术效果方面进行了综合分析，以此找到了在液晶透明技术方面的热点技术以及技术空白点。

表 8–1–3 液晶透镜技术的技术功效矩阵表 单位：项

技术效果/技术方案	电极	电压	基板	像素处理	液晶材料	整体结构	制造方法	液晶透镜的运用
二维/三维切换	2	1	0	0	0	8	0	1
减少厚度	14	2	3	0	0	9	2	0
降低成本	2	0	2	0	0	1	5	1
降低功耗	3	1	2	0	0	2	0	0
宽视角显示	2	1	1	0	0	3	0	0
实现触摸与立体显示功能的兼容	1	0	0	0	0	2		
实现透镜变焦功能	6	7	1	0	2	7	0	0
提高反应速度	2	3	1	0	1	7	0	0
提高显示质量	0	12	0	3	1	1	4	7
增强光学效果	13	3	3	0	0	6	0	4

[1] 选自 2011 年专利分析普及推广项目《立体影像行业专利分析报告》。

【案例 8–10】

【分析项目】刀具涂层结构技术功效❶

【分析内容】通过技术功效矩阵可以发现一些技术空白点或者技术薄弱点，只有其中的一部分具有技术开发或者进行技术突破的价值。单层涂层中可以有提升空间的是硬度和粘接性能。双层涂层中可以有提升空间的是润滑和韧性。多层结构中可以提升的润滑性能。梯度涂层可以有提升空间的是粘接性能。软硬涂层可以有提升空间的是润滑性能。纳米涂层可以有提升空间的是润滑和韧性，参见图 8–1–7。

【案例启示】该案例从刀具涂层结构和达到的技术效果进行分析，从而发现了刀具涂层结构技术中的技术薄弱点。

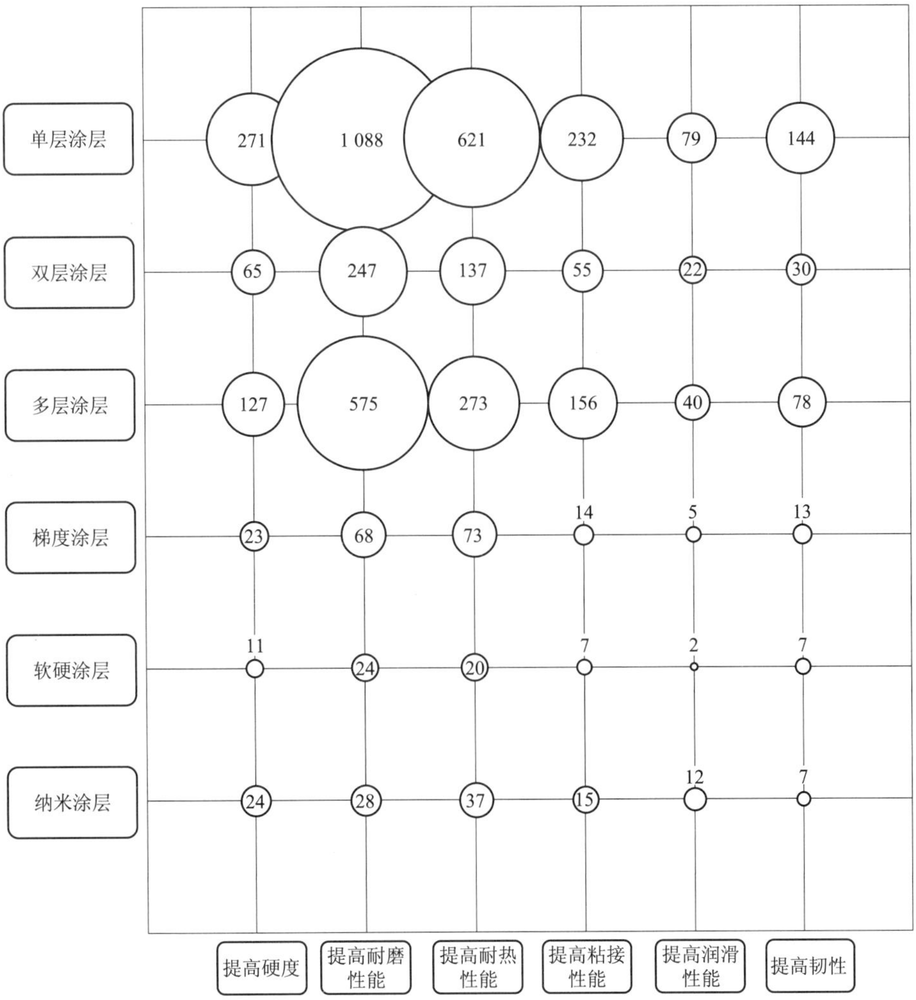

图 8–1–7　刀具涂层结构技术-功效图

❶ 选自 2011 年专利分析普及推广项目《切削加工刀具行业专利分析报告》。

8.1.5 重要专利分析

“重要专利”是个相对概念。对于“重要专利”的精确定义，在专利分析领域中众说纷纭，难以达成共识。本书认为重要专利不是一个严格的法律概念，它更多地表达了不同使用者基于不同目的对重要专利判断标准的差异化认知。即使具有相同的判断标准，由于方法和指标的差异，也会导致重要专利的筛选结果会存在显著的不同。一般认为“重要专利”是指较为独特的，能有效阻止他人非法使用的专利。[1]筛选重要专利的工作，最好由相应技术领域的技术专家通过逐条阅读专利来完成。[2]但是，如果待筛选的专利文献太多，技术专家的人工阅读将是一项极其耗时耗力的巨大工程。此外，这种方式可能会因主观因素带来极大的个人偏见。

本书对不同领域的重要专利进行分析，总结出了一套重要专利的评价指标和确定方法。通过重要专利的评价指标来确定重要专利不仅能够提高工作效率，而且也可以避免主观因素产生的偏差。

8.1.5.1 重要专利的评价指标

一般而言，重要专利可以从技术价值、经济价值以及受重视程度等三个层面来确定。表 8–1–4 列出了详细的筛选指标。以下将详细阐述这三个层面的评价指标。

（一）技术价值层面

（1）被引频次

一般而言，被引频次较高的专利可能在产业链中所处位置较关键，可能是竞争对手不能回避的。因此，被引频次可以在一定程度上反映专利在某领域研发中的基础性、引导性作用。通常情况下，专利文献公开时间越早，则被引证概率就越高。因此，引入专利存活时间相同的专利文献的平均被引频次水平作为参照，以消除不同专利存活时间带来的影响。此外，很多国家的专利没有给出引用信息，或引用信息不可检索。就美国专利而言，其专利制度中规定专利公告时要充分揭露该篇专利的重要相关引用专利和文献，因此对于美国专利数据库来说，可以提供较为完整的专利引证信息，而中国内地的专利制度并没有此项规定。

（2）引用科技文献数量

CHI 学派[3]用专利引用科技文献的平均数量考察企业的技术与最新科技发展的关联程度。该数量大，说明企业的研发活动和技术创新紧跟最新科技的发展。但科学关联度与专利价值的相关性随行业而不同，在科技导向的领域，例如医药和化学领域，该指标与专利价值显著相关；在传统产业，该指标与专利价值的相关性不显著。在评价专利的价值时，应根据行业选用不同的指标。

---

[1] 肖沪卫. 专利地图方法与应用［M］. 上海：上海交通大学出版社. 2011.

[2] 梁军.中国发明专利许可价值衡量指标研究［J］.电子知识产权.2011（5）.

[3] CHI Research, Inc.成立于 1968 年，是世界知名的知识产权咨询公司，在行业内是绝对的国际领导者。CHI 致力于科学技术创新指标的研究与分析，创立一系列专利分析的指标系统，被广泛应用，开创了专利引证指标的分析与研究的先河，并一直是该领域的领先者。参见：http://www.chiresearch.com/。

(3) 技术发展路线关键节点

技术发展路线中的关键节点所涉及的专利技术不仅是技术的突破点和重要改进点，也是在生产相关产品时很难绕开的技术点。但是在寻找这些节点时，需要行业专家花大量时间画出这个行业的技术发展线路图，然后按图索骥，找到这个图中的关键技术点。

(4) 技术标准化指数

标准化指数是指专利文献是否属于某技术标准的必要专利，以及该专利文献所涉及的标准数量、标准类别（如国家标准、行业标准等）。但无论是根据技术标准查找所涉及的专利，还是从专利文献出发查找其是否涉及技术标准，都需要花费一定的时间。

(5) 主要申请人

行业内的主要专利申请人一般来说在本领域技术实力最强，技术发展比较成体系，其所申请的专利技术自然较为重要。但首先需要辨别和筛选出该领域的主要申请人。如果主要申请人的申请量较大，则还需要投入大量精力进一步筛选。

(6) 主要发明人

主要发明人是对本行业发明创造作出主要贡献的自然人，是引领本领域技术进步的主要带头人。因此，主要发明人的专利技术是本行业最需要关注的技术。但主要发明人申请的专利有限，不能反映本领域重要技术的全貌。

（二）经济价值层面

(1) 专利许可情况

如果一件专利被许可给多家企业，则证明该专利是生产某类产品时必须使用的专利技术，其重要性不言而喻。部分地区的专利文献标注有专利许可信息，例如，欧洲专利文献中就会将许可信息列举出来。但大多数地区的专利技术许可信息需要到相关部门进行查询。

(2) 专利实施情况

毫无疑问，专利实施率越高，专利对于技术发展、技术创新作出的贡献就越大。但是，发明专利的实施通常会有一个开发过程，而一些专利就是为了“技术圈地”，因此，没有实施的专利技术并不一定就不重要。

（三）受重视程度

(1) 同族专利数量

一项发明可以在多个国家和地区申请专利保护。获得专利授权的国家的数量定义为

表8-1-4　重要专利评价指标的特性分析

评价角度	具体评价指标	指标属性	精确性	查全性	可操作性	主要不足
技术价值	技术路线中的关键节点	定性	★★★★★	★★★★★	★	需要专业技术人员参与；费时费力
	标准化指数	定性	★★★★★	★★	★★	标准与专利之间的对应关系较难查全
	被引频次	定量	★★★★	★★★★	★★★★	不利于查找近期重要专利

续表

评价角度	具体评价指标	指标属性	精确性	查全性	可操作性	主要不足
技术价值	引用科技文献的数量	定量	★★★	★★★	★★★	领域差异性较大
	主要申请人	定性	★★★	★★★★	★★★★	需要进一步筛选
	主要发明人	定性	★★★★	★★★	★★★★	需要进一步筛选和扩展
经济价值	专利实施情况	定量	★★★★★	★★	★★	信息较难查全
	专利许可情况	定量	★★★★★	★★	★★★	信息较难查全
	专利复审和无效	定量	★★★★	★	★★★	重要专利较难查全；需要判断是否抵御成功
	专利异议及诉讼	定量	★★★★★	★	★★★	重要专利较难查全；需要判断是否抵御成功
受重视程度	同族专利数量	定量	★★★	★★	★★★★★	准确性较差
	政府支持	定性	★★★★	★	★★★	信息较难查找、较为适合查找美国专利
	专利维持期限	定量	★★★	★★	★★★★	精确性稍差；不利于查找近期重要专利
	申请人及发明人数量	定量	★★★★	★★★	★★★★★	精确性稍差；不利于查找全面
	权利要求数量	定量	★★	★★	★★★★★	精确性差；查全性差
	是否加快	定性	★	★	★★★★	精确性差；查全性差

说明：“★”越多表示相关程度越高。

一项专利的同族数量。由于国外专利申请和维持的费用远高于国内专利，因此国外专利申请比国内专利申请更能说明专利的价值。对于此衡量指标的准确性仍存在诸多争论。有专家认为专利价值与专利族大小不一定是线性关系，因为许多有价值的专利只要在几个重要的国家和地区受到保护就足够了。有专家则认为专利的价值体现在是否申请国外专利，而不是申请多少国外专利；也有专家通过数据证明专利的价值不仅与专利申请国的数量有关，而且与这些国家的组成有关。因此，专利族大小有时用欧洲、美国或日本专利的比例来代替。[1]

（2）政府支持

获得政府支持的专利技术其研发自然是有经费和人力资源保障的，专利技术的重要性自然很重要。例如，美国有些专利是有政府支持的，这种专利一般技术含量都较高。

[1] 张娴，方曙，肖国华，等.专利文献价值评价模型构建及实证分析［J］. 科技进步与对策，2011（6）.

美国专利可通过美国专利商标局网站的检索字段GOVT（Government Interest）进行检索。

（3）专利维持期限

对专利权人而言，只有当专利权带来的预期收益大于专利年费时，专利权人才会继续缴纳专利年费。因此，专利维持期限的长短在某种程度上反映了该专利的重要性。

（4）专利复审无效、异议及诉讼

专利在复审、无效、异议及诉讼过程中需要花费大量的时间和费用。复审、无效、异议及诉讼的专利一定是得到申请人或行业重视的，其中“抵御成功”的专利的稳定性更强、价值更高。

其他反映受重视程度的指标还有申请人及发明人数量、权利要求数量、申请加快审查情况等。

在利用上述指标确定重要专利时，要根据实际情况和各项指标的特点，有针对性地选择评价指标。例如，确定围绕某一产品的重要专利时，除了要按照技术特征进行大范围检索，还要查找出哪些公司在生产这类产品，以这些公司为申请人入口进行检索。在实际操作中，还可以对一些评价指标进行改进后再使用。例如，在使用被引频次作为评价指标时，为消除不同专利存活时间带来的影响，引入专利存活时间相同的专利文献的平均他引率水平作为参照。此外，还可以结合使用这些评价指标的。例如，在查找刀具涂层技术的重要专利时，对于中早期的重要专利，以被引频次为主要评价指标；对于近期的重要专利，以主要发明人或引用科技文献的数量作为主要评价指标。

8.1.5.2 重要专利确定方法

根据重要专利的评价指标确定重要专利的途径如表8–1–5所示。

表8–1–5 确定重要专利的途径

目标	关键技术分支的重要专利技术		
确定方法	途　径	优　点	缺　点
	以技术主要来源国为主线	查全性较好	数据量大，查准性差
	以主要申请人为主线	查准性较好，查全性较好	需要准确定位主要申请人
	以主要发明人为主线	查准性好，查全性稍差	需要准确定位主要发明人
	以重要产品为主线	查准性好	查全性差
	以被引频次为主线	查准性好	不适于近期重要专利的确定
	以非专利文献研究热点为主线	查准性一般	查全性差
工作重点	确定重要专利，为技术借鉴和技术引进做准备		

【案例8–11】

立体影像课题组首先从专利的引证频次与同族数量两方面进行粗选，获得拟重要专利的列表，而后对拟重要专利的列表中的专利进行人工筛选。人工筛选时，对专利的权利要求书、说明书进行阅读、精选，主要从以下角度考虑：保护范围相对较大、所公开的技术具有较好的基础性或者实施方式较多。具体而言，选取重点专利的具体步骤为：

第一步，先找出引证频次在 30 次以上的所有文献。

第二步，按照进入国家的数量由多到少，对第一步所获得的文献进行排序。

第三步，对第二步所得的排序列表进行人工筛选，得到如表 8–1–6 所示的重要专利。

表 8–1–6　眼镜式显示技术的部分重点专利

公开号/公告号	发明名称	申请人	引证数	指定国家	同族数
US5682173A	Image display device	HOLAKOVSZKY LASZLO	31	AU；BR；CN；DE；EP；FI；HU；JP；NO；RU；TW；US；WO	13
US5808591A	Image display device, image display system and program cartridge used therewith	NINTENDO CO LTD	50	AU；BR；CA；CN；DE；EP；JP；KR；TW；US	10
US5846134A	Method and apparatus for immersion of a user into virtual reality	LATYPOV NURAKHMED NURISLAMOVIC	36	AU；CN；DE；EP；JP；KR；RU；US；WO	9
WO1984001680A1	Monoscopic and stereoscopic television device	SAKARIASSEN ARNVID	30	BR；DK；EP；FI；JP；KR；NO；WO	8

【案例 8–12】

有机发光二极管课题组结合同族专利、专利有效性、保护范围大小、纠纷专利、政府资助专利、许可专利和业界推荐专利确定了重点技术薄膜晶体管的重点专利，如表 8–1–7 所示。

表 8–1–7　薄膜晶体管的部分重点专利

序号	标题	专利权人	专利（公开）号	技术要点/创新点	中国法律状态
1	材料制备成膜的方法及其有机电致发光器件	LG.菲利浦 LCD 株式会社	CN101276833B；TW200840037A；US2008238831A1；CN101276833A；KR20080087224	提出一种有机电致发光显示器及其制造方法防止漏光,提高接触可靠性	有效
2	有源矩阵有机发光二极管显示器及其驱动方法	三星移动显示器株式会社	CN1622181A KR20050051070A；JP2005157267A；KR100666549B；US2005116656A1；JP4068593B2；CN101458897A；CN100587778C；CN101458898 A	使用同一栅极电路，通过分时分别开启 RGB,使用 M51 和 M52，等效于 2T 结构，其 RGB 发光分别通过 EC 信号来控制，这样 RGB 像素只需要使用 2T，减少晶体管数目，有利于提高良率	有效

续表

序号	标题	专利权人	专利（公开）号	技术要点/创新点	中国法律状态
3	具有低电压薄膜晶体管的有源矩阵图像显示器	SONY	EP1102234A; EP1102234A2; KR2001051698A; JP2001147659A; US6501466B1	驱动TFT的电压值设置成不低于转换TFT是由于存在漏电流，从而防止发光亮度的减弱	无申请

8.1.5.3　重要专利分析案例

【案例 8–13】

US5682173A引证树申请人Laszlo Holakovszky，于1997年10月28日公开，共被引证31次，先后进入了13个国家，参见图8–1–8。

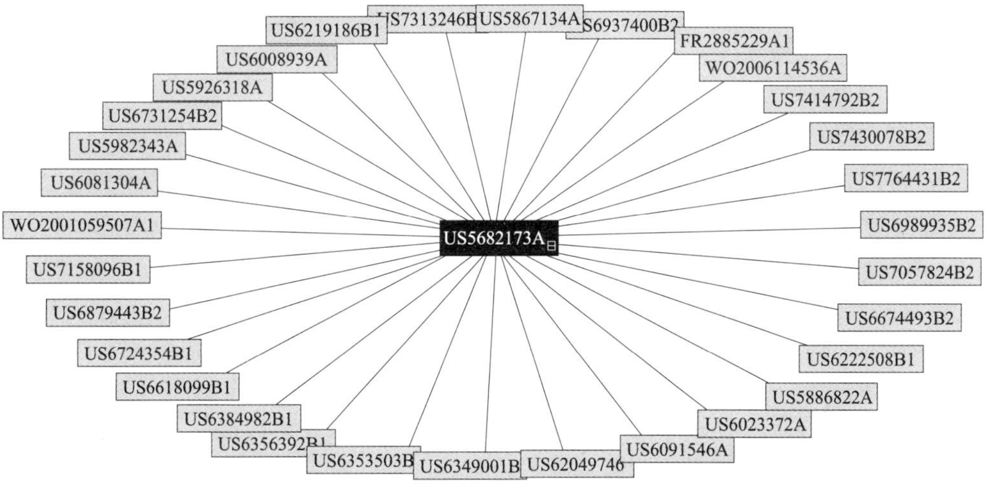

图 8–1–8　US5682173A 直接引证关系

图8–1–9是US5682173A的历年引用频次，可以看到该申请自从该申请后几乎年年都被引用，说明该专利在业内一直得到持续关注；特别是从1997年该申请被公开后，引用次数明显增多，到2000年达到8次，说明该专利当时在业内引起了一定反响。

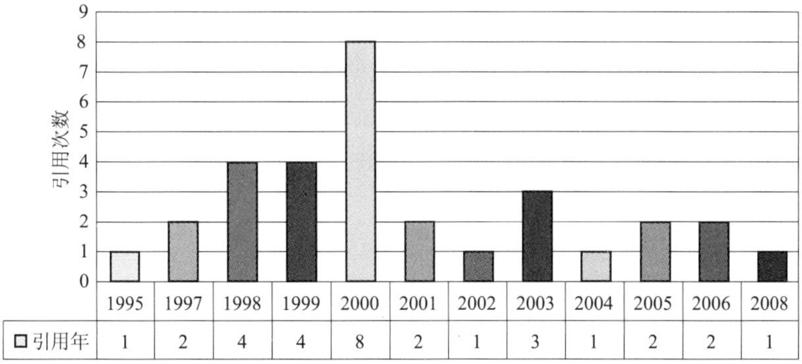

图 8–1–9　US5682173A 历年引证频次

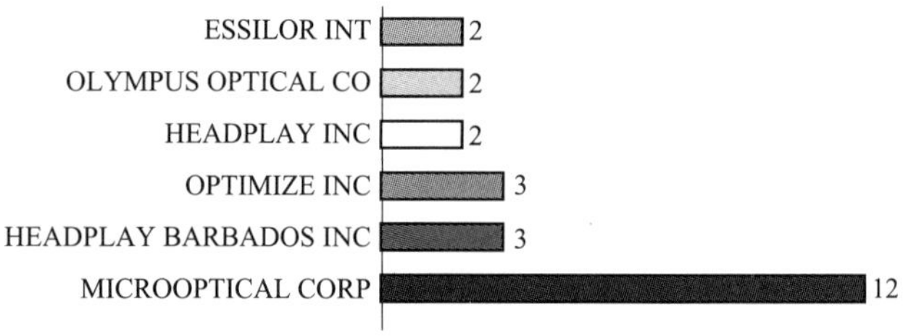

图 8–1–10 引用 US5682173A 的申请人排名

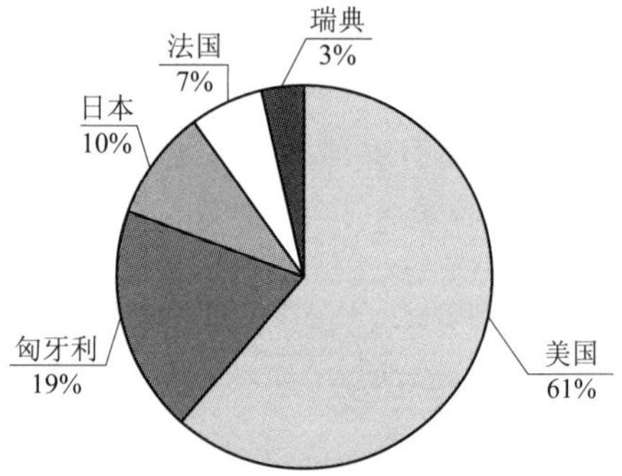

图 8-1-11 引用 US5682173A 的国家/地区

图 8–1–10 是引用 US5682173A 的主要申请人及引用频次，可以看出该专利被美国 MicroOptical 公司引用最多，说明该公司十分重视该专利，其引用频次主要集中在 2000 年前后，该公司在该专利基础上作出了许多改进。2002 年，该公司在华盛顿州西雅图举行的可穿戴式计算机国际研讨会（ISWC: International Symposium on Wearable Computers）上，演示了眼镜形显示器，该产品将普通镜架和镜头完美地组合到了一起。该显示器与 US5682173A 中公开的专利技术关联紧密。

图 8–1–11 反映了引用 US5682173A 的主要国家，可以看出该技术主要被掌握在美国申请人手中。

8.2 市场主体分析

市场主体分析是专利分析的重要组成部分。对市场主体的深入分析能够获得更具体、更有针对性的专利情报。例如，通过分析重要市场主体各技术的专利申请量发展变化能够更具体地反映市场主体技术的发展水平和发展趋势；通过分析重要市场主体的专利申请目标国家或地区变化情况，能够判断市场主体在发展规划和主要市场的变化；通过分析各重要市场主体在各技术分支上的申请状况，能够确定市场主体的优势领域，从而比较各重要市场主体之间的技术研发重点和研发方向的异同，并由此理清各重要市场主体之间的竞争态势和合作可能性。

专利分析意义上的市场主体主要包括企业、科研院所、高校、个人，以及多个专利申请人形成的产业共同体，诸如专利联盟、产业联盟等。其中，企业是市场主体的主要组成部分。对于企业申请人而言，不同的企业具有不同的发展历程和发展战略，因此，企业经历的发展阶段可以作为分析切入点。根据企业在各发展阶段的专利数据所反映出的特点（包括专利申请量的变化、多边申请比例等），结合企业整体发展经营的总体特点（包括销售收入或利润增长、公司发展重大记事等），可以分析申请人在各发展阶段的专利技术布局和专利市场布局等特点。

一般而言，对于市场主体的分析可以包括以下步骤：① 从众多市场主体中遴选出值得分析的重要市场主体；② 收集重要市场主体的相关信息；③ 结合多方面信息对重要市场主体进行深入分析。

8.2.1　重要市场主体的确定

确定行业中的重要市场主体是做好市场主体分析的必要环节。确定重要市场主体的方法包括：企业调研、问卷调查、产业专家推荐、参考各种行业研究报告等。所确定的重要市场主体应当具备以下要素。

（1）在行业具有重要性、典型性或代表性

市场主体的重要性、典型性或代表性体现在多个方面，例如，市场占有率或影响力、销售规模、技术优势等。比如在智能手机行业中，苹果公司无疑具有重要性和典型性；在食品行业中，作为全球第一大食品集团的雀巢公司必然具有重要性和典型性。

当然出于不同的研究目的，认定市场主体重要性、典型性的标准也会有所不同。如果研究目的是分析行业的技术演进或者技术发展历程，那么某些已经退出该行业、但曾经在该行业内具有重要市场地位的市场主体是不能被忽视。例如，燃煤锅炉燃烧设备行业中前苏联的MOSC电力研究所、乌拉尔公司。如果研究目的是分析行业内某一技术分支的发展态势，那么优先选择业务范围集中于所要研究技术分支的市场主体。例如，在立体显示（3D）行业中三星公司非常重要，专利申请量高且技术分布覆盖全产业链。但若要对裸眼式显示技术进行深入分析，则作为只专注于立体显示领域的透镜式裸眼显示技术的超多维公司，应当被确定为重要市场主体。如果研究目的是分析新兴市场（例如中国、印度等）的专利申请态势，则可以选择在新兴市场进行重点布局或者新兴市场的申请人作为重要市场主体。例如，乳制品行业作为新兴市场的代表性企业是中国的蒙牛和伊利。

（2）掌握重要专利，或具有长远专利战略

重要市场主体的专利具有一定的特点，例如，专利授权率高、专利稳定性好、被引用频次高、多边申请比例高、专利的产业转化价值高等。更重要的是，重要市场主体必然掌握着某些对于行业的技术发展或市场格局具有显著影响的核心专利或基础专利，并且围绕这些专利进行合理的布局，形成的专利池。重要市场主体的专利意识良好，具有长远的专利战略，其专利的国别分布、技术领域分布都有明显的商业战略意图。例如，包装行业的利乐公司习惯于提前进行专利布局，在进入某一市场开展业务之前至少提前5年在该国家或地区申请专利。

8.2.2　专利区域布局分析

重要市场主体通常会在目标市场进行专利布局以提高自身在目标市场的占有率和竞争力。对其专利区域布局进行分析，能够宏观地反映出各个国家和地区、各市场主体的技术水平以及专利布局情况，对于了解海外市场以及寻求区域合作有着重要的意义。

对于全球专利的分析，市场主体的区域或国别能够从优先权字段或者公开号字段中获得。优先权中的国别信息能够反映出该国别或地区为技术输出地，反映出市场主体的国籍，公司总部或研发中心所在地；专利公开号中的国别信息能够反映出市场主体希望在该国别或地区获得专利保护，体现出市场主体的专利布局策略。基于优先权中的国别，可以分析市场主体的主要目标市场以及其在目标市场的布局情况。结合多边申请和申请量，可以分析市场主体的技术水平以及专利布局策略；也可以由某一技术分支主要申请人的申请量排名找出竞争对手，对竞争对手展开分析。基于公开号中的国别，可以发现行业中主要技术集中的目标市场，以及关注该目标市场的主要国家和地区、主要申请人。结合公开号中的国别和年代分布，可以分析目标市场的变化，也可以分析目前市场主体在全球的专利分布或布局情况。

对于中国专利的分析，可以结合专利的法律状态进行更为综合性的分析，并得出更具有参考意义的结论。例如，结合某行业国内外申请人的专利申请量及授权量能够分析出国内外申请人对于中国市场的重视程度以及在中国的专利话语权，也能够分析出关注中国市场的主要国家和地区、该行业国内各省市的技术水平和重视程度以及各省市主要申请人情况。

【案例 8–14】

【分析项目】赛诺菲-安万特全球市场专利申请分布[1]

【分析内容】赛诺菲-安万特非常重视占据全球市场。数据显示，其专利申请量最大的地区是美国、欧洲以及日本，这些地区消费能力强，是其主要市场。另外该公司也非常重视新兴市场，2010 年赛诺菲集团净销售额达 304 亿欧元，其中包括中国在内的新兴市场为集团的销售额贡献了 30％以上。[2]为了保证其在新兴市场的占有率，赛诺菲-安万特在澳大利亚、中国、墨西哥、加拿大、韩国等国家的专利申请自 2000 年后快速增长，参见图 8–2–1。中国是该公司新兴市场中的重要地区，其在中国的申请量快速增长，在抗凝血抗血栓用途方面的申请量最大，参见表 8–2–1。

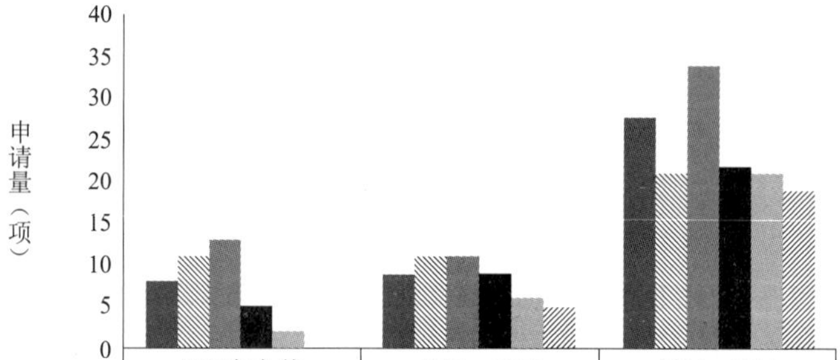

	1990年之前	1991～2000	2001～2010
美国	8	9	28
日本	11	11	21
欧洲	13	11	34
澳大利亚	5	9	22
墨西哥	2	6	21
中国	0	5	19

图 8–2–1　赛诺菲-安万特在主要市场的专利公开情况

[1] 选自 2011 年专利分析普及推广项目《生物医用天然多糖行业专利分析报告》。

[2] CHRISTOPHER A. VIEHBACHER. 新兴市场是增长引擎！[J]. 经理人，2011（8）.

表 8-2-1 赛诺菲-安万特的专利申请分布

技术主题	申请总量（项）	申请量（项）					
		美国	日本	欧洲	澳大利亚	墨西哥	中国
生产方法	31	19	20	28	13	11	10
测定方法	5	3	5	5	5	3	3
抗凝血抗血栓	28	16	10	17	11	9	12
非抗凝血	13	10	9	11	7	6	3
依诺肝素	14	9	5	9	6	6	5

【案例启示】通过对肝素领域重点市场主体的全球专利分布和主要市场的专利公开情况的研究，展现了该市场主体在全球和中国的专利布局情况。

【案例 8-15】

【分析项目】赛诺菲-安万特在中国市场专利申请状态

赛诺菲-安万特 1982 年进入中国，近两年在中国可谓动作频繁，其将亚太研发中心落户上海，并与多个中国药业公司组建合资公司。在中国，赛诺菲-安万特研发上采取了与很多外企不太一样的方式即与中国本土的科研院所合作。其与中科院上海生命科学研究院、中国医学科学院天津血液学研究所都有深入合作项目，成功地开发了前景看好的抗癌药物。❶

赛诺菲-安万特在低分子肝素生产、测定、抗凝血抗血栓用途、非抗凝用途、合成肝素等全部领域的研究在中国都有专利申请，不过其重要的依诺肝素核心专利 US5389618A 却没有进入中国。但该公司在中国申请了多项依诺肝素用途的申请，如 CN1400905A 涉及依诺肝素治疗脑出血等。可见，虽然依诺肝素核心专利没有在中国申请保护，但在赛诺菲-安万特意识到中国市场的重要性之后，陆续申请了大量的外围专利来保护其产品市场。赛诺菲-安万特在中国申请的专利涉及肝素生产方法的量很大，尤其集中在低分子肝素衍生物和合成肝素生产方法方面。赛诺菲-安万特在中国的专利申请参见表 8-2-2。

表 8-2-2 赛诺菲-安万特在中国的专利申请❷

技术领域	专利公开号	技术主题	申请日	法律状态
生产方法	CN1096034A	亚硝酸降解的肝素进行 UV 照射制备肝素裂分	1994-05-07	授权
	CN1575341A	从肥大细胞培养物制备肝素	2002-10-22	视撤
	CN1798771A	低分子肝素衍生物，分子量 1 500～3 000	2001-07-18	驳回
	CN101812190A	肝素衍生物，分子量 1 500～3 000	2003-10-08	未决

❶［EB/OL］．（2011-11-02) http://www.sanofi.cn.

❷ 选自 2011 年专利分析普及推广项目《生物医用天然多糖行业专利分析报告》，有缩减。

续表

技术领域	专利公开号	技术主题	申请日	法律状态
分析测定	CN1703519A	使用肝素酶解聚肝素，采用高效液相层析法测定分析肝素或低分子肝素	2003-09-22	授权
	CN1934135A	使用 HPLC 定量测定具体组成的肝素或低分子肝素的方法	2005-03-22	视撤
	CN101747385A	测定构成肝素的特殊基团的方法，测定依诺肝素的三糖片段	2003-09-22	未决
抗凝血抗血栓	CN1400905A	依诺肝素治疗脑缺血的应用	2001-01-03	驳回
	CN1622813A	艾屈肝素治疗深静脉血栓	2003-01-23	视撤
	CN101636417A	生物素化低分子肝素	2008-02-12	未决
	CN101039963A	生物素化十六多糖	2005-09-07	授权
	CN1938429A	用肝素酶II使多糖解聚，知道没有抗血栓形成活性，低聚糖产物用于治疗癌症	2005-02-23	未决

【案例启示】该案例是市场主体中国专利区域布局的典型案例。通过对国外的主要市场主体在中国的专利申请状态，得出市场主体在中国的专利区域布局，并针对市场主体在中国市场主要的技术进行介绍，使该行业从业人员对中国市场上主要市场主体有更详细的了解。

8.2.3 重点技术和重要产品分析

对于市场主体的重点技术进行分析可以发现其研发思路和研发重点。市场主体的重点技术分布与行业技术发展趋势密切相关，伴随着某些技术的兴起或衰退，市场主体在某一技术分支的专利申请活跃度也呈现相应的变化。

对市场主体的重点技术和重点产品分析应采取扩展综合，点面结合的方法。扩展综合主要表现为重点技术和重点产品分析可以与时间历程、国别分布、市场信息（如公司销售运营数据，市场竞争态势）等多方面信息结合与对照分析；点面结合主要表现为重点技术和重点产品分析可以与相关的重要专利、重大诉讼等信息结合分析。

【案例 8–16】

【分析项目】肝素行业主要市场主体的重要专利与重点产品的综合分析[1]

[1] 选自 2011 年专利分析普及推广项目《生物医用天然多糖行业专利分析报告》。

表 8-2-3 国内低分子肝素生产企业及其需要专利一览表

产品	企业	公开号	申请日	法律状态	生产批号（国药准字）
依诺肝素	江苏江山	CN101165071A	2006-10-20	授权	H19991002（原料药）H20040967（注射剂海普宁）、H20040968、H20030350、H19991400、H19991401、H20030351
	杭州九源	CN1850865A	2006-05-24	授权	H20060347（原料药）、H20064066（注射剂）、H20064067
	深圳市天道	CN102085178A	2011-01-14	未决	H20056847(注射剂)、H20056849、H20056846、H20056848、H20056850、H20056845（原料药）
	山东郁茏	CN102040673A	2010-10-11	未决	
	山东海科	CN101974107A	2010-09-16	未决	
	河北常山生化	CN102050888A	2010-12-13	未决	
达替肝素	山东海科	CN101942038A	2010-09-16	未决	
帕肝素	山东海科	CN101942039A	2010-09-16	未决	
那屈肝素	兆科药业	CN1554671A	2003-12-24	授权	H10980164（原料药）、H10980166（注射剂立迈青）、H10980165
	河北常山生化	CN101012289A	2007-02-01	授权	H20063909（注射剂）、H20063910
低分子肝素钠	江苏万邦	CN101612130A	2009-07-16	未决	H20020247（注射剂苏克诺）、H20020179

【分析内容】表 8-2-3 显示了在肝素行业中，重要的企业申请人所拥有的与其重点产品密切相关的重点专利。将重点专利及其法律状态、重点产品、产品批号以及申请人综合呈现。显然围绕依诺肝素这种重点产品，很多企业申请人都在研发和生产。

【案例启示】在申请人的某一技术分支通过点面结合的分析更能反映出专利技术对于市场的具体影响，以及专利技术所产生的巨大价值，从而更直观地体现申请人的专利策略。

【案例 8-17】

【分析项目】硫酸软骨素行业围绕重点产品 COSAMIN®展开的专利申请❶

❶ 选自 2011 年专利分析普及推广项目《生物医用天然多糖行业专利分析报告》。

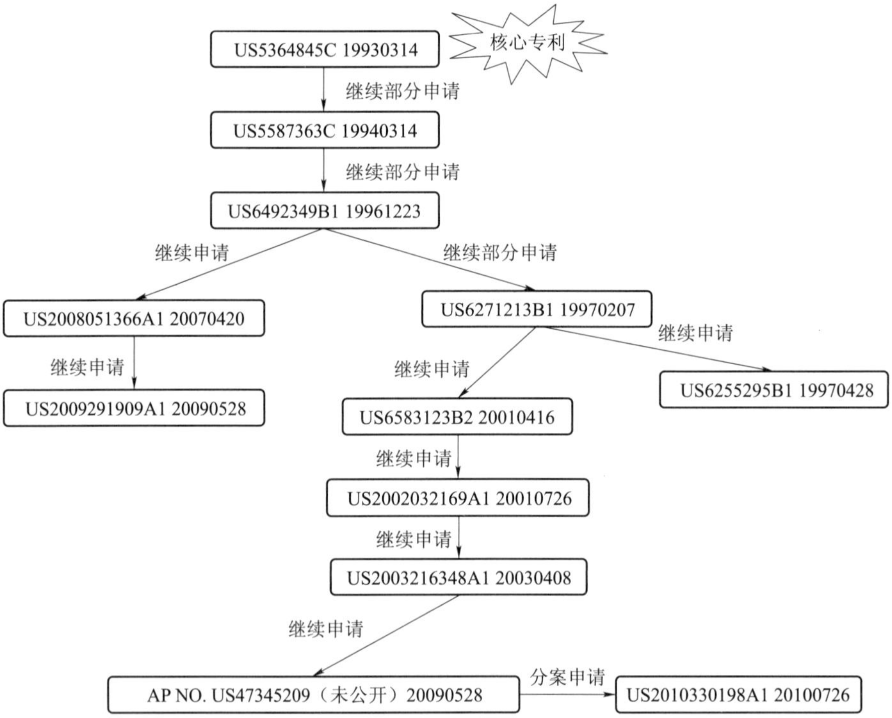

图 8-2-2　硫酸软骨素行业围绕重点产品 COSAMIN®展开的专利申请

【分析内容】COSAMIN®是经美国食品药品监督局（FDA）验证治疗关节炎特效保健品，已载入美国药典，在欧美骨关节炎保健品市场占有很高的市场份额。因此 Nutramax Lab.为了延长该产品的保护期限，不断提交后续专利，通过图 8-2-2 可以清楚地看到该公司在这一领域美国的专利保护策略：在核心专利的基础上通过继续部分申请（CIP）、继续申请（CON）、分案申请（DIV）等多种形式，不断从核心申请说明书中提炼概括出可保护的内容继续进行保护。以 US5364845C 为核心专利的案例中，US5364845C 请求保护一种组合物，包括氨基葡糖、硫酸软骨素和锰盐，并且在加拿大、巴西、日本、芬兰、澳大利亚、欧洲、新西兰、挪威、西班牙等国家或地区申请专利；在后续的 US6492349B1 中限定了氨基葡糖与硫酸软骨素的含量；在 US6271213B1 中加入了 S-腺苷甲硫氨酸增强疗效；在 US6255295B1 中结合了多硫化戊聚糖（PPS）或 PPS 盐或其混合物增强疗效；在 US2010330198A1 将对治疗方法进行了分案申请。

【案例启示】通过对重点产品的专利申请分析可以展现市场主体在这一领域美国的专利保护策略：在核心专利的基础上通过继续部分申请（CIP）、继续申请（CON）、分案申请（DIV）等多种形式，不断从核心申请说明书中提炼概括出可保护的内容继续进行保护。该案例充分展示了申请人如何利用美国专利申请的规则对重点产品每一阶段的成果进行有力的保护。

8.2.4　研发团队分析

研发团队是技术创新的源泉，对市场主体中的研发团队（发明人）的分析能够发现在本领域具有重大影响力的科技研发人员、产品设计人员等。研发团队分析可以单独进行，也可以与申请人结合进行，分析申请人的核心发明人或发明团队可以反映出申请人的研发管理体制和激励机制等信息。

挖掘出行业内的重要发明人或发明人团队之后，可以结合其在行业内各技术分支上的专利申请量、申请的时间跨度来展示发明人所关注过的技术领域、研发方向。从技术分支和申请时间两个维度结合分析行业内的发明人，也可以反映出行业技术演变的历史、行业的技术发展方向以及目前行业的前沿技术热点。对比不同发明人在各技术分支上申请量的差异，可分析出各发明人在产业链所处的位置和发挥的作用。通过发明人与申请人的信息，可以发现企业人员流动状况和企业并购等信息。

【案例 8–18】

表 8–2–4　友达光电主要发明人申请技术领域分布量　　单位：件

技术领域 \ 发明人	李重君	李世昊	李信宏	柯崇文	苏志鸿	李纯怀	黄维邦	吴元均	蔡子健	蔡宗廷
材料	5	9	0	17	0	0	0	0	0	0
结构	18	24	14	5	5	2	8	2	4	2
封装	1	0	2	0	13	1	0	0	0	0
应用	12	7	9	3	6	15	8	11	10	11
工艺和设备	1	0	10	4	7	0	2	1	0	0
电极材料	1	1	0	0	0	0	0	0	0	0
发光层材料	0	2	0	13	0	0	0	0	0	0
有机辅助层材料	4	7	0	4	0	0	0	0	0	0
辅助电极材料	1	1	0	0	0	0	0	0	0	0
小分子荧光材料	0	0	0	3	0	0	0	0	0	0
磷光材料	0	0	0	8	0	0	0	0	0	0
电子传输层材料	1	2	0	1	0	0	0	0	0	0
基板结构	1	2	9	0	1	2	7	1	0	0
电极结构	2	4	4	0	3	0	1	1	1	1
发光层结构	3	4	0	1	0	0	0	0	1	0
有机辅助层结构	3	4	0	3	0	0	0	0	0	0

续表

技术领域＼发明人	李重君	李世昊	李信宏	柯崇文	苏志鸿	李纯怀	黄维邦	吴元均	蔡子健	蔡宗廷
光学辅助层结构	9	11	1	1	1	0	0	0	2	1
有源基板	0	2	8	0	1	2	6	1	0	0
阳极结构	0	0	1	0	1	0	0	0	0	0
辅助电极结构	2	4	2	0	2	0	0	1	0	1
分层结构	3	3	0	1	0	0	0	0	1	0
增强色纯结构	4	1	0	0	1	0	0	0	0	0
滤光层	1	1	0	0	1	0	0	0	0	0
颜色转换层	2	1	0	0	1	0	0	0	0	0
增强亮度结构	2	4	0	0	0	0	0	0	0	0
增强对比度结构	1	2	1	0	0	0	0	0	0	0
黑矩阵/光吸收层	1	3	1	0	0	0	0	0	0	0
封装结构	1	0	2	0	7	1	0	0	0	0
密封容器	1	0	0	0	0	0	0	0	0	0
保护层/膜	0	0	1	0	7	1	0	0	0	0
封装材料	0	0	0	0	2	0	0	0	0	0
干燥剂/吸湿剂	0	0	0	0	1	0	0	0	0	0
封装工艺	0	0	0	0	4	0	0	0	0	0
显示	9	7	5	2	4	3	4	4	3	2
照明	3	0	0	1	1	0	0	0	0	0
驱动电路	1	0	4	0	1	12	4	7	7	9
像素结构	4	4	2	0	0	2	2	2	2	2
像素形状、面积和排列方式	1	0	1	0	0	0	0	1	2	0
间隔肋	1	0	2	0	2	0	1	0	0	0
双面发光	3	2	0	2	2	0	0	0	1	0

【分析项目】行业内重点公司中各主要发明人的技术领域分布[1]

【分析内容】表 8–2–4 显示了属于有机发光二极管行业的友达光电公司主要专利发明人的技术领域分布。各发明人侧重的领域差别较大，李重君在材料、结构、封装、应用、工艺和设备五个领域均有专利申请，但在封装、工艺和设备领域中仅仅有个别申请，申请数量极少，而主要申请领域在结构和应用领域。李世昊在材料、结构和应用三个领域有专利申请，其余两个领域封装、工艺和设备领域中没有申请，其主要申请领域在结构领域。李信宏在结构、封装、应用、工艺和设备四个领域有专利申请，其主要申请领域在结构、工艺和设备领域。

【案例启示】 通过分析各发明人的研发侧重点，体现企业在各个业务板块上的研发带头人，并反映各发明人在行业内的影响力和被认可度。

【案例 8–19】

表 8–2–5 甲壳素领域主要发明人及研究方向 单位：件

发明人	所在单位	技　术	公开	授权	有效	未决
杜予民团队	武汉大学	杜予民小计	32	23	8	3
		创面敷料、手术缝合线	7	5	1	
		组织工程支架材料	2	2	2	
		人工皮肤				
		药物活性成分	5	1		
		医药载体材料	13	11	4	
		其他	7	6	3	
胡巧玲、王征科团队	浙江大学	胡巧玲小计	25	6	6	18
		创面敷料、手术缝合线	2			
		组织工程支架材料	18	2	2	
		人工皮肤				
		药物活性成分	1	1	1	
		医药载体材料	3	2	2	
		其他	1	1	1	
李鹏程、邢荣娥、刘松、于华华团队	中国科学院海洋研究所	李鹏程小计	18	14	14	1
		创面敷料、手术缝合线				
		组织工程支架材料				
		人工皮肤				

[1] 选自 2011 年专利分析普及推广项目《有机发光二极管行业专利分析报告》。

续表

发明人	所在单位	技　术	公开	授权	有效	未决
李鹏程、邢荣娥、刘松、于华华团队	中国科学院海洋研究所	药物活性成分	14	10	10	
		医药载体材料				
		其他	4	4	4	
刘万顺、韩宝芹团队	中国海洋大学	刘万顺小计	18	12	7	2
		创面敷料、手术缝合线	6	5	4	
		组织工程支架材料	3	1		
		人工皮肤				
		药物活性成分	8	5	3	
		医药载体材料	3	2	1	
		其他				

【分析项目】发明人技术分支的对应关系❶

【分析内容】甲壳素/壳聚糖生物医药领域的主要发明人和其研究领域，其中申请量最多的是武汉大学的杜予民团队，其研究领域主要集中在创面敷料、手术缝合线方面和药物载体和辅料方面。浙江大学的胡巧玲团队的申请量排名第2，其研究领域主要集中在组织工程材料方面。中国科学院海洋研究所的李鹏程团队的主要研究方向在农业和医药活性成分方面，主要是壳聚糖衍生物在农业和生物医药方面的应用。中国海洋大学的刘万顺团队在生物医药各领域都有研究，但研究较多的是创面敷料、手术缝合线领域和医药活性成分领域，参见表 8-2-5。

【案例启示】可从申请人和发明人的维度对某项重点技术分支的研发团队进行关注和研究，从中发现重要申请人在重要分支的研发实力和人力资源状况，可从中获取重要申请人在某重要技术分支的发展潜力和未来方向等的重要信息。

【案例 8-20】

【分析项目】 中国专利中主要发明人的技术领域分布❷

【分析内容】 数据表明，中国籍与外国籍主要发明人均处于相对固定的研发团队中。图 8-2-4 列出了立体影像领域的中国专利中的主要发明人。在外籍发明人中，金大式为三星在立体影像领域的重要研发人员，其研究方向为裸眼式显示技术围绕其组成的研发团队的主要成员包括瑟吉 · 切斯塔克、车暻焄等；最首达夫、福岛理惠子、平和树、平山雄三均为东芝研发团队的主要成员，该团队在 2004 年后对裸眼式显示技术有持续的研究；滨岸五郎的研究方向为裸眼式显示技术中的光壁障式技术，该发明人于 2006 年前作为三洋株式会社的发明人在中国的申请量为 14 件，2006 年，三洋将三洋爱普森公司的股份转让给精工爱普森，其以精工爱普森株式会社的发明人的身份从事立体影像技术的

❶ 选自 2011 年专利分析普及推广项目《生物医用多糖行业专利分析报告》。

❷ 选自 2011 年专利分析普及推广项目《立体影像专利分析报告》。

研发，2009 年随着索尼收购精工爱普生中小 LCD 面板业务交易的获批，此人入户索尼。

中国发明人中，戴琼海、李昌的申请量占据前两位。发明人戴琼海为清华大学自动化系教授，以戴琼海为核心的研发团队中的主要成员有曹汎、季向阳，此二人与戴琼海的共同发明数量分别为 11 件、8 件。戴琼海所作出的专利发明均为职务发明，主要申请人为清华大学（共 37 件），此外，无锡景象数字技术有限公司于 2009 年基于该申请人的发明提出了 2 件申请。戴琼海的研发团队的研发重点在 2D 转 3D 技术，同时也涉及编解码技术，截至 2011 年 6 月 30 日，该申请人所提出的 2D 转 3D 技术的发明申请共 22 件。戴琼海在立体影像的专利申请开始于 2007 年，2008～2010 年其申请量持续增加，研发相对活跃（参见图 8-2-3）。其具有代表性的发明专利包括 CN101282492B（三维影像显示深度调整方法）、CN101516041B（三维视频采集的控制方法与系统）、CN101483788B（一种平面视频转立体视频的方法和装置）、CN101610413B（一种视频的编码／解码方法及装置）等。

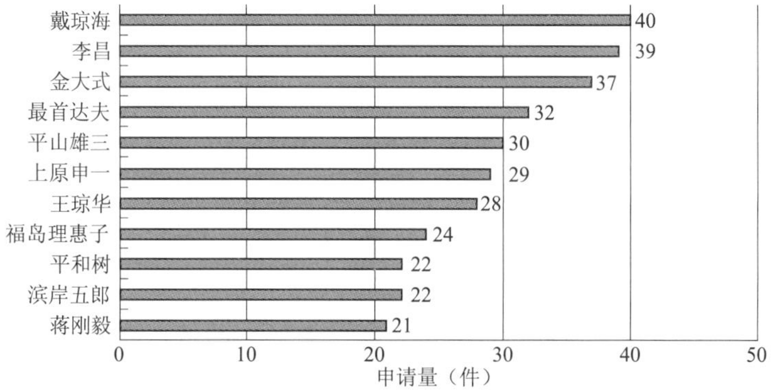

图 8-2-3　中国申请中的重要发明人及其发明专利申请量

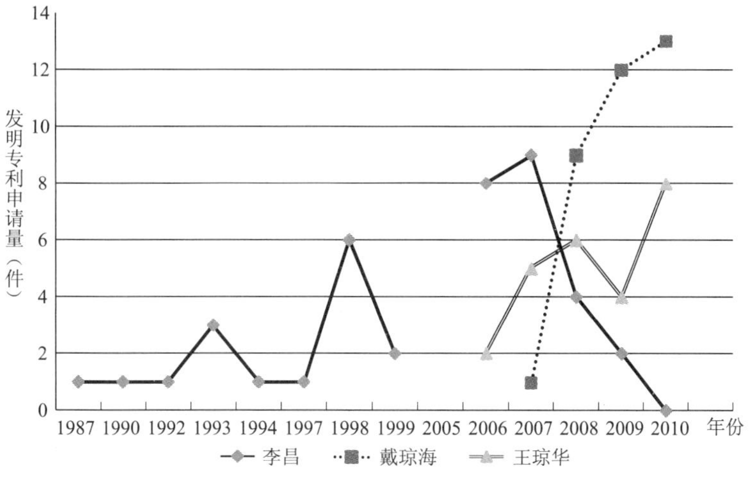

图 8-2-4　发明人李昌、戴琼海、王琼华历年发明专利申请量

【案例启示】通过分析各发明人的研发侧重点，体现企业在各个业务板块上的研发带头人，并反映各发明人在行业内的影响力和被认可度。

8.2.5 专利技术合作分析

合作申请是专利申请的一种常见形式。由于技术问题的复杂性，专利申请逐步出现了多个申请主体、多个权利人的情形。共同申请的专利是市场主体之间合作创新成果的直接体现。对于专利申请中这一独特现象的分析，有助于更清楚地了解产业间的合作关系，寻找技术研发的合作伙伴以及探索实现自主创新的机制。

根据申请人的类型，专利共同申请可以为：公司与公司的共同申请、公司与个人的共同申请、个人与个人的共同申请、公司与研究机构的共同申请、公司与大学的共同申请等。根据所处产业链的位置，专利共同申请可以分为：公司与上游产业的公司之间的共同申请、公司与下游产业的共同申请、公司与处于同一产业位置的研究机构或者大学的共同申请、公司与处于同一产业位置的其他公司的共同申请。

【案例 8–21】

三菱材料的共同申请概况如图 8–2–5 所示。从该图中不难看出，三菱材料的合作对象涉及的行业是多样化的：有像丰田、本田、爱信、铃木等从事汽车产业的下游企业，也有像神户钢铁、特殊陶式提供原材料的上游企业，还包括像丰田技术学院的研究机构，以及住友电工、神户工具等制造刀具的同行企业。这种合作研发机制已经突破了传统的产学研合作模式，根据企业需求形成了“四位一体”的新兴模式。

因为合作对象的研发重点不同，专利技术合作的领域也会有所差异。三菱材料与下游企业（汽车、航天航空、电子产品行业）的研发合作就侧重于刀具的具体应用方面，与上游企业（原材料行业）的合作偏重于刀具的材料；而与学校、研究机构的合作，则侧重于前沿理论的探索，这种基础理论的突破会在不久的将来应用于实际，引领刀具行业的发展方向；至于同行企业，它们之间的合作偏向于刀具领域的通用型问题，这种取长补短式的合作模式更有利于吸取同行企业的技术特长，帮助企业研发人员更好地拓展思维及调整研发方向。针对下游企业：三菱材料与汽车领域的相关企业合作研发了多种规格的孔加工刀具、整体硬质合金铣刀及多功能的复合刀具（如 JP2002144130A，2001 年与本田发动机厂共同申请的可转位刀片式铣刀；JP2002052410A，2000 年与日产发动机共同申请的深孔切削刀具；JP11033815A，1997 年与丰田电动车共同申请的复合刀具），从上述共同申请的领域中不难发现，三菱材料主要与这类企业合作研发切削特定对象的刀具技术。

针对上游企业：随着航天航空、能源工业的发展，涌现出大量高性能的新型材料，这些新型材料的切削加工已成为业界共同的难题，因此三菱材料与上游企业合作研发时就会倾向于金属陶瓷、立方氮化硼等超硬材料的突破（如 JP2007069309A，2005 年与 NGK－SPARk 共同申请的金属陶瓷刀具；JP8047801A，1994 年与 DENKI－KAGAKU 共同申请的立方氮化硼刀具）。

针对研究机构：这种合作关系早已被业界所熟知。研究机构的技术理论比较深厚而且比较前沿，容易把握整个行业的发展方向。因此三菱材料与东京研究所（TOKYO INST TECHNOLOGY NAT UNIV）的合作就集中于涂层工艺领域（如 2007 年共同申请的 3 件涂层技术专利，JP2008229759A、JP2009072837A、JP2009072838A）。这是因为近年来，为了提高涂层综合性能，业界普遍采用涂层材料复合、涂层层构复合及涂层方法复合的手段，来弥补单层涂层的缺陷，从而提高涂层整体性能。

针对同行企业：同行企业虽然是竞争对手，但同样存在合作的基础，[1]那种同个行业中“黑白分别、非敌即友”的思维方式早已过时，根据各自的技术优势灵活地选择行业竞争对手结成合作伙伴已经成为常态（如 JP2001157902A，1999 年与住友共同申请的金刚石刀具技术；JP2010121192A，2008 年与 SHINKINZOKU 共同申请的金属陶瓷刀具技术）。

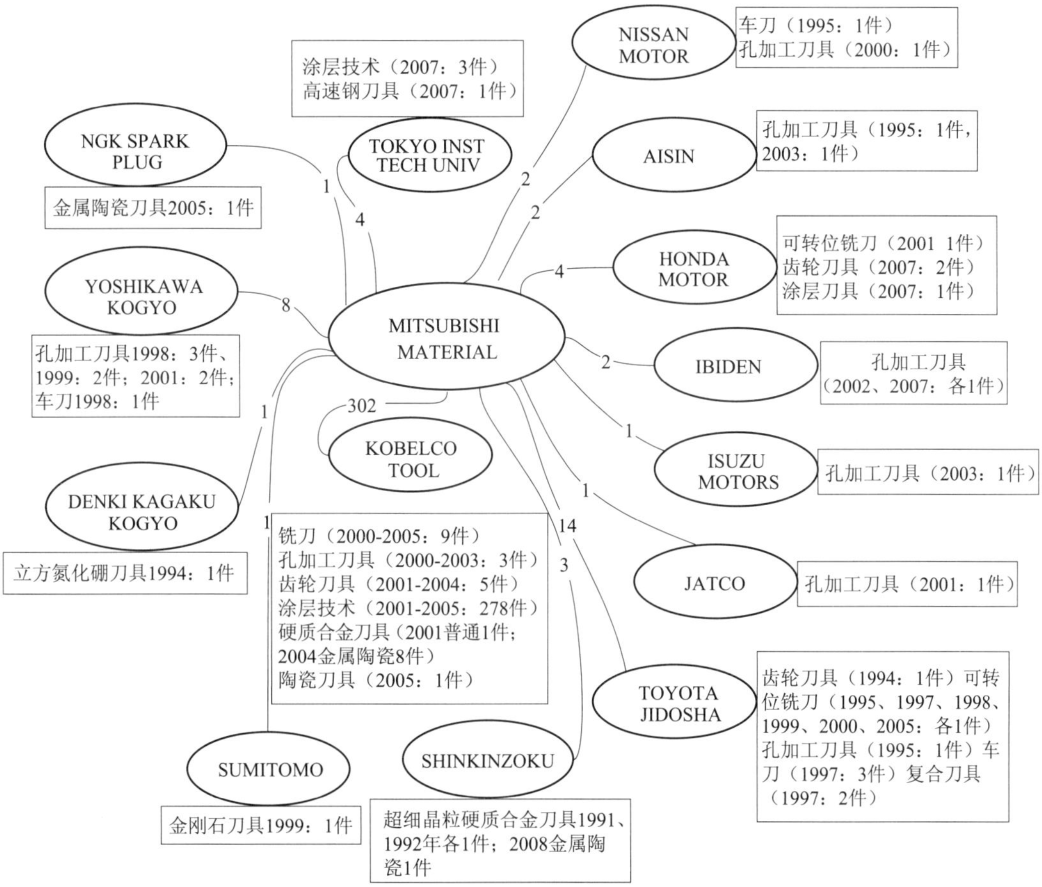

图 8–2–5　三菱材料的合作申请伙伴

8.2.6　技术引进中的专利分析

技术引进是发展中国家实现经济快速发展的重要途径之一。近年来，我国大中型工业企业技术引进经费支出和消化吸收经费支出均呈现增长趋势。在引进技术的过程中，企业将面临知识产权保护、技术许可等一系列问题。通过专利分析，可以为企业在技术引进中寻找和定位引进目标和制定技术引进策略提供一定的参考。

技术引进中的专利分析，主要目的是分析出技术引进所产生的影响。例如，分析技术引进前后的相关企业/行业的申请量的变化情况、申请所反映出来的技术水平的变化情况以及企业的专利布局情况等。专利申请量的变化可以反映企业/行业的研发热度以及发

[1] 刘红光，吕义超. 专利情报分析在特定竞争对手分析中的应用［J］. 情报杂志，2010（7):36-39.

展状况；企业的专利布局情况可以反映出企业的市场分布，同时也能从侧面反映出企业的技术水平。

【案例 8–22】

【分析项目】锅炉燃烧设备领域阿尔斯通公司技术引进专利分析❶

【分析内容】2003 年，在国家发改委的组织下，国内三大锅炉企业（东方锅炉厂、哈尔滨锅炉厂、上海锅炉厂）合作，共同引进了法国阿尔斯通公司全套的 300MW(1025t/h)亚临界循环流化床锅炉技术。对阿尔斯通公司 300 MW 亚临界循环流化床锅炉的技术引进采取了混合许可的模式，既包括专利许可，也包括专有技术许可。

技术出口方阿尔斯通提供了 46 篇许可专利，其中 21 篇存在中国同族，另外 23 篇未在中国申请专利，上述两种情况应区分对待。在 21 篇中文专利中，目前仍然有效的有 16 篇。其中 4 篇在随后的年度因为未缴纳费用或其他原因专利权已经终止，也就是说，技术出口方在技术转让行为发生后就放弃了这些专利。在 21 篇中文专利中，有 1 篇 CN1056443A（优先权：法国，1990 年 4 月 20 日，9005060）已经于 2011 年 6 月 8 日专利权有效期届满。另外还有一些专利也即将到期。

所引进的阿尔斯通公司的鲁奇型循环流化床锅炉存在鲜明的特点，但是在投产和实际运行中，发现其也存在一定问题。主要有：运行过程中两床失稳、冷渣器底渣无法顺利流动和冷却、锅炉水冷壁磨损严重、风帽磨损与风室漏渣、鲁奇型循环流化床锅炉的物料循环控制装置机械式锥形阀存在缺陷、炉膛底部布风板制造中外形尺寸控制困难、收缩余量难以控制。

国内几家大型锅炉制造厂商通过技术人员的研究，并会同浙江大学、清华大学、中科院等国内高校、科研单位共同开发研究，基本解决了上述问题，使国产亚临界 1025 t/h 循环流化床锅炉技术日趋成熟。

具体的措施有：

（1）针对运行过程中的两床失稳现象，可以从控制系统增加一次风量变化的前馈信号，限制每一个风道风量的异常变化，从而有效解决两床压力的平衡问题，这方面的相关专利例如有：200910088898，裤衩腿结构的流化床锅炉一次风调节方法；另一种解决措施是分层布置布风板，上下布风板同属于一个炉膛，上布风板层的物料通过溢流的形式与下布风板层的物料混合，只需控制下布风板层的压力即可，这方面的相关专利例如有：200610118146，一种流化床锅炉分层流化布风板的布置方法。

（2）国外循环流化床锅炉使用的煤大多是灰含量很少的优质煤，同时入炉粒度得到较好的控制，因此很少遇到排渣困难的问题。而中国的循环流化床锅炉所使用的大多是低热值、低挥发分的劣质煤，而且国内给煤破碎系统无法满足给煤粒度设计要求，导致底渣粒度远远超出设计值，造成排渣不畅。由于中国煤质资源的自身特点，导致中国在循环流化床锅炉排渣系统方面的研究十分活跃，相关的申请量也居于流化床炉的各个技术分支的首位。通过将冷渣器更换成国产的水冷滚筒冷渣器最终解决了所述问题。这方面的相关专利例如有：200410062262，一种风水联合流化床冷渣器；200510102903，一

❶ 选自 2011 年专利普及分析推广项目《燃煤锅炉燃烧设备行业专利分析报告》。

种循环流化床锅炉的冷渣器；200520078204，滚筒式流化床锅炉冷渣器；200910054142，循环流化床底渣冷却方法。

（3）针对 r 形定向风帽漏渣严重的问题，采用加焊防磨罩的方法或者采用改进型大口径钟罩式风帽。对于风帽的改进也是流化床炉领域国内研究热点之一，而且近年申请量有上升的趋势。这方面的相关专利例如有：200810102793，内嵌式柱形风帽；200610011187，一种浮子式风帽；200410042717，镶嵌多孔段型风帽；200620020678，一种用于流化床反应器的钟罩式风帽；200820055595，一种 T 型钟罩流化风帽。

（4）通过采取炉膛四角水冷壁让管改造以后，效果很好，基本解决了炉膛四角水冷壁的磨损问题。这方面的相关专利例如有：200620047625，流化床锅炉炉膛过渡区防磨结构。

（5）改用非机械式气动控制的物料循环装置，例如：200510112902，一种气动控制的物料循环装置；200610114031，循环流化床锅炉多点返料器；200910087879，一种 U 形水冷返料器（同族 WO2010149057A）。

（6）摒弃了传统的产品整体组装制造方法，而是分成模块制造，采用气体保护焊组装模块，从而解决了由于大量的密集焊接引起的焊接收缩、变形问题，确保产品的最终尺寸符合要求。这方面的相关专利例如有：200610118145，一种循环流化床锅炉炉底布风板的制造方法。

通过具体的案例分析，技术引进过程中专利策略的使用以及技术引进对国内企业的影响可归结到下面几点：

第一，中国企业应当充分了解本领域的技术动向，明确企业技术引进的总体方向。专利文献是报道最新发明创造最快的信息源，同时它也是世界上最精确、最严密的追溯性资料。据统计世界上每年发明创造的 90％可在专利文献中查出，因此企业在进行引进工作前，要充分利用专利文献，选择合适的技术。

第二，要对引进的行业先进技术进行前期调查，它包括：了解同行业某项特定技术是否是专利技术、是何种专利技术、是否是有效专利、专利权的期限还有多少、专利族信息，以及特定技术与特定专利技术的关系等情况，从而选择合适的引进方式。

第三，在技术引进过程中，要充分维护技术引进方的权益，明确技术转让方的各种义务。需要提醒国内企业注意的是，在中国的技术引进实践中，进口方在使用技术过程中，往往会对进口技术进行改进，对于这部分改进成果的归属，作为技术进口方的中国，应在技术引进合同中予以声明，以避免将来的知识产权纠纷。

第四，技术引进要与消化吸收相结合。产业、学校、科研机构相互配合，发挥各自的优势，通过对引进技术的消化、吸收、改进，促进国内相关行业的实质发展。

第五，随着国内企业生产技术的进步和资金经验的积累，中国企业也应考虑知识产权的输出，尤其是在企业需要重点发展业务的国家，进行专利申请是“兵马未动，粮草先行”的战略性做法。

8.2.7　企业并购相关专利分析

企业之间的并购非常频繁。尤其在技术竞争激烈的行业中，很多企业申请人会选择通过收购具有技术优势的其他公司或机构来实现业务范围的扩张或升级。通常，企业并购伴随着以专利为代表的无形资产的权利转移。因此，从专利的角度对企业申请人的技术态势与发展并购行为进行分析，能够在一定程度上发现企业的技术发展战略及其专利发展策略。

【案例 8–23】

【分析项目】智能手机行业中苹果公司的并购历史❶

【分析内容】在苹果公司发展历史中，其并购策略基本上都是有目的地去收购在某个领域技术实力突出的小公司，而不是去并购某个技术领域的领军者或者知名的大公司，参见图 8–2–6。由上述并购历史以及所并购的公司的专利可以看出苹果公司在智能手机领域的未来发展方向有如下几点：

① 语音识别技术是未来人机交互技术的研发重点。

② 基于位置服务是未来应用与服务的研发热点。

③ 低功耗设计依然是智能手机的研发难点。

苹果公司的并购历史以及所并购的公司的专利带给国内企业的启示：

① 高度重视语音识别技术的研发、加快其技术改进和应用，争取尽快在语音识别技术方面部署更多的专利，从而为手机市场占据有利先机。

② 利用本土化优势，深入挖掘中国智能手机用户的需求。

③ 低功耗设计依然是智能手机急需解决的技术问题。

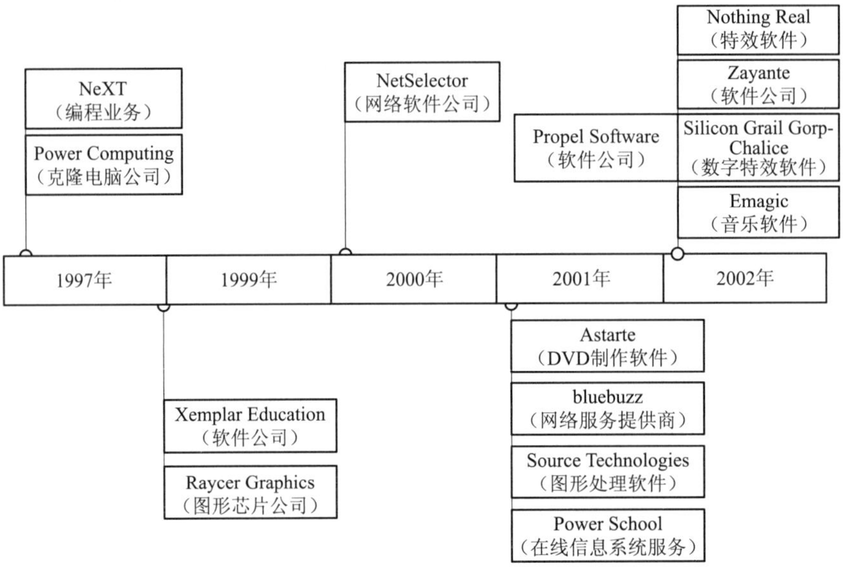

图 8–2–6　苹果公司的并购历史

【案例启示】 通过综合分析市场主体的并购历史，展现其未来的发展方向，并给相关企业提供借鉴。

【案例 8–24】

【分析项目】重要市场主体的并购历史与技术分布的变化❷

---

❶ 选自 2011 年专利分析普及推广项目《智能手机行业专利分析报告》。

❷ 选自 2011 年专利分析普及推广项目《乳制品行业专利分析报告》。

【分析内容】表 8–2–6 显示了作为食品包装行业中的重要申请人利乐公司进行了多次收购。1951 年利乐公司刚成立时，主要生产包装材料，至 1991 年，利乐公司一直是一家专门制造液体食品包装为主的公司。1991 年，公司并购全球最大的食品工程及农业设备供应制造商阿法拉伐公司（Alfa-Laval），成为可以全方位提供食品包装、及分销系统的供应商。1995 年，利乐公司并购 Tebel MKT 公司，其是世界主要的硬质和半硬质干酪的生产商；1999 年，利乐公司并购法国的 Novembal 公司，其是研发和销售包装开口和封口的公司；2003 年，利乐公司并购了主要的塑料瓶生产商 Sidel 公司。从利乐公司发展和并购历史该可以看出该公司业务种类在增加，技术分布从单一的纸质包装扩展至加工设备、灌装设备、分销系统、塑料包装、包装配件和乳制品产品等各个方面，主要发展目标是能够为食品企业提供完善的包装和加工系统。

表 8–2–6　利乐公司的并购历史与技术分布

时　间	并　　购	专利申请
1951～1990 年	1951 年利乐公司刚成立时，主要生产乳制品包装材料，至 1990 年，利乐公司一直是一家专门制造液体食品包装为主的公司	660 项
1991 年	并购全球最大的食品工程及农业设备供应制造商阿法拉伐公司（Alfa-Laval）成为可以全方位提供食品包装以及分销系统的供应商	680 项
1993 年	并购法国的 Novembal 公司，其是研发和销售包装开口和封口的公司	49 项
1995 年	并购 Tebel MKT 公司，其时世界主要的硬质和半硬质干酪的生产商	41 项
2003 年	利乐公司并购了主要的塑料瓶生产商 Sidel 公司	—

【案例启示】 通过申请人的并购历史与技术分支变化的综合分析，展现了申请人在业务范围上的扩张或升级，从而体现申请人的整体发展战略以及专利发展策略。

8.2.8　诉讼专利分析

近年来，涉及专利的诉讼案件呈井喷式增长态势，诉讼案件将专利这一矛与盾的完美统一体的角色演绎得淋漓尽致。企业提起专利诉讼的目的有以下几个❶：① 获得赔款；② 扩大自身影响力；③ 将竞争对手赶出市场或打压竞争对手的市场份额；④ 警示、威胁竞争对手，阻挡其前进的脚步；⑤ 获得交叉许可的资本；⑥ 间接挑战竞争对手专利的有效性。相应地，专利诉讼分析通常有以下几个目的：① 从专利诉讼结果中获知发起专利诉讼的目的，从中得到启示；② 获知技术争端的焦点。由于不同领域具有不同的特点，例如在医药领域，从专利诉讼中往往可以得知基础专利的信息；而由于通信领域技术发展分支较多，从专利诉讼中往往可以看到技术之争、市场之争和发展战略之争；③ 获知诉讼双方的专利策略，或进一步获知双方的知识产权战略。

对专利诉讼案件进行分析有助于市场主体提高专利意识，提升专利申请的质量，也能为市场主体制定专利发展策略提供一定的帮助。

❶ 选自 2011 年专利分析普及推广项目《光通信网络行业专利分析报告》。

【案例 8–25】

【分析项目】希尔纳诉讼案例[1]

【分析内容】希尔纳的专利诉讼和成长历程可以告诉我们有以下特点：

① 在知识产权日益得到重视的今天，无论国内和国外，专利诉讼是不可避免的，而且日趋激烈，这是技术、行业和市场竞争的特点所决定的。

② 专利诉讼绝大部分以和谈收场，但前提是被诉公司一定要有实力。所谓实力就是被诉公司手中掌握的专利，包括基础专利和外围专利。否则战争双方如果是敌我双方实力相差悬殊，没有哪个对手肯坐到谈判桌前来谈判。因此，专利诉讼比拼的是专利实力，而非公司的规模和资金的实力。

【案例启示】分析诉讼案例，得出希尔纳公司在专利诉讼方面的策略。

【案例 8–26】

【分析项目】丹尼斯克公司与其竞争对手在美国的专利诉讼分析[2]

【分析内容】丹尼斯克公司是食品添加剂和酶制剂行业的龙头企业之一，其主要竞争对手包括丹麦的诺维信（Novozymes）和汉森（Chr Hansen）公司、美国的 Cargill 公司、挪威的帝斯曼（DSM）公司、爱尔兰的 Kerry 集团等，行业内各公司都非常重视技术研发和研发成果的保护。对于行业内的重要技术和前沿技术，各公司都投入了巨大的资源进行研发，谁先研发成功，谁先获得专利保护，这对于市场格局具有深远影响，导致各竞争对手之间的专利诉讼十分复杂。

丹尼斯克作为专利拥有者，将其许可给被告美国的 Finnsugar Bioproducts 公司使用，由于专利的原因导致作为竞争对手的原告 Monitor 公司市场份额受到极大影响。因此 Monitor 公司以专利权滥用造成市场垄断为诉求开展了诉讼。此案涉及了美国的反垄断法案以及判决结果的地区适用等问题，双方需要出具大量市场信息证据和公司在各地区的经营活动信息证据。

【案例启示】分析重点申请人和其竞争对手间的专利诉讼情况。

【案例 8–27】

【分析项目】苹果公司部分诉讼专利分析[3]

【分析内容】表 8–2–7 列出了苹果公司诉 HTC 的部分专利，可以看到，其专利申请主要集中在 1994～1998 年之间，并且多数是涉及操作系统方面的基础专利，也就是说其他厂商很难绕过该公司的上述专利而发展相应技术。由于苹果 iPhone 的操作系统与其 PC 上的操作系统具有一定的继承性，因此，苹果公司在 PC 上的操作系统专利在智能手机领域也是非常有力的武器。上述专利的诉讼也与苹果公司希望利用知识产权手段打压竞争对手 Android 操作系统有关。专利技术壁垒是苹果公司经常使用的商业手段，打破对手的商场策略、专利部署，通过其拥有的基础性专利或者一些关键技术专利来将其他公司挡在市场之外或者延缓竞争对手的产品上市日期，从而让自己的产品在短期内使其他公司无法超越，这也是苹果公司每当推出一款新的智能手机后，总能引发人们抢购热

[1] 选自 2011 年专利分析普及推广项目《光通信网络行业专利分析报告》。

[2] 选自 2011 年专利分析普及推广项目《乳制品行业专利分析报告》。

[3] 选自 2011 年专利分析普及推广项目《智能手机行业专利分析报告》。

潮的重要原因之一。

表 8-2-7　苹果公司涉诉专利

专利号	发明名称	申请日期	授权日期
US5481721A	编程语言为基础的面向对象信息系统提供自动和动态翻译的消息传递方法	1994.10.31	1996.01.02
US5519867A	面向对象的多任务系统	1994.01.06	1996.06.21
US6275983B1	面向对象的操作系统	1998.08.26	2001.08.14
……	……	……	……

8.2.9　竞争对手分析

分析竞争对手的专利活动可以了解本领域的主要竞争对手的技术优势、专利战略、技术研发重点和技术发展方向等，可以为本公司制定专利战略提供依据。对于竞争对手的专利分析，通常可以从竞争对手在关注领域的专利申请量、申请类型、目标市场、技术研发重点、研发团队和重要专利等方面进行分析。

【案例 8-28】

【分析项目】乳制品领域竞争对手分析❶

【分析内容】选取 5 家亚洲知名的乳制品上市公司进行对比分析。从研发费用占收入比重这项数据可以看出，养乐多的公司发展战略有别于其他 4 家公司，其明显更重视技术研发，在乳制品行业可算得上是一家技术密集型公司。剩下 4 家公司蒙牛、伊利、明治、森永在整体销售收入和全球排名上属于同一量级的公司，但是四者相互之间也存在区别。综合成立时间、销售收入同比增长率、研发费用占收入比重三项数据可发现，日本的明治和森永经过长期发展，目前销售收入增长缓慢甚至出现负增长，已进入发展滞胀期。它们似乎希望通过加大技术研发上的投入刺激公司业务水平的增长，因为其研发投入比同一量级的蒙牛和伊利要高出 7～8 倍，但是这种高研发投入对于公司业绩增长的刺激作用并不大。因为高投入已经连续几年，但是销售收入的滞胀状况并未有改善。而中国的蒙牛和伊利成立时间较短，销售收入增长迅猛，目前还处于快速发展期，在中国市场仍有进一步扩张发展的空间下，它们重视市场渠道和市场营销肯定甚于重视技术研发，所以研发投入在短期内都不会有大的增长。但是一旦中国乳制品市场也向日本市场一样呈现饱和状态，蒙牛和伊利的研发投入可能会出现较大增长，但是即使研发投入增长也难于改变公司滞胀的状态，因为明治和森永的现状就是这样，参见表 8-2-8。

❶ 选自 2011 年专利分析普及推广项目《乳制品行业专利分析报告》。

表 8-2-8　中国和日本乳制品企业对比分析

公司名称	蒙牛	伊利	明治	森永	养乐多
国别	中国	中国	日本	日本	日本
成立时间	1999 年	1993 年	1917 年	1912 年	1935 年
全球排名 [1]	16	17	11	14	—
销售收入同比增长	17.7%	21.9%	0.51%	-0.36%	5.3%
毛利润率 [2]	25.7%	30.2%	29.5%	31.6%	54.8%
液体乳占销售额比例 [3]	88.8%	74%	40.7%	34.2%	—
海外市场占销量比例	—	—	—	—	68.1%
研发费用占收入比重	0.12%	—	0.98%	0.84%	3.76%
专利申请数量 [4]	289 件	339 件	1 267 件	1 182 件	1 192 件
对外专利申请 [5]	0 件	0 件	265 件	210 件	222 件
近三年专利申请量	87 件	53 件	94 件	114 件	79 件
研发费用/每项专利申请 [6]（万元人民币）	127	—	1 857	1 057	3 648

注：1. 全球排名来自商业分析机构 Rahobank（荷兰银行）2009 年公布的数据。

2. 对于中国企业是毛利/销售收入，日本企业是売上総利益/売上高。

3. 中国企业是液体乳占销售额比例，日本企业为市乳占销售额比例。

4. 中国企业专利数量仅为发明专利数量不包括实用新型和外观设计专利。

5. 指在美国、中国/日本、欧洲、澳大利亚、加拿大等主要地区进行申请的专利数量。

6. 是指每项专利所投入的研发费用估算值，计算模型为（年研发费用/近三年专利申请量）×3，其中日元和人民币之间按 2011 年 11 月 18 日的汇率进行换算。

【案例启示】该案例对乳制品中几大上市公司的综合信息进行了分析，有利于乳制品行业中绝大部分企业了解竞争对手的全面信息。

8.3　区域分析

区域分析是在对专利进行定量分析或定性分析的基础上，制作与国家或地区相关的专利分析图表，对图表进行解读得出相关结论的方法。区域分析可以反映一个国家或地区的技术研发实力、技术发展趋势、重点发展技术领域、主要市场主体等，也可以反映国际上对该区域的关注程度等。区域分析的结论可以为国家或地区间竞争对抗和全球范围内专利布局提供参考依据。[1]

[1] 肖沪卫.专利地图方法与应用［M］.上海：上海交通大学出版社，2011.

8.3.1 专利布局分析

分析某一区域的专利布局情况，可以了解该区域的技术发展重点和主要市场主体。通过对区域专利布局情况的分析，市场主体可以根据自身的技术以及该区域主要竞争对手来决定是否涉足该区域，从而为市场主体的发展提供方向。

在专利布局分析中，往往从技术或者市场主体的角度入手。从区域的角度来分析专利布局往往仅适用于在某些领域中非常重要的国家和地区。在专利分析中，涉及最多的区域分析是全球和中国的专利分析。

【案例 8–29】

【分析项目】肝素中国专利的区域分布❶

【分析内容】肝素领域中国专利申请总量的 72%来自于国内申请，28%为国外在中国的申请。在国外申请中，欧洲是在中国申请量最大的地区，其中来自法国的赛诺菲–安万特是主要的申请人。从国内外申请量来看，中国专利申请中来自国内的申请量在数量上占据优势，参见图 8–3–1。

肝素专利申请的活跃地区大部分集中在沿海省市，这和我国肝素行业主要以原料出口的经营模式有关。在国内各省市对肝素研究侧重点不同，北京、上海、天津以肝素组织工程材料为重点，山东则侧重于肝素生产和其医药用途。山东的烟台东诚、海科化工、福瑞达、鲁南制药等都是肝素行业中很重视研发和专利保护的企业；江苏省的江山制药、万邦生化医药、南京健友等也是针对产业和专利保护并重发展的企业；上海的惠海生化、阿敏生物等公司在低分子肝素制备以及肝素制备方法都有多项专利申请；这些地区和企业在运用专利保护方面已经迈出了不小的步伐，参见表 8–3–1。

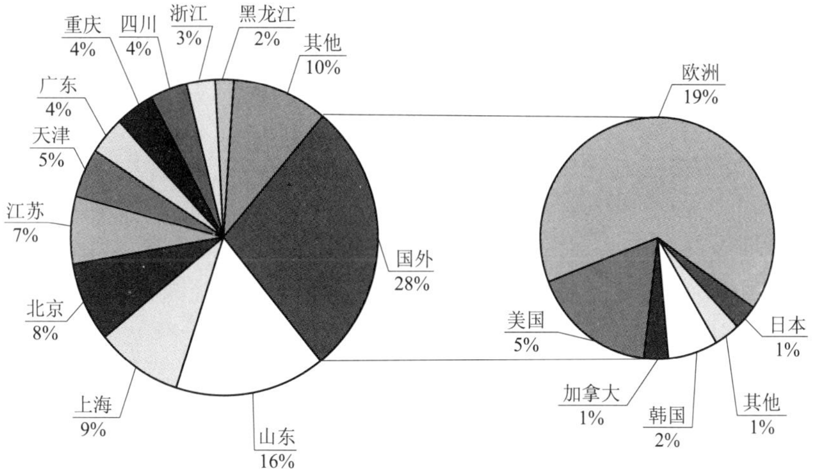

图 8–3–1 肝素领域中国专利申请量区域分布

❶ 选自 2011 年专利分析普及推广项目《生物医用天然多糖行业专利分析报告》。

表 8-3-1　肝素领域国内专利申请量排名前 10 位的省市　　单位：件

技术主题	山东	上海	北京	江苏	天津	重庆	四川	广东	浙江	黑龙江	合计
生产方法	15	7	8	14	0	1	7	0	2	2	56
医药药品	27	7	5	4	4	5	0	5	2	3	62
组织材料	4	12	10	1	11	5	4	5	4	1	57
合计	46	26	23	19	15	11	11	10	8	6	175
构成	16.4%	9.2%	8.2%	6.7%	5.3%	3.9%	3.9%	3.5%	2.9%	2.1%	62.5%

注：表中“构成”是指国内各省市专利申请量占中国专利申请总量的比例。

【案例启示】该案例是中国专利区域布局的典型案例。通过对国外来华的主要国家和地区以及国内各省市的分析，得出某行业在中国的专利区域布局，并针对各国家和地区以及国内各省市主要的技术和申请人进行介绍，使该行业从业人员对中国专利区域分布有更详细的了解。

【案例 8-30】

【分析项目】刀具聚集区的专利申请情况[1]

【分析内容】由于国内刀具企业在地域分布上相对较为集中，导致刀具企业所在地域的刀具专利申请量相对较大，参见图 8-3-2。

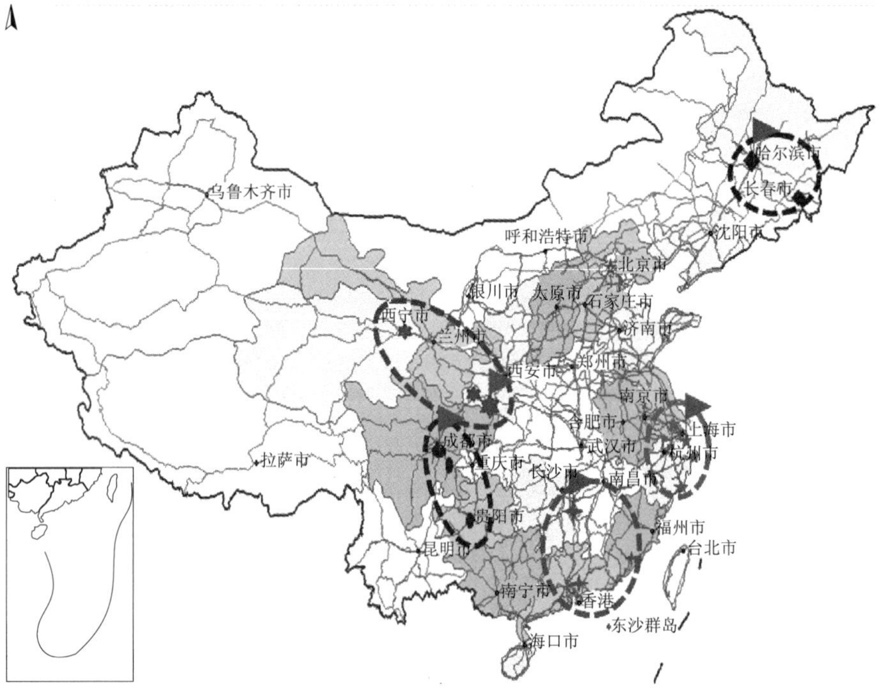

图 8-3-2　中国刀具产业聚集区专利分布图

[1] 选自 2011 年专利分析普及推广项目《切削加工刀具行业专利分析报告》。

1. 华东地区

江苏常州和丹阳被称为“刀具之乡”，形成了规模庞大的西夏墅和丹阳刀具产业群，刀具年产值已经超过了15亿元人民币。但由于这些企业规模都不大，研发能力相对较弱，申请的实用新型量大，发明有效量少。其他地区则以老牌企业上工领衔，阿诺、嘉兴恒锋、宁波三韩等一批新兴企业近些年发展很快，上海交通大学在刀具涂层领域的研究成果也很丰富，使上海、浙江的刀具专利申请量较大。

2. 华南地区

华南地区以株洲钻石切削和厦门金鹭为代表，还有遍布东莞的一大批小刀具企业。如前文所述，株洲钻石切削有限公司在国内刀具主要申请人中排名第1，单发明申请量就有50多件，厦门金鹭也具备一定的研发实力。因此，湖南和广东两省发明申请在各自总申请量上所占比例较大。

3. 东北地区

该区的刀具企业主要集中在东北老工业基地，以哈量、哈一工领衔，还有如牡丹江工具在内的一批民营企业；辽宁省在数控刀具和涂层技术方面聚集了一些规模不大的公司。

4. 西部地区

西北地区主要集中在陕西，主要企业有汉江工具、陕硬刀具和青海刃量具等；西南地区的成都附近集中了成量、工研所、自贡硬质合金和新兴的如森泰英格、成都千木等众多企业，另外还有贵州的西南工具发展势头也不错。四川大学在硬质合金和涂层领域也具有一定的申请量。

【案例启示】该案例用中国地图对刀具各产业聚集区的专利申请状况进行了展示，非常直观、形象。

8.3.2 重点技术发展趋势分析

某一区域重点技术的发展趋势体现了该区域的技术发展动向。在市场主体考虑是否进入该区域时，重点技术发展趋势是需要考虑的重要因素之一。如果市场主体的技术正是该区域发展的趋势，那进入该区域无疑是合适的；反之，如果其技术已经成为了该区域淘汰的技术，那么市场主体进入该区域后是没有竞争力的。

【案例8–31】

【分析项目】中国、日本和韩国透明质酸生产方法专利申请量趋势[1]

【分析内容】20世纪80年代，透明质酸的生产集中在日本，因此其对于生产方面透明质酸的研发热情和专利保护力度都很大。此外，韩国也有少量专利申请。

20世纪90年代以后，由于透明质酸的生产污染严重，而且迟迟得不到解决，日本开始放弃透明质酸的生产。其生产化妆品和生物医药制品的透明质酸以进口为主，在生产方法方面的研发也开始减少，体现在专利申请方面是生产方法方面的专利申请量明显下降。而韩国和中国则增加了在生产方法研发方面的投入，韩国在透明质酸方面的专利

[1] 选自2011年专利分析普及推广项目《生物医用天然多糖行业专利分析报告》。

申请有所增加；当时的中国透明质酸生产企业专利保护的意识还不是很强，因此几乎没有进行专利保护。

进入21世纪以后，随着山东福瑞达等透明质酸生产企业的建成投产，中国开始成为透明质酸的生产基地和出口大国，中国在透明质酸生产方法方面的专利申请有了明显增长，超越了日本和韩国，参见图8–3–3。

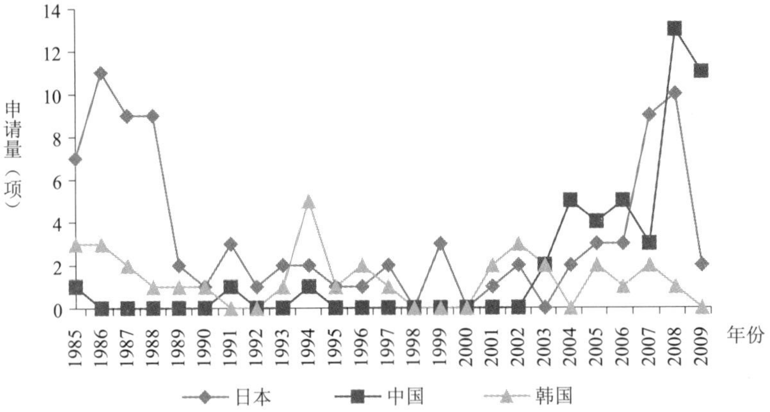

图8–3–3　1985～2009年中国、日本和韩国透明质酸生产方法专利申请量趋势

【案例启示】通过对中国、日本和韩国三个国家在透明质酸生产方法方面的专利申请量趋势的分析，可以看到透明质酸生产方法在三个国家的发展变化，从而能够掌握这三个区域生产方法的动态变化。

8.3.3　重要市场主体分析

当市场主体发展其市场时，需要考虑的是重要因素之一就是竞争对手。在进入某一区域时，要了解的重要信息之一就是该区域的重要市场主体。如果该区域已经有非常强的市场主体进行了专利布局，那就需要考虑自身的情况来决定是否将市场扩展到该区域。

【案例8–32】

【分析项目】中国市场切削加工刀具的申请人排名

【分析内容】从申请量和有效量排名来看，山特维克（包括山高）、肯纳、伊斯卡为第一梯队，第二梯队以日本刀具企业、我国刀具企业以及大学为主。国内具有技术竞争力的企业少，在第二梯队中，我国申请人则以大学为主，企业只占少数几家。国外研发活力较强的申请人主要是京瓷、住友电工、佑能工具等日本企业，说明日本企业正在我国加紧专利布局。

国内刀具申请人大学居多。国内研发活力较强的申请人基本都是大学，以四川大学、吉林大学、中南大学、清华大学和山东大学为主，参见表8–3–2。

表 8-3-2　中国发明专利申请人排名[1]　　单位：件

名次	申请人名称	申请量	有效量	有效量名次	2006～2008年的数量	2006～2008年的数量占总量的百分比（%）	是否为市场主体
1	山特维克	255	141	1	75	29.4	是
2	山高	114	73	2	29	25.4	是
3	肯纳	113	36	4	38	33.6	是
4	伊斯卡	86	34	5	19	22.1	是
5	三菱材料	84	38	3	18	21.4	是
6	住友电工	64	32	6	27	42.2	是
7	株洲钻石	58	24	7	7	12	是
8	山东大学	35	11	10	11	31.4	否
9	OSG 株式会社	28	9	11	14	50	是
10	京瓷	28	5	17	23	82.1	是
11	上海交通大学	28	5	18	8	28.6	否
12	沃尔特公开股份有限公司	17	2	24	4	23.5	是
13	TDY 工业公司	16	6	14	4	25	是
14	佑能工具株式会社	15	5	19	8	53.3	是
15	东方汽轮机	14	2	23	3	21.4	是
16	北京科技大学	14	3	22	2	14.3	否
17	四川大学	14	5	20	10	71.4	否
18	清华大学	12	2	25	5	41.7	否
19	鸿富锦精密工业	12	2	28	4	33.3	是
20	鸿海精密工业	12	2	29	3	25	是
21	上海工具厂	12	1	27	1	8.3	是
22	株式会社神户制钢所	11	9	12	4	36.4	是

[1] 选自 2011 年专利分析普及推广项目《切削加工刀具行业专利分析报告》，有缩减。

续表

名次	申请人名称	申请量	有效量	有效量名次	2006～2008年的数量	2006～2008年的数量占总量的百分比（%）	是否为市场主体
23	吉林大学	10	6	15	6	60	否
24	日立工具股份有限公司	10	6	16	3	30	是
25	中国科学院金属研究所	10	2	26	1	10	否
26	中南大学	10	7	13	6	60	否
27	沈飞工业	10	3	21	0	0	是

注：① 有效量：目前处于授权且有效状态的发明数量。

② 2006～2008年的数量占总量的百分比：2006～2008年的专利数量占该申请人在中国总申请量的百分比。

③ 是否为市场主体：是否有产品投入市场。

【案例启示】通过对中国市场切削加工刀具领域主要申请人排名的分析，能够找到在中国市场该领域处于领先地位的申请人，从而为企业在专利布局时提供参考依据。

8.3.4 首次申请国分析

在专利分析过程中，首次申请国是以优先权中的国别提取的，因此首次申请国在一定程度上代表了技术输出国。首次申请国申请专利的多少在一定程度上反映了该国家和地区的技术创新能力和活跃程度。因而，通过首次申请国分析，可以为区域间的技术合作以及竞争提供有用的信息。

首次申请国的分析方法与本章第8.2.1节中涉及的首次申请国分析方法基本相同。不同的是，在市场主体部分重点分析市场主体的专利布局行为。关注的重点是市场主体的所有专利申请中，首次申请国为市场主体所属国家或地区的专利申请；而对于区域分析而言，重点应当放在该区域整体作为首次申请国的专利申请情况。

【案例 8–33】

【分析项目】智能手机低功耗技术主要首次申请国的专利申请情况[1]

【分析内容】从图 8–3–4 中可见，首次申请于日本、美国、韩国、中国的发明专利申请占到智能手机的低功耗设计技术申请总数的86%，说明这四个国家是该领域的主要技术力量。

日本在电子通信行业的技术领先，拥有很多实力很强的企业，因此日本的首次申请技术量比例高是可以预见的。美国作为全球技术发达的国家，其电子行业的科技力量强，技术先进，拥有很多实力很强的企业，在智能手机的低功耗设计领域的竞争实力很强。

[1] 选自2011年专利分析普及推广项目《智能手机行业专利分析报告》。

一方面，韩国学术界和产业界近几年对智能手机技术的关注使其在韩国的研发迅速发展；另一方面，韩国企业受政府干预和影响比较大。中国的申请量位居全球第4，高于欧洲，说明中国的技术力量对智能手机的低功耗设计很重视，有很多技术人员从事该项技术的研发，并有一定的研发成果，该技术在中国有发展潜力。仅就发明专利申请数量上来说，中国在智能手机的低功耗设计领域是有竞争优势的。

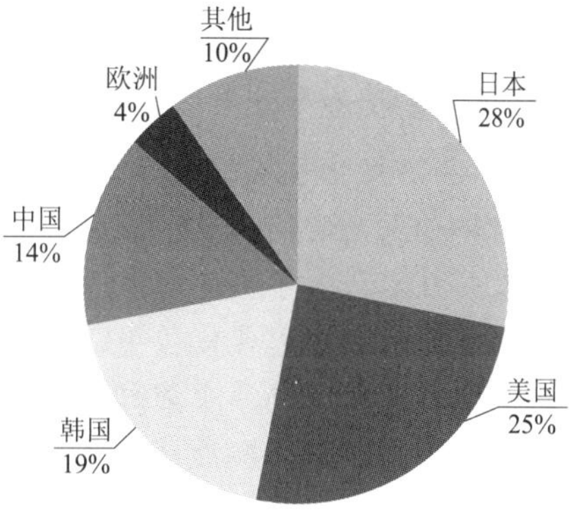

图 8-3-4 智能手机低功耗技术首次申请国家/地区构成比例

从日本、美国、韩国、中国以及欧洲的历年申请量统计数据来看（图8-3-5），各主要首次申请国都是从2003年之后开始有较大数量的申请量，这和智能手机开始普及的时间一致。随着智能手机对于各种功能的支持导致其耗电量的增大，低功耗设计技术进入了快速发展时期。日本和美国起步比较早，韩国紧随其后。在2000年左右，日本和美国的申请量处于绝对领先的地位。韩国和中国基本是从2005年之后开始发展起来的，中国起步虽然较晚，但表现出比其他所有国家更强的增长率，且一直持续增长。预计中国在这方面的申请量将会以更高的增长率增加，这与中国的政策和业界对智能手机的低功耗设计的关注有关。欧洲的智能手机低功耗设计技术起步也较晚，其申请量一直低于日本、美国、韩国、中国，但其发展较为稳定，申请量一直处于平稳的状态。

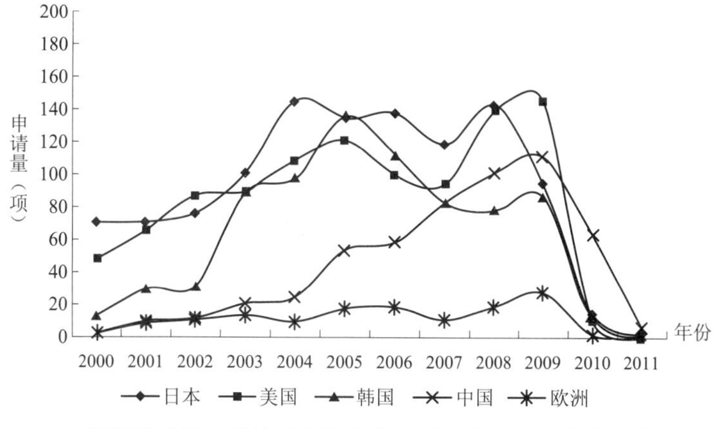

图 8-3-5 智能手机低功耗技术主要首次申请国家/地区历年发明专利申请量

8.3.5 目标市场分析

在专利分析过程中，目标市场是以公开号中提取的国别提取的。因此，其反映的是该区域受关注程度。通过目标市场分析，可以了解该区域是作为哪些技术的目标市场，是哪些市场主体的目标市场。

【案例 8–34】

【分析项目】智能手机低功耗技术申请目标国的专利申请情况❶

【分析内容】从美国、日本、韩国、中国以及 PCT 申请的历年申请量统计数据来看（图 8–3–6），各主要目标市场国都是从 2003 年之后开始有较大数量的申请，这和智能手机开始普及的时间一致。随着智能手机对于各种功能的支持导致其耗电量的增大，低功耗设计技术进入了快速发展时期。

美国和日本起步比较早，韩国紧随其后，中国次之。韩国和中国基本是从 2005 年之后开始发展起来的，中国起步虽然较晚，但一直保持持续增长，这与中国的政策和业界对智能手机的低功耗设计的关注有关。需要注意的是，智能手机低功耗设计技术的 PCT 申请量也逐年增加，这表明各大申请人越来越重视国际目标市场，愿意在多个国家同时部署该技术的专利保护体系。

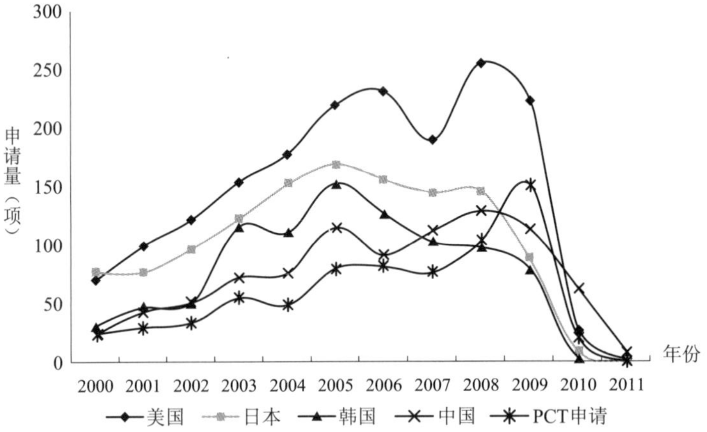

图 8–3–6　智能手机低功耗技术主要目标市场国家/地区历年发明专利申请量

【案例启示】该案例分析是主要目标市场的专利布局的典型案例。通过分析主要目标市场的主要申请国，了解在目标市场进行重点布局的国家和地区，同时也横向地了解各国家和地区主要的目标市场所在。通过该分析，可以使行业从业人员更清晰地了解该行业的整体区域布局。

8.3.6　新兴市场专利布局分析

新兴市场是指发展历史较长的行业（传统行业）在传统市场之外的且近期对该行业需求迅速扩大、行业市场规模增长迅猛的国家和地区。以燃煤锅炉燃烧设备为例：自 2005 年后特别是 2007 年后，以印度为首的南亚国家和地区，印尼、马来西亚为首的东南亚国家和地区，巴西为首的部分南美国家以及土耳其、匈牙利为首的东欧国家和地区，对燃煤锅炉燃烧设备需求迅速扩大、市场规模增长迅猛，因此可以认为上述国家和地区是燃煤锅炉燃烧设备的新兴市场。

新兴市场专利布局分析可以指引企业参与国际竞争、拓展企业市场空间；可以为国

❶ 选自 2011 年专利分析普及推广项目《智能手机行业专利分析报告》。

内企业参与新兴市场竞争时提供专利布局情报，帮助企业避免专利纠纷；可以提高国内企业利用专利制度的能力，提高国内企业在新兴市场的竞争力；可以提高国内企业专利意识，提升国内企业技术水平和综合实力。

以下针对新兴市场专利布局分析中不同于常规区域分析的部分作简单介绍。

（一）获取专利数据

新兴市场专利布局分析必须构建新兴市场的专利数据集。通常获取数据的方式有以下三种：在国家知识产权局内部现有的专利数据库（WPI、EPODOC）检索、通过外网网站等资源补充检索以及通过合作单位例如企业或行业协会等获取。

【案例 8–35】

燃煤锅炉燃烧设备有关新兴市场的专利数据，主要通过印度专利局官方网站（www.ipindia.nic.in）来补充。此外通过世界知识产权组织（WIPO）网站或是地区专利网站公开的数据进行了补充。合作单位上海锅炉厂也提供了部分专利数据，虽然经过比较发现均在通过前两种方法获得的数据集中，但是合作单位给出了一些印度专利局的中间审查信息。

与通常的行业分析检索相比，新兴市场的数据检索最大的区别在于需要通过外网网站等资源和合作单位对数据进行补充。在专利数据集的构建时，应当注意对各种途径获得的数据需进行整理例如去重、数据项规范后方可合并。

（二）确定主要申请人

为了确定新兴市场的主要申请人，必须对新兴市场的申请人状况进行初步分析。通常，通过以下方面来分析申请人状况。

① 从合作单位（企业或行业协会）获得的全球行业内领先的申请人及其在全球市场以及新兴市场的概况。

② 申请人申请量排名，可以是近 20 年的申请量排名。通过对申请人在新兴市场申请量排名进行分析可以了解到申请人的总体实力状况。

③ 新兴市场本土申请人的申请量状况，主要是申请量占据新兴市场总申请量的比例。

④ 排名靠前的申请人申请量占新兴市场总申请量的比例。通过该比例了解新兴市场申请人集中度状况，以初步确定所需分析的申请人数量和对象。

⑤ 申请人申请量及其全球申请量比例。通过该数据可以了解这些申请人对于该新兴市场的重视程度，从而进一步选择主要申请人。

⑥ 近期活跃技术领域的申请人申请数量状况。通过上述方法确定目前新兴市场的行业热点技术申请人，并与总申请量靠前的申请人结合进行分析，以提高选定的主要申请人的正确性。

【案例 8–36】

燃煤锅炉燃烧设备课题组，从合作单位获取了主要申请人是：阿尔斯特、福斯特惠勒、巴布科克和威尔考克斯公司、日立巴布科克、三菱重工以及石川岛播磨公司，因此在后续的申请人确定中有一定的针对性。经过排名分析，发现新兴市场（印度为例）排名靠前的申请人是"阿尔斯特、福斯特惠勒、巴布科克和威尔考克斯公司、日立巴布科克、三菱重工和石川岛播磨公司"，因此在初步分析时认为最后确定的主要申请人必然有上述几家公司之一。另外发现没有任何一个本土申请人申请量达到或是超过新兴市场总申请量的 1%，因此，认为新兴市场的本土申请人不具备分析的价值，从而将其排除在主要申请人之外。通过分析发现"阿尔斯特、福斯特惠勒、巴布科克和威尔考克斯公司"这三个公司申请量占据了新兴市场总申请量的 50%以上，因此将这三家公司列入主要申请人名单。另外，发现日立巴布科克、三菱重工和石川岛播磨在新兴市场的专利申请远低于其全球申请量，且比例低于 5%，同时结合行业了解到的信息判断其不属于新兴市场所要重点分析的主要申请人。

（三）确定分析内容

确定新兴市场的主要申请人后，可以分析主要申请人的专利布局情况。其主要内容包括：

① 主要申请人申请数量年代分布。以此反映主要申请人进入新兴市场的情况，为国内企业进入该新兴市场提供参考。

② 主要申请人各技术分支在新兴市场专利申请占全球该技术分支申请总量的比例。以此作为主要申请人对于该技术分支在新兴市场保护重要性的判断依据，为国内企业在新兴市场专利布局提供所需的信息。

③ 主要申请人技术分支年代分布。以此反映主要申请人在新兴市场技术布局的变化情况，为国内企业避免潜在的专利纠纷提供规避信息。

（四）提出对策建议

通过新兴市场专利布局分析，结合专利制度和行业发展的特点，可以为国内企业应对新兴市场专利布局提供一些对策建议。以燃煤锅炉燃烧设备课题为例，通过对比各申请人在全球和新兴市场的专利布局状况，建议申请人合理利用全球专利信息和专利制度地域性特点充分提高技术水平；提醒申请人利用、引进、消化、吸收后创新的技术在新兴市场进行合理的专利布局；指引国内申请人在某些重要技术分支加强研究并在新兴市场进行专利布局。

8.4 其他分析

除了本章前三节提到的三类分析方法之外，还可以结合行业中不同的需求进行其他具有行业特色的分析。本节将利用标准、产业准入和外观设计这三种行业特色明显的情况对其他分析方法进行示例。充分利用研究领域中的需求进行有行业特色的其他分析是使专利分析更好地满足行业需求的一个重要方面。

8.4.1 标准及相关专利的分析

标准化可使新技术和新科研成果得到推广应用，从而促进技术进步，在提高产品的国际市场上竞争力方面具有重大作用。标准是规范，可以占据市场；专利是产权，可以保护自己，两者兼顾，企业将有更大的发展空间。在我国，随着企业专利化和标准化意识的提高，一些拥有自主知识产权的企业已经开始进行专利战略布局，积极参与各种标准化组织活动，努力探索如何将标准与专利更好地结合在一起，以谋得最大的经济效益和社会效益。[1]因此，在进行特定领域专利分析时，分析标准和专利之间的关系非常必要。这可以使企业在实现“技术专利化，专利标准化，标准产业化，产业市场化”的进程中获得实际依据，得到具体的指导。

标准及相关专利的分析可以包括以下内容。

① 用图或表的形式介绍相关标准制定和发布的历程、主要内容、当前版本是否有新增内容或改变的内容。

② 分析现有版本中涉及二级技术分支的不同标准的特点和受产业支持的程度。将所有二级技术分支按照全球和中国分别分析，结合标准内容、特点分析各技术分支出现、发展的专利数据分布情况，并结合标准中涉及的专利得出标准与专利的关系。

③ 分析获得的专利数据与相关标准的关系。可以包括该技术分支下专利申请年代与标准开始制定、发布的年代的关系，专利申请涉及的技术内容与标准中的技术内容的差异和原因，标准涉及的专利，专利用到的标准。

④ 重点分析该技术分支下相关专利申请情况及纳入标准的专利情况，中国申请人在标准化进程中的位置、贡献、不足或方向。

【案例 8–37】

【分析项目】全球 EPON、GPON 专利申请与相关标准分析[2]

【分析内容】2000 年 11 月，IEEE 成立了 802.3 EFM（Ethernet in the First Mile）研究组，业界有 21 个网络设备制造商发起成立了 EFMA，实现 Gb/s 以太网点到多点的光传送方案，所以又称 GEPON（GigabitEthernet PON）。EPON 的标准 IEEE802.3ah 于 2004 年正式发布，于 2005 年并入 IEEE802.3；IEEE802.3ah 规定了物理层和 MAC 层，MAC 层以上的标准需要设备商自行开发。2003 年 1 月 31 日，ITU-T 批准了 GPON 标准 G.984.1 和 G.984.2，2004 年，相继批准了 G.984.3 和 G.984.4，形成了 G.984.x 系列标准。标准化时间表参见表 8–4–1。

表 8–4–1　PON 标准化时间表[3]

<table>
<tr><th>日期</th><th>时　间</th><th>标　准</th><th>复用或调制方式</th><th>制定组织</th><th>备注</th></tr>
<tr><td rowspan="2">标准起源期</td><td>1995 年提出
1998～2000 年通过</td><td>APON
G.983.1/2</td><td rowspan="2">TDM</td><td rowspan="2">ITU-T</td><td></td></tr>
<tr><td>1998～2004 年由 APON 标准修订扩展而来</td><td>BPON
G.983.X</td><td></td></tr>
</table>

[1] 资料来源：通标网（www.ptsn.net.cn）

[2] 选自 2011 年专利分析普及推广项目《光通信网络行业专利分析报告》。

[3] 选自 2011 年专利分析普及推广项目《光通信网络行业专利分析报告》表 3-2-1。

续表

<table>
<tr><th>日期</th><th>时　间</th><th>标　准</th><th>复用或调制方式</th><th>制定组织</th><th>备注</th></tr>
<tr><td rowspan="2">两种标准竞争期</td><td>2001 年 FSAN 提出
2003～2004 年 ITU-T 标准化</td><td>GPON
G.984.1-4</td><td rowspan="4">TDM</td><td></td><td></td></tr>
<tr><td>2000 年成立研究组
2004 年正式颁布</td><td>EPON
IEEE802.3ah</td><td rowspan="2">IEEE</td><td></td></tr>
<tr><td rowspan="3">NG-PON期</td><td>2006 年开始制定
2009 年颁布</td><td>10G-EPON
IEEE802.3av</td><td>实际上混合了 WDM 技术用于上下行</td></tr>
<tr><td>2007～2008 年
2010 年颁布</td><td>10G-GPON/NG-PON1
G.987，G.988</td><td rowspan="2">ITU-T</td><td>实际上混合了 WDM 技术用于提高用户数</td></tr>
<tr><td>2009～2015 年</td><td>NG-PON2</td><td>WDM/OCDMA/OFDM</td><td></td></tr>
</table>

表 8-4-2　EPON 技术分支部分技术点全球专利申请分布　　单位：项

技术点 / 年份	保护/切换	组播广播	DBA	认证授权	安全加密	OAM
2000	1	0	0	0	0	0
2001	1	0	0	0	1	0
2002	4	1	6	0	0	6
2003	10	6	4	3	2	1
2004	3	5	2	3	3	0
2005	5	2	4	5	1	1
2006	4	4	5	3	3	1
2007	7	1	3	0	0	1
2008	7	1	1	0	0	0
2009	5	0	2	1	0	0

全球 EPON 专利申请数据显示，从 2000 年开始有 EPON 专利申请提出，在 2002 年前只在一些技术分支有零星申请，2003～2006 年各个技术分支基本都有涉及，从 2007 年后又恢复为仅在部分技术分支有申请提出；总体来看，全球在 EPON 的保护/切换方面申请最多，安全加密和 OAM 最少，参见表 8-4-2。

IEEE 制定 EPON 标准的基本原则是尽量在 802.3 体系结构内进行 EPON 的标准化工作，最小限度地扩充标准以太网的 MAC 协议；其在吉比特以太网相关要求的基础上，规定了点对多点专用的物理层，并在数据链路层中增加了点对多点控制和 OAM 的相关要求；OAM 子层提供了链路级的性能及状态监视、故障诊断和定位的手段，未对其他方面和更高层的管理功能进行规范，但其提供了一种扩展机制，厂商或运营商可以根据业务和维护方面的需求，制定扩展的 OAM 来实现更强的管理能力，但其已规定的内容中存在不明确或不完善的地方，导致 EPON 设备之间的互通性受到影响。

由于 EPON 标准通过牺牲性能而使技术复杂度和实现难度得以降低，因而在带宽能力和带宽使用效率方面不足，从公开的数据中可以看出，在带宽分配利用的 DBA 分支点以及保证性能的 QoS 方面基本上连年都有稳定数量的申请，但在厂商和运营商可以自主开发的 OAM 方面却申请数量偏低。

表 8-4-3　GPON 部分技术点全球专利申请数据年代分布　　单位：项

年份 \ 技术点	保护/切换	组播广播	DBA	认证授权	安全加密	OAM
2005	5	2	3	0	0	0
2006	7	5	3	0	0	2
2007	8	3	2	2	1	1
2008	9	2	1	2	1	0
2009	8	2	3	0	0	0
2010	5	1	2	0	0	0

全球 GPON 专利申请数据显示，开始有 GPON 专利申请提出的年份要落后于 EPON 开始有专利申请提出的年份 3 年（本章所选取的对 GPON 进行分析的技术分支中全球开始有专利申请的年份为 2005 年），GPON 在保护/切换、组播/广播及 DBA 方面从 2005 年起每年均有申请且数量稳定，而在其他技术分支除中国申请人外其他国家和地区的申请人很少且申请大多集中在 2007～2008 年间，参见表 8-4-3。

在 EPON 和 GPON 的标准制定过程当中，会有内容涉及已申请或已获取的专利，例如涉及 EPON 标准 P802.3ah 的有 NORTHERN TELECOM LTD.的 US5912895A、3COM LTD 的 US6088368A、MEYER TOOL INC.的 US5784559A 、SUN MICROSYSTEMS INC.的 US6029202A 等；涉及 GPON 的 G.984.3 标准的有 Alcatel N.V. 的 US5107361A 等；涉及 G.984.4 标准的有 ALCATEL CANADA INC.的 EP0886937B1 等。所述相关专利都在 ITU-T 进行了声明。

【案例启示】综合来看，EPON 是在开始成立标准研究组就开始有相关专利申请提出，GPON 是在第一个相关标准被批准的当年有相关专利申请提出，EPON 和

GPON 的专利申请的开始提出几乎与相关标准的提出与制定同步，随后的专利申请围绕着相关标准要求进行技术改进，可以说 EPON 和 GPON 的技术标准引领着相关专利申请的方向，但同时在相关标准欠缺的技术分支方面的相关专利申请不积极。从 EPON 和 GPON 的专利申请总体情况来看，其处于以标准为指导进行技术改进或创新的局面。

【案例 8–38】

【分析项目】分组传送网 PTN 中的 T-MPLS/MPLS-TP 与相关标准分析❶

【分析内容】ITU-T 自 2005 年开始开发 T-MPLS 技术标准（MPLS-TP 的前身），已开发出包括体系架构、设备、保护倒换和操作管理维护（OAM）的一整套标准。但 IETF 以 T-MPLS 修改了 IETF 的 MPLS 协议，OAM 的标签 13 严重影响互联网发展为理由而强烈反对使得该项工作停滞。从 2008 年 4 月开始，ITU-T 和 IETF 正式合作开发 MPLS-TP 标准，IETF 主导协议开发，ITU-T 负责需求，参见图 8–4–1。

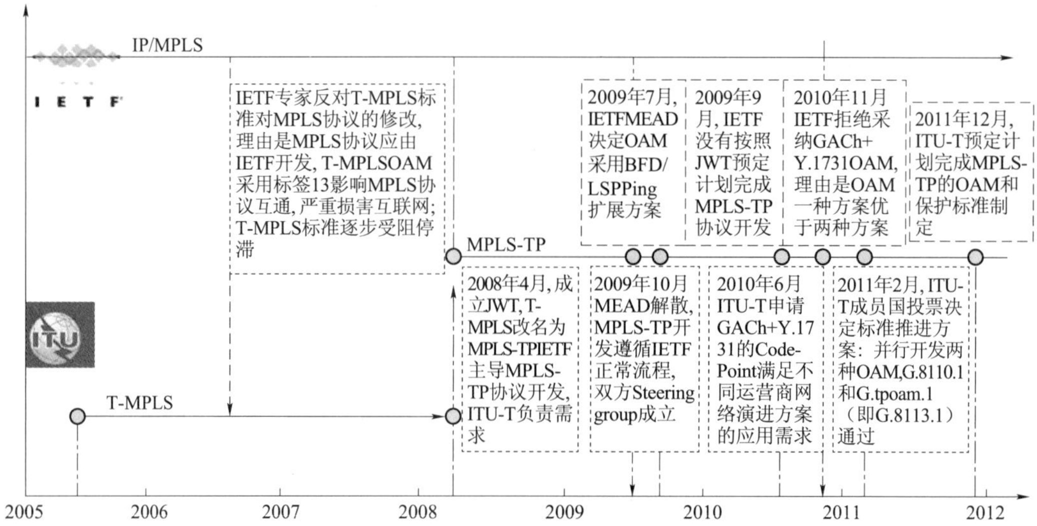

图 8–4–1　MPLS-TP 的国际标准化历程

表 8–4–4　MPLS/MPLS-TP 近 5 年全球专利申请

技术点 / 年份	OAM	保护/倒换	QoS	同　步
2006	1	1	0	0
2007	2	3	1	2
2008	4	21	4	7
2009	13	32	3	6
2010	5	22	5	3

❶ 选自 2011 年专利分析普及推广项目《光通信网络行业专利分析报告》。

表 8–4–5 MPLS/MPLS-TP 近 5 年中国专利申请

年份 \ 技术点	OAM	保护/倒换	QoS	同步
2006	1	1	0	0
2007	2	1	1	1
2008	4	14	4	2
2009	11	21	2	1
2010	5	16	4	3

从 2006 年开始有 T-MPLS/MPLS-TP 在全球和中国的专利申请提出。从 T-MPLS 和 MPLS-TP 的 OAM 等方面的全球申请来看，在开始开发 MPLS-TP 标准之后这几方面的专利申请量明显上升。与在中国的专利申请相同，在保护/倒换方面历年申请相对较多，OAM 次之，参见表 8–4–4 和表 8–4–5。

从在中国的 T-MPLS 和 MPLS-TP 专利申请情况来看，从开始开发 T-MPLS 技术标准的第二年开始有 OAM 和保护/倒换方面的专利申请，随后几年的申请也主要集中在技术上需要强化、标准需要重点规范的 OAM 和保护/倒换上。在开始开发 MPLS-TP 标准之后这两方面的专利申请量略有上升，而 QoS 和同步则申请量不多，且没有明显增加的趋势。

8.4.2 产业准入相关专利分析

在大多数行业中，为了抑制低端产能的重复建设，保证产业的有序健康发展，通常有产业准入的政策。在产业准入的政策中对于知识产权通常有一定的要求。通过专利分析了解和把握产业准入的相关政策，对于企业提升自身的竞争力和寻求合作伙伴都有重要的意义。本节将以药品领域和煤矿机械领域为例，具体介绍产业准入相关专利分析的思路。

8.4.2.1 药品领域产业准入相关专利分析

药品的生产批号或进口药品的注册号是其进入市场的准入条件，而专利则是药品能够长期占领市场的有力保证。专利技术只有应用于产品，实现产业化进入市场才能体现其价值，而获得生产批号或注册号的药物产品只有在专利的保护下才能长期稳定地获得市场利益。药品注册信息是市场和专利之间的桥梁，通过药品注册信息可以有效地分析出药品专利的产业转化率，也可以分析出市场上药品的专利保护程度。

医药产业是对专利制度依赖较多的产业，多数产品背后都有专利保护。提取药品的核心专利可以从市场中热点产品入手。通过找出这些热点产品的药品注册信息，以及药品的生产销售企业，将药品与企业直接关联上，再检索这些企业的相关专利，确定该药品背后的核心专利。以产品为切入点借助药品注册信息确定核心专利，有利于梳理出市场上具体药品的专利拥有量和主要专利权人。通过分析市场畅销药品相关专利及其法律状态，可以为企业在仿制药方向的发展提供助力。

【案例 8–39】

【分析项目】中国低分子肝素药品生产厂家及专利

【分析内容】查询国家食品药品监督管理局发现中国有 18 家企业拥有生产低分子肝素的生产批号，分别检索这 18 家企业拥有的专利，找出与低分子肝素相关的专利，与药品特征对应找到该药品核心专利。列表发现，拥有低分子药品专利的企业共 8 家，其中 6 家拥有低分子肝素产品的生产批号，即这 6 家企业实现了专利向产业转化；而拥有生产批号的 18 家企业拥有专利的只有 6 家，说明我国低分子肝素药品专利保护力度仍比较薄弱。从专利和药品生产批号的对应关系可以直接反映药品市场的专利占有率和专利转化情况，参见表 8–4–6。

表 8–4–6 国内低分子肝素生产厂家及其专利[1]

产品	企业	公开号	申请日	法律状态	生产批号（国药准字）
依诺肝素	江苏江山	CN101165071A	2006-10-20	授权	H19991002（原料药）H20040967（注射剂海普宁）、H20040968、H20030350、H19991400、H19991401、H20030351
	杭州九源	CN1850865A	2006-05-24	授权	H20060347（原料药）、H20064066（注射剂）、H20064067
	深圳市天道	CN102085178A	2011-01-14	未决	H20056847（注射剂）、H20056849、H20056846、H20056848、H20056850、H20056845（原料药）
	山东郁茏	CN102040673A	2010-10-11	未决	
	山东海科	CN101974107A	2010-09-16	未决	
	河北常山生化	CN102050888A	2010-12-13	未决	
达替肝素	山东海科	CN101942038A	2010-09-16	未决	
帕肝素	山东海科	CN101942039A	2010-09-16	未决	
那屈肝素	兆科药业	CN1554671A	2003-12-24	授权	H10980164（原料药）、H10980166（注射剂立迈青）、H10980165
	河北常山生化	CN101012289A	2007-02-01	授权	H20063909（注射剂）、H20063910
低分子肝素钠	江苏万邦	CN101612130A	2009-07-16	未决	H20020247（注射剂苏克诺）、H20020179

[1] 选自 2011 年专利分析普及推广项目《生物医用天然多糖行业专利分析报告》表 3-4-4。

【分析启示】通过将企业、药品生产批号和专利逐条关联起来，能够将专利与市场有效地联系起来，从中既可以得出专利的市场转化率也可以得出药品在市场上的专利保护程度。

【案例 8–40】

【分析项目】低分子肝素药品的核心专利

【分析内容】基于市场中热点产品，找出这些药品背后的专利，参见表 8–4–7。由于这些产品在市场上已获得成功，理顺这些产品背后的核心专利，分析专利中的技术内容以及专利有效期，有助于国内企业合理开发仿制药。

表 8–4–7　低分子肝素热点药品及其相关专利[1]

制备方法	专利公开号	申请日	申请人	是否进入中国	市场产品通用名
亚硝酸降解	US5599801A	1994-05-06	赛诺菲–安万特	进入中国已授权	达替肝素(Dalteparin) 那屈肝素(Nadroparin)
	US4303651A	1980-01-04	卡比公司（KABI）	未进入中国	
	US4496550A	1981-09-11	卡比公司（KABI）	未进入中国	
	EP0623629A	1994-05-06	赛诺菲–安万特	进入中国，已授权	
β-消除降解	US5389618A	1991-06-26	赛诺菲–安万特	未进入中国	依诺肝素（Enoxaparin） 贝米肝素(Bemiparin)
	EP1375524A	2002-12-31	CHEMI SPA	未进入中国	
	EP1070503A	1999-10-13	ROVI 公司	未进入中国	
过氧化物降解	US4791195A	1984-02-18	奥普克林（OPOCRIN）	未进入中国	帕肝素（Parnaparin） 阿地肝素(Ardeparin)
	US4757057A	1978-08-02	HEPAR CHIMIE	未进入中国	
酶降解	US5106734A	1987-04-29	诺和诺德	未进入中国	亭扎肝素(Tinzaparin)
	US4826827A	1982-04-26	赛诺菲–安万特	未进入中国	
人工合成	EP0084999A	1983-01-17	赛诺菲–安万特	未进入中国	磺达肝素(Fondaparinux) 艾屈肝素(Idraparinux)
	EP1049706A	1999-01-13	赛诺菲–安万特	进入中国已授权	
	WO03041722A1	2002-11-07	赛诺菲–安万特	进入中国未决	

【分析启示】找到市场上热点产品，利用产品的注册信息找到生产企业以及产品特性，查询该生产企业的相关专利确定出该产品背后的核心专利，使产品与背后专利对应关系明确。以产品为导向寻找核心专利，这些专利可以为企业在仿制药方面的发展提供帮助和借鉴。

8.4.2.2　煤矿机械领域产业准入相关专利分析

煤安认证是煤矿机械产品进入市场前的强制措施，企业销售的产品必须经过认证

[1] 选自 2011 年专利分析普及推广项目《生物医用天然多糖行业专利分析报告》表 3-4-2，有缩减。

后才能进入市场。企业煤安认证的数量能够从一个方面反映企业的市场情况，而专利数量特别是发明专利数量则从另一个角度反映了企业的技术研发水平。专利技术必须应用于产品，才能实现产业化并赢得用户和市场，煤安认证即是产品进入市场的准入条件。

【案例 8–41】

【分析项目】企业综合实力分析

【分析内容】图 8–4–2 展示了各液压支架主要企业的专利申请情况和取得煤安认证数量图。排名前两位的郑州煤矿机械集团股份有限公司、郑州四维机电设备制造有限公司专利申请数量与取得煤安认证数量都比较多，两者相适应，由此可见其综合实力。

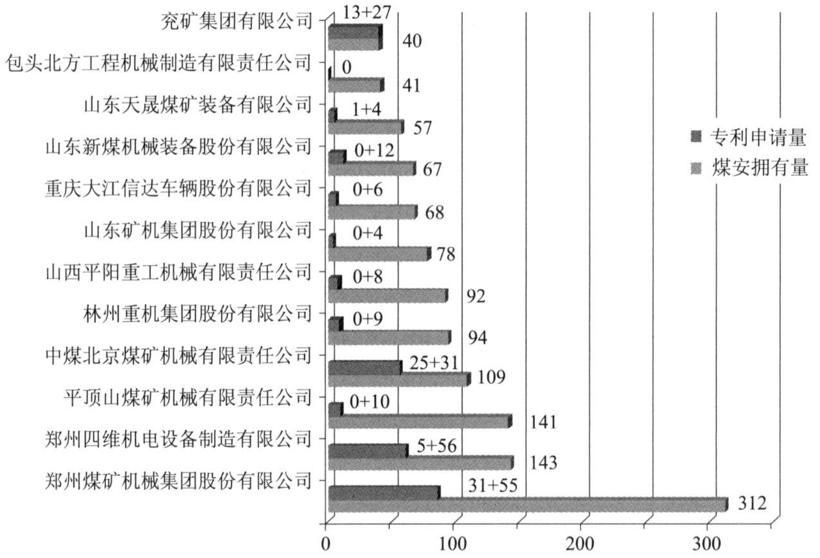

图 8–4–2　各液压支架主要企业的专利申请情况和取得煤安认证数量

【案例启示】通过对煤安认证数量和专利数量的分析，得出企业的综合实力，这对分析行业现状、重点申请人确定也具有重要的价值。

【案例 8–42】

表 8–4–8　三一重装专利成果转化一览表（部分）

组号	序号	名　　称	专利号	专利类型	产品型号	煤安认证证书编号
1	1	一种采矿设备及其行走装置	201010220827.5	发明	EBZ260H	MEB080028
	2	一种掘进机及其浮动密封装置	201010249231.8	发明		
	3	一种采矿设备及其行走装置	201020251555.0	实用新型		

续表

组号	序号	名　　称	专利号	专利类型	产品型号	煤安认证证书编号
1	4	一种掘进机及其浮动密封装置	201020285842.3	实用新型		
2	5	可折叠式掘进机用脚踏板	201020102403.4	实用新型	EBZ160	MEB050001
	6				EBZ200	MEB050006
3	7	钻装机	200910011413.9	发明	CMZY2-100-18	MEB090020
	8	钻装机	200920013455.1	实用新型		
4	9	一种掘进机内喷雾密封装置	200720185208.0	实用新型	EBZ120	MEB080017

【分析项目】专利成果转化研究

【分析内容】表 8–4–8 展示了掘进机领域三一重装专利及煤安认证对应关系。由该表可见，无论是发明专利还是实用新型，三一重装的专利与煤安认证也存在着相应的对应关系。由此可知，三一重装的专利技术均能够应用于具体的产品型号，并取得了相应的煤安认证，可见其成果的转化程度较高。

【案例启示】由煤安认证的特点体现出专利成果的转化情况，对于行业的分析具有参考意义。另外，具体的煤安认证对应于特定专利，煤安认证也成为确定重点专利的依据之一。

8.4.3　外观设计分析

外观设计基本上在所有国家/地区都是最容易取得的一种知识产权保护形式。我国的中小型企业要进军海外，必须对外观设计方面的知识产权壁垒做好准备。我国企业在生产、销售亦或进军海外之前，对当地该产品的外观设计进行全面的研究和分析，可以了解市场环境、摸清潜在竞争对手、寻求合作伙伴、预测市场风险，为企业合理地制定发展战略提供参考依据。

外观设计专利分析一般针对汽车、数码、服装等外观容易被侵权的领域。一般包括以下几个步骤。

（1）确定分析目标

在进行外观设计专利分析之前，首先需要确定专利分析的目标。该目标包括所要分析的技术领域、所要分析的市场和所要分析的申请人等。根据所要分析的市场可以确定采集数据需要采用哪种数据源。

（2）确定数据源

国家知识产权局专利局开发的中国外观设计专利智能检索系统收录了在中国国家知识产权局、韩国知识产权局、美国专利商标局、日本特许厅、WIPO 五大局受理的外观设计专利文献。一般来讲，在进行外观设计专利分析时，采用该系统作为数据源已经足以获得足够的数据支持。但是当专利分析项目对所要分析的市场有其他特定需求时，还需要根据需求采用其他数据源来采集数据。欧洲市场通常是专利分析中不可避免的一个重点区域，如果需要对欧洲市场进行外观设计专利分析，则要到欧盟市场内部协调局（OHIM）的官方网站采集数据。

（3）确定分析项目

外观设计专利分析的项目根据采集的数据源的特点，一般会略有不同。中国外观设计专利智能检索系统所收录的著录项目信息包括申请号、申请日、发明名称、公告号、洛迦诺分类号、优先权、申请人、发明人、申请人、公告日、简要说明等，对于收录的日本特许厅和美国专利商标局的数据还分别包括日本和美国本国的分类号。而 OHIM 网站收录数据的可查询著录项目则不多，仅包括申请号、发明名称、申请日、洛迦诺分类号、申请人、简要说明等。

在确定分析项目之前，首先要根据数据源收录信息的特点，结合专利分析的需求，确定需要表达的问题或现象。在进行专利分析时，通常需要对某个区域或某个行业的专利申请趋势/分布、申请人分布、技术分支的发展趋势等进行分析。但是外观设计专利分析与一般发明专利分析所不同的是，外观设计专利属于一次公开制度，即外观设计专利在公开（公告）时已经授权，不能予以授权的外观设计专利不会公开。因此，通过中国外观设计专利智能检索系统或 OHIM 网站，或者其他数据源采集到的数据，仅能进行授权量统计分析，而不能进行申请量统计分析。如果对申请量分析有特定需求，则需要进一步从初审部门获得数据支持。

【案例 8–43】

【分析项目】重要申请人分析中的外观设计专利[1]

【分析内容】伊斯卡公司对于螺旋刃刀具的研发起步很早，在 2004 年左右就有有关螺旋刃刀具的专利申请，随后的申请是在这一基础上的逐步改进，包括刃型、断屑面等很多方面，参见图 8–4–3。虽然早期专利是沃尔特公司的申请，具有比较大的保护范围，但是伊斯卡公司的申请仅略晚于沃尔特公司的申请，且发明点上也有所不同，因此这些专利都能够获得授权，从而获得不同的保护范围。同时检索到的大量的京瓷以及肯纳的类似申请也说明，各主要竞争企业在新技术的研发方面都具有非常强的敏锐度，且彼此间对于相近技术的竞争非常激烈。而一些外观设计专利的出现，尤其是这些外观设计专利来自于一些主要的申请人，说明在可转位铣刀技术领域，外观设计专利的保护也是非常重要的一个方面。从以上信息可知，在一个新技术的竞争阶段，各主要申请人会有一定的趋同性，不断进行细节技术的改进，例如波纹刃等刃型的改变。因此学习他们的专利申请方式，在新技术的基础上进行进一步的改进能够帮助企业在竞争中迅速获得一定的专利保护，从而为自己在竞争中赢得资本。

---

[1] 选自 2011 年专利分析普及推广项目《切削加工刀具行业专利分析报告》。

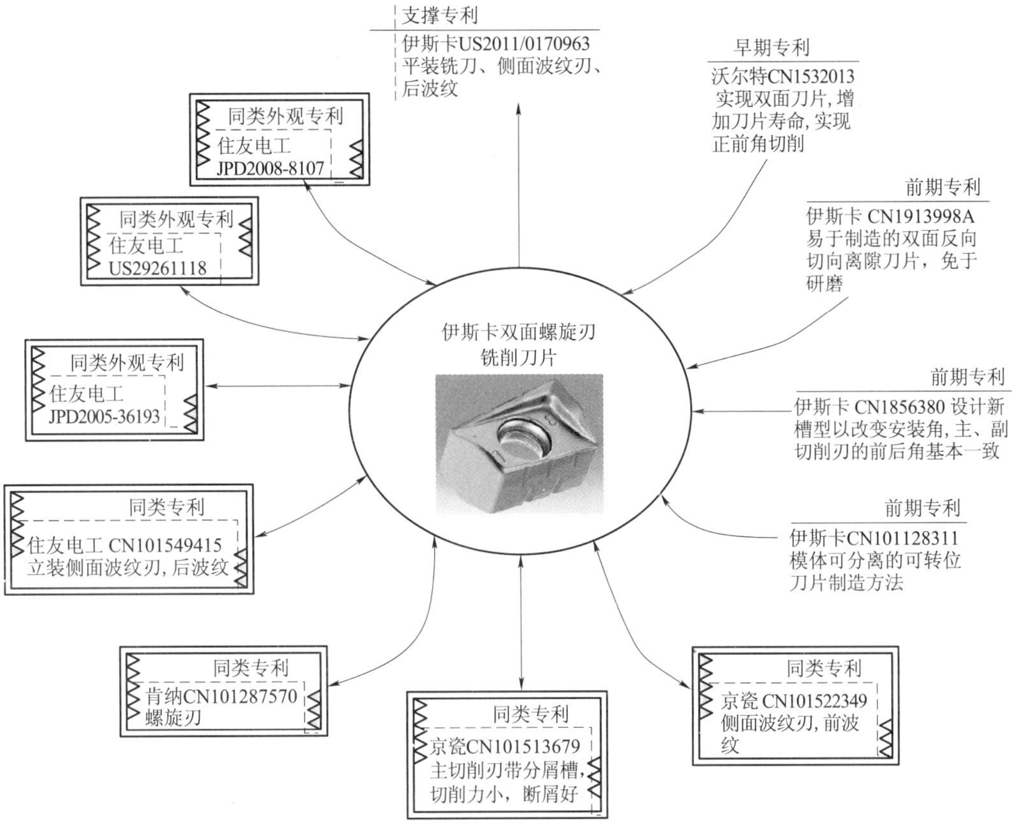

图 8-4-3　伊斯卡公司 HELIDO-双面螺旋刃刀片相关专利分析图

【案例启示】在重要申请人分析中，注意到行业中涉及的外观设计专利，并注意到对于该领域中外观设计专利保护的重要性，对于该行业的技术保护很有参考意义。

8.5　常见误区

【误区 1】将技术发展趋势等同于专利申请量的简单统计

【具体表现】进行技术发展趋势分析时，仅统计了每年的申请量，并在分析中仅针对申请量的变化进行事实性陈述，未针对技术方面进行分析。

【解决策略】充分结合行业技术、市场和产业政策，从专利和技术的角度结合分析。

【误区 2】从技术生命周期中寻找拐点

【具体表现】对技术生命周期表达的信息了解不够，试图从技术生命周期中寻找技术发展的拐点。

【解决策略】充分了解技术生命周期所能展示的信息，有些技术并不一定有拐点存在。

【误区 3】将申请人的专利集合等同于技术发展路线

【具体表现】制作技术发展路线时，仅将申请人的专利进行简单的罗列，并未给出其技术发展的脉络。

【解决策略】从技术角度来考虑技术发展路线的制作，对申请人的技术发展路线作充分的说明。有条件的情况下，对技术发展过程中各专利之间的引用关系作出说明。

【误区 4】从专利申请的角度来作技术功效矩阵分析，寻找技术空白点

【具体表现】对检索到的专利进行分类，并从专利中提取各技术和功效，试图从中寻找出技术空白点。

【解决策略】由于从检索到的专利提取技术和功效，其技术和功效是一一对应的，不可能存在空白点；因此，需要从行业的角度来提出功效，然后从专利中来寻找技术，并且结合非专利和行业的信息，这样才能找到真正的技术空白点。

【误区 5】对于市场主体只进行专利数量层面的分析

【具体表现】对于市场主体的分析只停留在专利申请数量的多少的层次，没有更深入的分析内容。

【解决策略】应当结合行业技术和市场，充分挖掘市场主体的技术和产品，对其技术发展路线、重点产品等进行深入分析。

【误区 6】将市场主体等同于申请人

【具体表现】分析市场主体时，只进行申请人分析。

【解决策略】应当充分认识市场主体包括了申请人、发明人、产业联盟和产业共同体等多种形式，应当进行多角度的分析，使市场主体的分析结果更符合行业的需求。

【误区 7】区域分析时侧重点放在技术或市场主体上

【具体表现】进行区域分析，分析结果很大篇幅在描述技术和市场主体，偏离了区域分析的主题。

【解决策略】在形成分析结果时，应当先理清思路。进行区域分析时，应着重围绕区域进行描述，即使描述技术和市场主体也应当和区域结合起来。

【误区 8】认为区域分析不能单独作为一个分析角度

【具体表现】在区域分析过程中，仅围绕技术和市场主体进行，认为区域分析只能用于技术和市场主体分析中，不能单独作为一个分析角度。

【解决策略】区域分析旨在分析出某一区域的特点，对于需要进入该区域的市场主体有重要意义，完全可以作为一个单独的分析角度。实际上中国专利分析就是从中国这个区域的角度出发进行的一系列分析。

【误区 9】区域分析无法与行业技术和产业现状结合

【具体表现】进行区域分析时，仅仅从专利申请方面作事实性描述，得出申请量多少，实力强弱等结论。

【解决策略】应当与技术和产业现状紧密结合，分析区域内技术的发展和产业发展的现状，并结合市场、政策等要素对区域进行全面深入的分析。

第9章

报告撰写

本章概要

专利分析报告是专利分析的最终成果，也是除课题组以外的其他人员了解专利分析工作的主要途径。本章为撰写出一份优秀的专利分析报告提供了理论基础。

本章从报告形成的基本流程、报告总体要求和报告框架等方面详细介绍了报告撰写的相关事项。通过案例详细阐述了专利分析报告形成的过程，在形成报告的各阶段的重点工作和注意事项。尤其是重点介绍了如何通过报告框架的设计来充分体现专利分析报告的特色。

研究人员心声

- ✓ 报告框架是课题的“向导”。在确定技术分解表后，建议先深入阅读各种专利分析课题报告，从整体上制定课题的框架，包括常规的指标分析以及独创性章节的设定，后期除了独创性章节需要加大完善外，最好不要对课题框架中的其余章节进行大幅修改。（智能手机课题组）
- ✓ 不同报告，无法参照统一模板，要打破传统研究框架的束缚，要有行业针对性，形成自己的亮点，例如，竞争激烈的行业可以着眼专利诉讼，基础传统的行业可以着眼于技术演进或产业升级，新兴行业可以着眼于研发热点和技术发展方向的研究。（乳制品课题组、有机发光二极管课题组）
- ✓ 研究报告与产业的发展和需求密切结合，报告中应根据行业需求有的放矢、重点突出。（生物医用天然多糖课题组）
- ✓ 报告撰写是课题的“内功”。建议提前了解技术发展趋势和相关的产业政策，除了作一些图表解释外，还要与相关的政策或技术紧密结合，使报告内容充实而不重复。（智能手机课题组）
- ✓ 报告撰写时要有针对性地选取合作单位的反馈意见，做到博采众长。（智能手机课题组）
- ✓ 反复阅读现有的专利分析报告和现有的关于专利分析方法的文献，有利于课题组对专利数据的认识和挖掘。（立体影像课题组）
- ✓ 报告撰写是个循序渐进的过程，不能急于求成；通过多稿讨论再修订，会达到比较好的效果。（切削加工刀具课题组）
- ✓ 报告撰写过程中，各版本的稿件都经过行业专家、技术专家以及专利分析专家的审阅，可了解不同群体所关注的重点，进而选择性地采纳修改意见。（立体影像课题组）
- ✓ 报告分析用语尽量规范化、客观化。（切削加工刀具课题组）
- ✓ 报告撰写要避免面面俱到却没有深入挖掘。（生物医用天然多糖课题组）

9.1　专利分析报告形成的基本流程

专利分析报告是课题研究成果的重要表现形式，是课题研究项目的重要交付物，是课题结题验收的重要依据。专利分析报告也是研究成果推广应用的基础，是读者和受众了解专利分析研究内容的主要途径。在课题研究结束后，要对取得的研究成果进行客观、全面、实事求是的描述和组织，撰写专利分析报告。

一份高质量的专利分析报告能够充分展示专利分析工作的成果，并且在行业中得到充分的认可；反之，如果分析成果无法在专利分析报告中得到充分的体现和翔实的论证，则得不到行业的认可。因此，专利分析报告的形成需要经过反复的修改和论证，最后才能形成一份能充分展示课题组研究成果并得到行业认可的专利分析报告。

专利分析报告形成的基本流程如图 9–1–1 所示。

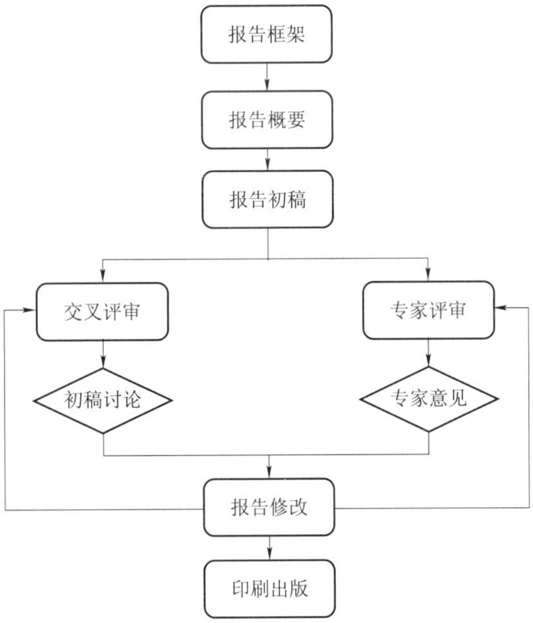

图 9–1–1　专利分析报告形成的基本流程

在形成专利分析报告的每一个阶段，都需要充分发挥课题组所有成员的智慧，并与专利分析专家和合作单位专家进行深入的交流，使形成的专利分析报告能够正确地利用专利分析方法并对行业有积极的指导作用。

在各阶段的重点工作和注意事项如表 9–1–1 所示。

表 9–1–1　专利分析报告形成的基本流程相关事项

报告形成流程	在整个课题研究中所处阶段	重点工作	注意事项
报告框架	专利检索之前	提前构思报告的层次和重点	与行业结合，体现行业特色

续表

报告形成流程	在整个课题研究中所处阶段	重点工作	注意事项
报告概要	得到分析结果，撰写报告初稿之前	主要针对研究方法和研究结论进行初步验证	尽量展示所有结论，减少初稿阶段调整
报告初稿	撰写阶段	在概要的基础上进行补充和完善，对报告成果作全面的展示	突出分析重点，根据撰写内容对框架进行适当调整
交叉评审	评审阶段	对其他课题组的报告进行评审，并给出书面意见，针对报告中的问题进行讨论	在这一过程中，评审其他报告时可以学习其亮点，并对照其不足
专家评审	评审阶段	针对专家意见进行讨论，找出报告的不足之处	充分与专家进行交流，了解专家对报告的看法，选择性地吸收专家意见
报告修改	修改阶段	针对在评审过程中收集的问题，对报告进行修改	小组分工修改与统一修改相结合，有利于提高修改的效率
印刷出版	定稿阶段	对报告进行格式的规范，使报告符合印刷出版的要求	严格按照出版格式进行规范，可以由课题组的一名成员专门负责格式规范

9.2 专利分析报告的总体要求

报告撰写的质量不仅体现了课题研究的质量，还反映了研究人员的思维能力。一份文笔流畅、结构严谨、事实客观、视角独特的报告对产业具有重大的推动作用。以下主要对报告撰写的思路和布局进行简要描述。

（1）思路

撰写报告离不开课题研究人员对课题报告的思考，即报告撰写的思路。通常而言，一份行业专利分析报告必然要满足两个要求。第一，体现行业发展的特点。报告所研究的行业在全球以及中国发展的特点，尤其是行业内各市场主体发展所具备的有代表性和特殊性的特点。第二，体现专利分析的特点。运用专利分析方法对行业各市场主体应用专利方法和策略进行剖析，从中获取具有代表性的专利技术信息和专利布局方法。通常通过分析全球及中国专利技术、主要市场主体和主要市场区域等专利分析方法加以实现。以下通过几个具体案例进行说明。

【案例 9–1】

燃煤锅炉燃烧设备课题组通过前期的行业调研发现，国内市场主体在 2002 年技术引进后发展迅速，逐渐进入多个新兴市场。因此，在报告撰写时结合市场区域和技术分析这两个分析方法，设立了技术引进的专利分析和新兴市场专利申请分析。

【案例 9–2】

生物医用天然多糖课题组通过行业调研和专利分析发现，在硫酸软骨素分支下具有典型药品 COSAMIN，并有相应的专利衍生策略。因此，在撰写报告时单独给出一节专门介绍该药品的专利申请等策略。

【案例 9–3】

煤矿机械课题组结合煤矿机械具有强制安全认证政策，在报告撰写时设立“煤矿机械相关安全认证标志与专利分析”一节，对安全认证与专利技术的对应关系进行分析，从而综合分析行业主体的各方面能力。

【案例 9–4】

智能手机课题组结合智能手机行业中著名企业的专利并购和专利诉讼，在撰写报告时以苹果公司为例，对其专利申请、并购和市场策略进行专利分析，从而增加了专利分析的角度。

【案例 9–5】

光通信网络课题组结合通信网络行业中协议对于通信网络的重要技术参考意义，在撰写报告时设立了与协议相关的专利分析，从不同角度对行业专利发展进行解释分析。

（2）布局

布局是指在撰写报告时根据行业特点合理安排内容的主要部分和次要部分，最终体现为各章节框架结构以及各章节的分布排列方式。例如，专利分析普及推广项目研究课题要突出分析方法，同时要深入分析通过这些分析方法可以获得什么信息，如何根据这些信息指引行业主体进行创新和市场竞争，提高市场主体的技术水准和决策水平。

撰写报告时应当根据行业实际情况采用不同的布局方式。但是无论采用何种布局，均需要注意报告布局应当体现报告的结构层次关系以及各章节的逻辑关系。

在撰写报告时应当体现行业技术间的结构关系以及数据样本间的结构关系。例如，可以按照技术分解的方式合理组织报告的章节，也可以按照数据样本的方式将报告章节划为全球分析或目标区域市场分析等。

详略是指在撰写报告时合理安排各章节文字描述的详简。对于具有重要意义、典型特点和反映行业特点的章节应当详细地分析和说明，以将这些方面阐述得深入、详尽并通俗易懂引人深思。对于不重要的章节应当尽可能地用准确简洁的词语将内容全面客观地反映出来。因此详略得当的章节内容也是高质量研究报告的要求之一。

（3）描述方式

描述方式是指针对不同的分析对象和深度，采用不同方法和类型的文字加以描述。通常文字内容可以分为事实性描述、技术性描述、综合分析和措施对策。

事实性描述是对客观事实采用数据等方式进行说明的文字描述方式。例如：“甲壳素/壳聚糖、透明质酸、肝素和硫酸软骨素这四种生物医用天然多糖的专利申请量占生物医用天然多糖总申请量的 36%”[1]，“截至 2010 年 12 月 31 日，全球切削加工刀具专利申

[1] 选自 2011 年专利分析普及推广项目《生物医用天然多糖行业专利分析报告》。

请总量 21 738 项”[1]等。

技术性描述是指采用技术术语对行业技术发展的状况进行客观的描述。例如：“刀具涂层结构主要为单层结构，单层涂层材料成分主要是碳化钛（例如：US3616506A，1969-01-02，山特维克）；在硬质合金基体材料上出现了钨钴类和钨钴钛类硬质合金，由于这类硬质合金制得的刀具硬度高、耐高温、可进行高速切削，因而在切削刀具上逐步得到应用”，“将四墙切圆改为四角切圆有效提高了切圆效率”[2]等。

综合分析是指结合专利分析方法获得的客观信息、产业政策、市场环境以及政治因素等多方面信息，对行业发展变化趋势进行综合解读。例如：“主要原因是由于前苏联解体，其经济和科技遭到重创。前苏联（俄罗斯）的专利申请量从每年 300 件下降到了每年 50 件以下，并导致其失去了在刀具技术上的主导地位。但其他国家在刀具技术上的发展并未受到太大影响。因此，刀具技术在全球范围内并未出现‘断层’，只是在传统刀具、热处理技术、涂层技术方面受到一定影响”等。

措施对策是指在通过上述分析后，为市场主体提供方向性指引的文字描述。例如：“××公司已有过期专利，这些过期专利中的技术已进入公共领域，可以为公众使用而不存在专利纠纷的风险”等。

9.3 报告框架

报告框架是专利分析报告的基本骨架。从程序上来讲，报告框架是撰写研究报告前的必要准备，通常在确定研究内容之后对报告框架进行相应的设计。从表现形式上来讲，报告框架是由序码和章节标题组成的一种逻辑图表。从内容上来讲，报告框架是把课题研究报告所要描述的内容，以简要的语言分层次、有重点地有序罗列出来。一般而言，设计报告框架的目的和意义主要体现在以下三个方面。

（一）有助于理清总体思路

报告框架是专利分析报告的撰写基础，是对研究课题进行理性思考和理论建构的成果，因此报告框架体现了专利分析报告的总体思路。制定报告框架应从整体出发，检验每一章节的地位和作用是否都为整体所需要、比例是否恰当和谐、各部分之间是否有逻辑联系。通过这样的思考，有助于梳理总体研究思路、分清层次、明确重点，使专利分析报告的结构完整统一、逻辑清楚，以便更好地按照各部分的要求安排、组织和利用资源，推动研究工作不断深入。

（二）有助于及时调整和完善

课题研究过程中，随着研究人员掌握信息的增多和研究进程的不断深入，经常会产生新的想法和观点，需要增加研究内容或者从新的维度分析问题，此时一般需要对报告框架及时进行调整。由于报告框架是相对统一的有机整体，因此在对一个部分作补充和修改时，应充分考虑该部分对报告框架整体以及其他相关部分的影响，并对其他相关部

---

[1] 选自 2011 年专利分析普及推广项目《切削加工刀具行业专利分析报告》。

[2] 选自 2011 年专利分析普及推广项目《燃煤锅炉燃烧设备行业专利分析报告》。

分中的相应内容以及与其他相关部分之间的逻辑关系进行相适应的调整和完善。

（三）有助于研究任务的分配

设计好报告框架，不仅利于理清研究思路、选择研究内容，还有助于研究任务的分配。由于课题研究需要多名成员共同参与，需要大家在各环节通力配合、共同协作。各项研究任务之间的有效分配和协调是顺利完成课题研究以及保证课题研究质量的重要影响因素之一。在研究内容的选择和报告章节的撰写时，报告框架可以作为合理安排和分配课题组各成员研究任务的基础，课题组成员可以根据自己的兴趣和特长承担相关的研究内容和报告章节。

9.3.1 报告框架的构成

一般而言，报告框架通常包括：研究概况、专利分析的具体内容、主要结论和建议以及附件等几个部分。

（一）研究概况

研究概况主要是为了说明课题研究的目的和意义、行业内的技术与市场发展概况以及课题的数据基础和研究方法等内容而设置的章节。一般可以根据实际情况自行调整，例如可包括立题背景、技术概况、市场概况、数据范围和研究方法等方面。

（二）专利分析的具体内容

专利分析的具体内容通常可以包括：技术分析、市场主体分析、区域分析和其他行业特色分析等几个部分。

（1）技术分析

通过对专利技术的分析和研究，可以得到技术水平、发展趋势等情报，为企业制定经营战略、专利战略、选定开发目标等提供决策参考。专利技术分析通常可以包括技术发展趋势分析、技术生命周期分析、技术功效矩阵分析、重要专利分析等方面。

（2）市场主体分析

企业一般比较关心行业内存在哪些重要的竞争对手，所关注竞争对手的专利分布状况，包括竞争对手的专利技术构成、专利技术的优劣势、在各技术分支上的专利技术发展趋势以及专利技术市场分布等方面的情况。市场主体分析通常可以包括专利区域布局分析、重点技术和重点产品分析、研发团队分析、竞争对手分析等方面。

（3）区域分析

对全球主要市场的专利分布情况进行分析，有助于企业了解全球各主要市场专利风险的大小。一般而言，不同项目均会选择对中国专利进行进一步的分析。除了中国市场之外，还可以根据行业的不同，对行业比较关注的国外市场或新兴市场进行专利分析。对主要市场的分析，通常可以包括在该区域的专利布局、重点技术发展趋势分析、重要市场主体分析等方面。

（4）其他专利分析项目

由于某些行业对外观设计专利很关注，因此可以对外观设计专利进行相应的分析。也可根据行业的需要，对与产业准入、标准相关的专利进行分析。

（三）主要结论和建议

完成专利分析各项内容后，需要根据专利分析的结果给出主要结论，根据需要还可以为企业的发展给出相应的建议。需要注意的是，为了使结论和建议更符合行业的需求，应当结合技术、市场、政策等信息给出结论和建议。

（四）附件

附件通常包括术语说明表和技术分解表。在有些情况下，当需要对行业内的技术/市场发展状况进行补充说明的时候，还可以将进一步反映行业内技术/市场发展状况或各国/地区行业政策的内容附在附录中。

9.3.2 报告框架的设计案例

由于选择的研究内容和研究方法存在差别，因此在设计报告框架时不必遵循统一的模式，而应当体现出不同的特色。对于上节中所涉及的各种专利分析内容，不同的课题可以根据技术分解方式的不同、所要突出的研究重点的不同来进行适当选择，还可以根据具体需要增加一些专题研究内容，相应地进行报告框架的章节设定。表 9–3–1 至表 9–3–4 例示出了专利分析普及推广项目的报告框架设计的四类案例。

【案例 9–6】

表 9–3–1 生物医用天然多糖行业专利分析报告框架❶

引言	
第 1 章	研究概述
1.1	立题背景及研究目的
1.2	生物医用天然多糖技术与行业发展状况
1.3	项目分解
1.4	检索和数据清理
1.5	分析方法
1.6	相关约定
第 2 章	生物医用天然多糖总体专利分析
2.1	全球专利
2.2	中国专利
2.3	小结
第 3 章	肝素
3.1	肝素全球专利
3.2	肝素中国专利
3.3	重要申请人

❶ 选自 2011 年专利分析普及推广项目《生物医用天然多糖行业专利分析报告》。

续表

3.4	重要产品相关专利
3.5	小结
第 4 章	透明质酸
4.1	透明质酸全球专利
4.2	透明质酸中国专利
4.3	重点申请人分析
4.4	透明质酸类皮肤填充剂
4.5	小结
第 5 章	甲壳素
5.1	甲壳素全球专利
5.2	甲壳素中国专利
5.3	申请人和研发团队分析
5.4	值得关注的专利
5.5	小结
第 6 章	硫酸软骨素
6.1	硫酸软骨素全球专利
6.2	值得关注的专利
6.3	硫酸软骨素中国专利
6.4	小结
第 7 章	主要结论
7.1	生物医用天然多糖专利态势
7.2	行业发展与专利保护策略之间的关系
7.3	研究结果的推广价值

【案例 9–7】

表 9–3–2　光通信网络行业专利分析报告框架[1]

第 1 章	研究概要
1.1	研究背景、内容和目的
1.2	光通信网络行业和市场
1.3	本报告研究的方法和内容

[1] 选自 2011 年专利分析普及推广项目《光通信网络行业专利分析报告》。

续表

第 2 章	全球和中国专利申请分析
2.1	全球专利申请分析
2.2	中国专利申请分析
第 3 章	重要技术分支分析
3.1	光传输物理层
3.2	无源光网络
3.3	分组传送网
3.4	全光网
第 4 章	重点申请人分析
4.1	前言
4.2	北电
4.3	诺西
4.4	富士通
第 5 章	与协议相关的专利分析
5.1	无源光网络
5.2	分组传送网
第 6 章	美国专利侵权诉讼专利
6.1	希尔纳相关案例
6.2	富士通和泰乐公司相关案例
6.3	柯林斯公司相关案例
6.4	OMNI 和 VERIZON 公司相关案例
6.5	NEXTG 网络公司和 NEWPATH 网络公司相关案例
6.6	TELCORDIA 科技公司和马可尼通信公司相关案例
第 7 章	结论
7.1	总体态势
7.2	重要技术分支
7.3	重点申请人
7.4	与协议相关的专利分析
7.5	美国专利侵权诉讼
7.6	小结与启示

【案例 9–8】

表 9–3–3　等离子蚀刻机专利态势分析报告框架❶

第 1 章	研究概况
1.1	技术概况
1.2	市场概况
1.3	产业政策
第 2 章	专利技术分析
2.1	历年专利申请分布
2.2	技术广度分析
2.3	专利技术集中度分析
2.4	技术构成分布分析
2.5	技术研发活跃度分析
2.6	各技术分支历年申请量分布
2.7	技术功效矩阵分析
2.8	专利申请区域分布
2.9	各技术分支申请人分布
2.10	重要技术分支重点专利及技术发展路线分析
2.11	小结
第 3 章	重要申请人分析
3.1	申请人类型分析
3.2	确定重要申请人
3.3	东京电子公司
3.4	应用材料公司
3.5	拉姆研究公司
3.6	三星电子公司
3.7	小结
第 4 章	主要国家/地区专利申请状况分析
4.1	中、日、美、欧、韩历年专利申请分布
4.2	中、日、美、欧、韩专利申请流向分析
4.3	中、日、美、欧、韩专利申请区域分布
4.4	中、日、美、欧、韩专利技术研发活跃度分析

❶ 选自 2010 年专利分析普及推广项目《等离子蚀刻机专利态势分析报告》。

续表

4.5	中、日、美、欧、韩专利技术优势分析
4.6	小结
第 5 章	在华专利申请分析
5.1	各国在华专利申请状况
5.2	在华申请人分析
5.3	小结
第 6 章	结论和建议
6.1	主要结论
6.2	建议
附录	
附件 1	术语说明
附件 2	技术分类表

【案例 9–9】

表 9–3–4　薄膜太阳能电池专利态势分析报告框架❶

第 1 章	研究概况
1.1	立题背景及研究目的
1.2	薄膜太阳能电池技术的起源和发展
1.3	课题研究所用的数据库及数据范围
第 2 章	专利技术分析
2.1	薄膜太阳能电池总体分析
2.2	硅基薄膜太阳能电池
2.3	I-III-VI 族化合物薄膜太阳能电池
2.4	II-VI 族化合物薄膜太阳能电池
2.5	染料敏化薄膜太阳能电池
2.6	有机聚合物薄膜太阳能电池
第 3 章	主要申请人分析
3.1	硅基薄膜太阳能电池
3.2	I-III-VI 族化合物薄膜太阳能电池
3.3	II-VI 族化合物薄膜太阳能电池

❶ 选自 2010 年专利分析普及推广项目《薄膜太阳能电池专利态势分析报告》。

续表

3.4	染料敏化薄膜太阳能电池
3.5	有机聚合物薄膜太阳能电池
第 4 章	在华专利申请分析
4.1	各国在华专利申请情况分析
4.2	硅基薄膜太阳能电池在华专利申请技术分析
4.3	各技术分支国内外申请人的申请状况分析
4.4	国内重点申请人的技术侧重点分析
4.5	国内各省市申请情况分析
第 5 章	主要结论及建议
5.1	主要结论
5.2	建议
附录	
附件 1	市场概况
附件 2	各主要国家和地区光伏产业政策
附件 3	技术分类及功效
附件 4	术语说明

附　　录

附录 1　专利分析普及推广项目介绍

开展专利分析工作，是有效利用专利信息、降低运营风险、防范专利权纠纷的重要手段，是有效开发和保护自主知识产权、提升竞争优势的重要途径，更是实施《国家知识产权战略纲要》的基础性、关键性工作。

目前，我国大多数创新主体的专利信息利用意识仍然较差，专利运用能力亟待培养，相关知识产权服务机构的专利信息服务能力和水平也有待提高。为提升专利信息在产业发展中的作用，促进专利信息服务产业的发展，发挥政府在此方面的引导、示范和规范作用，国家知识产权局于 2010 年启动了专利分析普及推广项目。

1. 项目的宗旨和原则

专利分析普及推广项目确立了“普及方法、培育市场、服务创新”的宗旨，力图通过专利分析课题的研究和成果推广，以及专利分析标准的制定，为企事业单位、科研院所等创新主体的研发和市场活动提供专利信息支持，帮助我国创新主体和知识产权服务机构提升专利分析能力，并逐步培育和规范专利分析市场。

为此，专利分析普及推广项目确定了以下工作内容：

① 组织开展若干行业和领域的专利分析课题研究，形成专利分析报告。对重点技术领域或基础行业的专利信息进行深入分析和研究，为促进行业和区域产业升级转型、实现关键技术自主创新提供切实有效的支撑；

② 举办多层次的系列成果推广和专利分析方法的普及培训，培育专利分析市场，提升知识产权服务机构提供专利分析服务的能力和水平，促进国内企业增强专利信息运用的意识和能力，引导技术创新和专利运用；

③ 不断完善专利分析方法，制定专利分析报告标准，规范专利分析内容，进而对专利分析市场进行引导和规范。

专利分析普及推广项目要牢牢把握“源于产业、依靠产业、推动产业”的工作原则。源于产业是根本。产业需求是项目立项的源头，没有外部需求的项目，就是无的放矢。普及推广项目要深入产业，紧紧围绕产业的发展需求。依靠产业是关键。普及推广项目要对行业发展产生指导作用，解决产业的共性问题，就要让外部专家参与进来。通过对相关专利信息的分析，帮助企业看清技术发展路线，找到技术发展方向。推动产业是目的。普及推广项目要以推动传统产业的转型升级，助力战略性新兴产业优质发展，提升产业的核心竞争力为目标。

为实践上述原则，专利分析普及推广项目坚持将产业需求作为专利分析的切入点，注重从整个产业升级和发展的层面、紧密结合产业特色来展开专利分析研究，在研究过程中更要广泛听取相关部门、单位及专家的意见和建议，广集各方经验和智慧。

为此，专利分析普及推广项目要密切联系行业协会，借助行业协会的平台深入了解产业需求、广泛推广研究成果，注重发挥行业协会在推动行业知识产权战略实施方面的重要作用，通过行业协会加深与产业界的合作。在课题立项阶段，由行业首先提出研究需求，择优立项，并以此组建课题组。在课题研究阶段，要形成产业现状和技术综述报告，整个研究过程由行业协会召集企业和专家座谈会听取意见。在成果推广阶段，要利用行业协会平台和机制，使成果能到达全国各地。

2. 课题定位和研究成果

专利分析普及推广项目研究课题的定位要以“普及对象”为中心，以“示范引导”为导向，做到“众人看”、“看得懂”。

（1）研究方向定位

研究方向的选择要做到“覆盖产业、聚焦技术”。一方面，要注重对行业整体趋势的分析，注重从整个产业链的角度来思考，将“打通上下游，贯通产业链”作为专利分析的目标。另一方面，要关注事关该行业发展的若干关键技术，对这些关键技术进行深入分析，为行业的技术创新和产业升级提供信息支撑。

（2）研究内容定位

研究内容的选择既要做到“面要广、点要精”，也要做到“点面结合”，所谓的面就是行业、点就是关键技术。没有面或者面很狭窄，就会限制项目示范和普及的对象，限制项目实施效果；没有点就会导致研究成果浮于表面而缺少价值，或者由于点很多而资源有限难以深入。

（3）研究对象的定位

研究对象要选择市场化、产值高、企业多、从业众、前景好且专利意识较强的行业和领域。不仅要关注技术密集、发展较快的战略性新兴产业，也要关注产业技术升级需求迫切的传统产业。

2010 年，专利分析普及推广项目选择了薄膜太阳能电池等 6 个领域开展专利分析课题研究。2011 年，选择了一些规模大、企业多、从业众、技术密集、专利意识较好的行业或产业作为研究对象，启动了 10 个行业的专利分析课题。这 10 个课题所关注的领域都是我国科技创新和经济转型的核心产业，其中涉及电子信息技术领域的有 5 个，装备制造领域有 3 个，食品药品领域有 2 个。2012 年，在广泛征集产业主管部门和行业协会需求的基础上，选择了 10 个行业进行专利分析。其中涉及电子信息技术领域的有 4 个，装备制造领域有 3 个，石油化工领域有 2 个，食品领域有 1 个。这些行业各具特色并且有很强的代表性和示范作用，涉及国民经济的方方面面，如战略新兴产业、国家重大科技专项、重大装备制造业、传统产业转型升级、热点信息产品、食品和药品安全、科技富农等。目前已完成 16 个课题，并公开出版了《产业专利分析报告》第 1～6 册。

附录2 专利分析普及推广项目历年课题清单

序号	课题名称	研究内容	出版物
2012-01	农业机械	耕整地机械、播种机械、收获机械	
2012-02	液体灌装机械	杀菌机械、贴标机械、灌装机械	
2012-03	功率半导体器件	功率半导体器件的材料、结构、制造工艺	
2012-04	短距离无线通信	NFC、RFID、UWB（超宽带）、Wi-Fi、zigbee、蓝牙、红外	
2012-05	食用油脂	食用油脂产品、通用技术、设备、安全及综合利用	
2012-06	高性能纤维	碳纤维、芳香族聚酰胺纤维、超高相对分子质量聚乙烯纤维、芳香族聚酯纤维、芳杂环类纤维	
2012-07	液晶显示模组	液晶面板、模组集成	
2012-08	高性能橡胶	溶聚丁苯橡胶、异戊橡胶、丁基橡胶、丁腈橡胶、硅橡胶、氟橡胶	
2012-09	智能电视	系统平台、人机交互、应用APP	
2012-10	汽车碰撞安全	安全车身、安全带、安全气囊、安全座椅、转向系防伤	
2011-01	切削加工刀具	可转位铣刀技术、刀具涂层技术、刀具热处理技术、硬质合金技术	《产业专利分析报告》第3册（杨铁军主编，知识产权出版社2012年出版）
2011-02	煤矿机械	采煤机械、液压支护设备、井下运输设备、掘进机械、安全设备	
2011-03	锅炉燃烧设备	燃煤锅炉燃烧设备、流化床锅炉布风系统	
2011-04	有机发光二极管	OLED结构、材料、封装和应用技术、AMOLED-TFT、多晶硅TFT、氧化物TFT	《产业专利分析报告》第4册（杨铁军主编，知识产权出版社2012年出版）
2011-05	光通信网络	光传输物理层、无源光网络、分组传送网、全光网	
2011-06	通信用光器件	通信用光放大器、通信用光开关	
2011-07	智能手机	智能手机人机交互、应用与服务、低功耗设计、触控技术、基于位置服务、苹果公司专利分析	《产业专利分析报告》第5册（杨铁军主编，知识产权出版社2012年出版
2011-08	立体影像	眼镜式立体显示、裸眼式立体显示、液晶透镜显示	

续表

序号	课题名称	研　究　内　容	出版物
2011-09	乳制品	灭菌乳、乳制品相关微生物、膜分离技术、凝乳酶	《产业专利分析报告》第 6 册（杨铁军主编，知识产权出版社 2012 年出版）
2011-10	生物医用天然多糖	肝素、透明质酸、甲壳素、硫酸软骨素	
2010-01	薄膜太阳能电池	硅基薄膜、I-III-VI 族化合物薄膜 、II-VI 族化合物薄膜 、染料敏化薄膜 、有机聚合物薄膜太阳能电池	《产业专利分析报告》第 1 册（杨铁军主编，知识产权出版社 2011 年出版）
2010-02	等离子体蚀刻机	射频装置、气体供给与排放系统、晶片传输系统、等离子体反应腔	
2010-03	高速列车	车体、转向架、控制技术	
2010-04	环保农药	农药原药、农药混剂、农药剂型、生物农药	《产业专利分析报告》第 2 册（杨铁军主编，知识产权出版社 2011 年出版）
2010-05	基因工程多肽药物	激素类多肽药物、细胞因子类多肽药物、溶血栓类多肽药物	
2010-06	生物芯片	光导合成法、微流控芯片、芯片封装、样品处理、电泳芯片、系统集成、生物芯片的诊断和测序	

注：课题编号示例：2012-01，是指 2012 年研究的课题编号为 01，其中编号排序为自然排序。

《产业专利分析报告》（第 4 册）

作者：杨铁军（主编）

出版时间：2012 年 3 月

定价：82 元（附光盘）

内容简介：本书包括了有机发光二极管、光通信网络、通信用光器件等三个行业的专利分析报告。

《产业专利分析报告》（第 5 册）

作者：杨铁军（主编）

出版时间：2012 年 3 月

定价：42 元（附光盘）

内容简介：本书包括了智能手机、立体影像两个行业的专利分析报告。

《产业专利分析报告》（第 6 册）

作者：杨铁军（主编）

出版时间：2012 年 3 月

定价：42 元（附光盘）

内容简介：本书包括了乳制品、生物医用天然多糖两个行业的专利分析报告。